DES CANAUX

D'IRRIGATION.

PARIS. — IMPRIMERIE DE FAIN ET THUNOT,
IMPRIMEURS DE L'UNIVERSITÉ ROYALE DE FRANCE
Rue Racine, 28, près de l'Odéon.

DES CANAUX D'ARROSAGE
DE
L'ITALIE SEPTENTRIONALE
DANS LEURS RAPPORTS AVEC CEUX
DU MIDI DE LA FRANCE,

TRAITÉ

THÉORIQUE ET PRATIQUE

DES

IRRIGATIONS

ENVISAGÉES SOUS LES DIVERS POINTS DE VUE
DE LA PRODUCTION AGRICOLE, DE LA SCIENCE HYDRAULIQUE
ET DE LA LÉGISLATION ;

PAR M. NADAULT DE BUFFON,

INGÉNIEUR DES PONTS ET CHAUSSÉES,

CHEF DE LA DIVISION DES COURS D'EAU, USINES, DESSÉCHEMENTS, IRRIGATIONS ET SERVICES
DIVERS, AU MINISTÈRE DES TRAVAUX PUBLICS ; ASSOCIÉ ÉTRANGER DE L'ACADÉMIE
ROYALE DES SCIENCES DE TURIN.

TOME II.

PARIS.

CARILIAN-GŒURY ET Vor DALMONT,

LIBRAIRES DES CORPS ROYAUX DES PONTS ET CHAUSSÉES ET DES MINES,
Quai des Augustins, n° 39 et 41.

1843

EXPLICATION DES PLANCHES

À joindre à la fin du tome 2.

Pl. I et II.

Cartes générales.

Pl. III.

Carte des canaux du Piémont. — Elle indique : 1° les canaux royaux, situées dans les provinces d'Ivrée et de Verceil ; 2° les grands canaux particuliers des provinces de Novare et de Mortara ; 3° plusieurs canaux secondaires dont la plupart sont d'intérêt communal.

Pl. IV.

Carte des grands canaux de navigation et d'arrosage du Milanais.

Pl. V.

Carte hydrographique, d'après laquelle on voit que les neiges et les glaces qui alimentent le Tessin et l'Adda, occupent dans les Alpes-Milanaises une superficie de plus de trente mille hectares.

Sur la même planche se trouvent représentés : 1° la jonction des eaux de ces deux rivières dans les murs de Milan, à l'aide du canal intérieur de cette ville ; 2° l'emplacement de l'écluse de *Viarenna*, première écluse à sacs et à portes busquées, construite vers le milieu du XV° siècle.

Pl. VI.

Fig. 1. *Prise d'eau du Naviglio-Grande, dérivé du Tessin.* *a. a.* — Barrage de dérivation.

b.　　— *Bouche de Pavie*, de 65ᵐ de largeur.

a'. a'. — Grande digue *dei Gaggi* en maçonnerie de libages, réparée en 1829.

d. d. — Premier déchargeoir du canal.

d'.　　— Maison de l'administration.

u.　　— Auberge.

f.　　— Chaîne pour intercepter, pendant la nuit, le passage des bateaux sur le canal.

h. h. — Bras dei Gaggi.

i. i. — Bras de Gagetti.

g. g. — Grands dépôts de graviers et cailloux occasionnés par la crue extraordinaire de 1823.

f. f. — Ancien bras *del Pozzo*, qui recevait un volume considérable des eaux du Tessin, avant la crue susdite.

e. e. — Chemin allant au port de Lonate.

l. l. — Revêtements et ouvrages de défense.

l'.　　— Éperon de *Mancini*.

Fig. 4. r.　　— Blocs de granit et libages.

o. o. — Béton.

q. q — Maçonnerie.

p. p. — Grandes dalles de granit.

n.　　— Banquette temporaire en galets, pour soutenir les hausses mobiles que l'on place en temps de basses eaux.

s. s. — Enrochements.

Pl. VII.

Fig. 1. *Prise d'eau du canal de Paderno, dans l'Adda.*

a.　　— Éperon et enrochements.

b.　　— Barrage de prise d'eau.

d.　　— Magasins de l'administration.

c.　　— Moulins.

f.　　— Ancien déchargeoir abandonné.

g. g'. g''. — Déchargeoirs actuels.

h.　　— Première écluse.

Ce canal, destiné dans l'origine aux arrosages et à la navigation, ne sert plus qu'à ce dernier usage. Il est presque continuellement menacé de destruction par la violence des crues de l'Adda, dont on ne l'a pas suffisamment préservé.

Fig. 2.   *Prise d'eau du canal de la Martesana.*

      d.   — **Barrage** de dérivation.

      a.   — **Chaîne** de séparation du port de Trezzo.

      b. b. — Maisons et magasins à l'administration.

      e. e. — Pertuis ou déchargeoirs libres.

      c.   Moulins de Trezzo, établis sur la retenue du barrage.

      g. g. — Chemin de halage.

      h. h. — Chemin des moulins.

      m.   — Moulins de Capriate.

      e.   — Barrage de ces moulins.

      n.   — Moulins Bagari.

      p.   — Barrage de ces moulins.

      f. f. — Ponts en bois, pour le service des moulins de Trezzo et de Capriate.

Fig. 3.   Prise d'eau du canal de la commune de Parella, dans le torrent de la Chiusella.

Pl. VIII.

Fig. 1. . . 11. — Détails relatifs à l'établissement de la nouvelle prise d'eau de la roggia de Parella, dans le torrent de Chiusella.

Fig. 12. . . 15. — Détails, dimensions et manœuvre des vannes de décharge et autres, employées sur les canaux d'arrosage, tant en Piémont que dans le Milanais.

Pl. IX.

Fig. 1. . . . 7. — Détails sur divers procédés de jaugeage des eaux courantes.

diatement en aval de la bouche régulatrice; mais sans influer sur son débit.

Pl. XIV.

Fig. 3 et 1. — Plan et coupe longitudinale d'un des partiteurs du canal Marocco, desservant les territoires de Milan et de Lodi.

Fig. 5 et 4. — Plan et coupe longitudinale d'un module, pour une bouche de prise d'eau de six onces sur le même cànal.

Pl. XV.

Fig. 1 et 3, 4 et 5. — Autres partiteurs sur le même canal.

Fig. 6. — Détail des deux systèmes de partiteurs.

Pl. XVI.

Fig. 1 et 2. — Chute des eaux du canal de Cigliano dans l'Elvo.

Fig. 5, 6, 7. — Détails et dimensions des bouches usitées en Piémont.

Fig. 8, 9, 10. — Détails et dimensions des bouches, d'après le module milanais.

Fig. 4 et 3. — Plan et coupe d'un régulateur dans l'ancien système de Piémont pour la dérivation d'une once d'eau du canal de Cigliano.

Pl. XVII.

Fig. 2 et 1. — Plan et coupe longitudinale d'un ouvrage d'art en maçonnerie de briques, comprenant un pont, un pont-canal et un régulateur pour la dérivation d'une roue d'eau

de Piémont, extraite du canal de Saluggia.

Fig. 5, 3, 4. —Plans et coupes longitudinales de deux
régulateurs contigus pour la dérivation,
l'un de 8 onces, l'autre de 6 onces de Piémont, du Naviletto, de Saluggia, en rem-
placement d'anciens régulateurs imparfaitement construits en bois.

Pl. XVIII.

Fig. 1 et 2. —Pont sur le canal Taverna, au point où
il traverse la route de Milan à Venise.

Fig. 3 et 4. —Pont sur le même canal, à la traversée
de la route de Valazze.— Jointivement à
la tête d'amont, se trouve placé un aqueduc en bois, qui est la continuation d'un
colateur dépendant du canal de la famille
Melzi.

Fig. 6, 5, 7. —Plan et coupes de l'ouvrage d'art, au
moyen duquel le même canal passe, dans
une direction biaise, au-dessous de la
route de Locate à Vespoledo, et au-dessus d'un colateur qui vient déboucher
dans le canal d'arrosage de la famille
Litta.

Pl. XIX.

Plan, coupe et élévation du pont-canal construit sur le
vallon de la Druse, pour le passage du Naviletto de la
Mandria de Santhia, province d'Ivrée.

Pl. XX.

Elévations, plan et coupes de deux ponts-canaux construits
en briques et pierres de taille, pour le passage du canal
Marocco sur le Lambro.

Pl. XXI.

Fig. 1 et 2. —Siphon accompagné de deux ponts-aqueducs au moyen desquels le canal Taverna passe : 1° sur la roggia del Viale ; 2° sous la route communale de Grazie ; 3° sous le cavo Tecchione.

Fig. 3 et 4. —Siphon et pont-aqueduc, à l'aide desquels le même canal passe sous le cavo Borgognone et sous la route communale de la Senovra.

Fig. 5 et 6. —Siphons et ponts-aqueducs, au moyen desquels le même canal passe : 1° sous la roggia Mozzani ; 2° sous la route communale de Bagnolo ; 3° sous la roggia Greppi.

Fig. 7 et 8. —Siphon et ponts-aqueducs à l'aide desquels le même canal passe : 1° sous un colateur dépendant du canal Litta ; 2° sous la route communale de Paullo ; 3° sous la roggia Sala.

Fig. 9 et 10. —Siphon et pont-aqueduc, au moyen desquels le même canal passe sous la roggia de la Malpaga.

Pl. XXII.

Plans et coupes de divers ouvrages d'art appartenant à des canaux d'arrosage du Piémont et du Milanais.

Pl. XXIII.

Fig. 1, 2, 3, 4.—Détail d'un des siphons établis sous le canal de Pavie.

Fig. 5, 6, 7. —Système de revêtements adoptés sur le même canal.

eaux, sont ordinairement des intérêts majeurs. Par exemple, un jaugeage inexact, indiquant à tort un trop faible volume d'eau dans une rivière, fera indûment rejeter un projet de canal qui aurait vivifié toute une contrée. On ne saurait donc trop désirer de voir répandre un peu de lumière sur un objet aussi important.

Les auteurs qui ont traité, tant du jaugeage des eaux courantes que de l'écoulement par des orifices, l'ont fait exclusivement au point de vue analytique. En ouvrant leurs ouvrages on n'y voit presque que des formules, ce qui laisse peu de place pour le raisonnement; de telle sorte que ces ouvrages sont inintelligibles pour quiconque n'est pas initié au langage et aux notations des mathématiques transcendantes. Je suis entré dans la voie opposée; et sauf ce qu'il était indispensable de dire sur les formules usuelles, pour montrer leurs avantages et leurs inconvénients, j'ai essayé d'aborder par le seul raisonnement, l'étude de ce sujet qui est regardé avec raison comme ce qu'il y a de plus difficile dans la matière des eaux.

En réunissant à des considérations élémentaires l'exposition de plusieurs méthodes, non connues en France, pour évaluer avec promptitude et précision le volume débité par des cours d'eau, de grande et de petite portée, je crois avoir rendu service à l'industrie des arrosages; et avoir été utile, non-seulement aux ingénieurs, mais aussi aux personnes qui, sans posséder des connaissances très-approfondies en mathématiques, peuvent avoir besoin de se livrer à une opération de jaugeage.

En ce qui concerne l'étendue des livres V, VI, VII et VIII, je rappellerai ici que j'ai toujours eu l'intention de ne rien admettre dans cet ouvrage que d'entièrement spécial aux irrigations. Cela m'a permis d'exclure : du livre V, tout ce qui eût été relatif à la construction des canaux en général ; du livre VI, tout ce qui serait étranger aux cultures irrigables et aux quantités d'eau qu'elles réclament ; enfin, du livre VII, des considérations ou dispositions réglementaires, qui, bien qu'offrant un certain intérêt spécial, se rattachaient cependant davantage encore à la police générale des cours d'eau. J'ai pu agir ainsi sur ce dernier point avec d'autant plus de fondement, que j'ai déjà traité dans mon précédent ouvrage, qui est un code des établissements hydrauliques, une grande partie des questions qu'il serait inutile de reproduire ici, en ce qui touche les principes fondamentaux de la législation, les droits d'usage, les règlements d'eau, l'instruction des demandes, les contestations entre particuliers, etc.

LIVRE QUATRIÈME.

———

MESURE

ET

DISTRIBUTION

DES EAUX.

DES CANAUX
D'IRRIGATION.

PREMIÈRE PARTIE.

JAUGEAGES, OU MESURES APPROXIMATIVES DU VOLUME DES EAUX COURANTES.

CHAPITRE QUATORZIÈME.

CONSIDÉRATIONS PRÉLIMINAIRES.—FORMULES ET APPLICATIONS.

§ 1. *Considérations préliminaires.*

Faire le jaugeage d'une eau courante, c'est évaluer le nombre de mètres cubes ou de litres d'eau qu'elle débite par seconde ; de manière à connaître, aussi exactement que possible, quel est le volume disponible qui peut être utilisé dans des circonstances données.

Si l'eau qui coule, soit dans un lit ordinaire, soit dans un tuyau, se mouvait tout d'une pièce comme un piston dans un corps de pompe, ou comme la moelle que l'on chasse dans une branche de sureau, il n'y aurait pas d'opération plus simple que celle du jaugeage; car elle se réduirait à multiplier la section du liquide par sa vitesse ; vitesse unique,

qu'il serait toujours facile de constater. Mais cela
n'a pas lieu ainsi; et dans la réalité des choses il
est peu d'opérations aussi compliquées, aussi difficiles à bien faire. Cette assertion pourrait paraître
étrange à beaucoup de personnes, qui, habituées
à envisager comme tout ce qu'il y a de plus simple
et de plus naturel, le mouvement des eaux courantes, opéré journellement sous leurs yeux, auraient
peine à se rendre compte qu'il y ait là un phénomène compliqué. Examinons cependant ce qui se
passe.

Une masse de petits corps sphériques, indépen-
dants les uns des autres, abandonnés sur une suite
de plans inclinés, se succédant sans interruption,
y prendraient un mouvement tendant à s'accélérer
sans cesse; car telle est la conséquence du principe
fondamental de la gravité. Cependant, cela n'a pas
lieu ainsi pour une masse liquide, encore bien que
ses molécules soient douées en apparence d'une
mobilité parfaite. L'expérience prouve que les eaux
naturelles provenant soit des pluies, soit de la fonte
des neiges, quoique coulant effectivement sur
une suite de surfaces inclinées, au lieu d'y acquérir
une vitesse accélérée, prennent au contraire, à
quelques légères variations près, un mouvement
uniforme et réglé qui, dans les différents états d'un
cours d'eau, caractérise ce que l'on a appelé son
régime.

Quelles sont donc les causes d'après lesquelles

un mouvement qui de sa nature devrait être accéléré, se trouve ainsi transformé en un mouvement uniforme ? Elles ne peuvent résulter que
de certaines résistances qui sont de nature à
faire équilibre à la force accélératrice de la pesanteur.

Ces résistances sont de deux espèces : 1° L'une
provient de l'affinité des molécules liquides les
unes pour les autres, d'une sorte de viscosité qui
les empêche de se désunir, comme feraient, par
exemple, des grains de millet; 2° l'autre résistance est produite par le frottement que l'eau courante éprouve contre les parois du lit qui la renferme; et celle-ci peut varier considérablement,
suivant que le lit est plus ou moins pourvu d'aspérités, de pierres, de broussailles, d'herbages, ou
autres obstacles de la même nature ; suivant que sa
direction est plus ou moins rectiligne ou plus ou
moins sinueuse. En un mot, les résistances qui
rentrent dans cette seconde catégorie sont celles
qui modifient presque à elles seules le mouvement
des eaux courantes.

Il résulte de là que la masse liquide, loin d'avoir
un seul et même mouvement, présente en quelque sorte autant de vitesses distinctes qu'on pourrait imaginer de filets d'eau différents. Ceux qui se
trouvent immédiatement en contact avec les parois
solides du lit ou du tuyau, y perdent une très-
grande partie de leur vitesse naturelle, tandis que

ceux qui en sont les plus éloignés doivent éprouver
bien moins de résistance.

C'est exactement ce qui se vérifie dans la pratique, puisqu'il est parfaitement constaté que dans
un tuyau la vitesse de l'eau décroît graduellement
depuis le centre jusqu'à la circonférence ; tandis que
dans un lit ordinaire, qui représente une des moi-
tiés d'un tuyau, qu'on aurait partagé suivant son axe,
cette vitesse maximum, qui constitue ce que l'on
a appelé le fil de l'eau, se trouve effectivement à la
même place, c'est-à-dire à la surface même du courant, où elle correspond presque toujours à sa plus
grande profondeur, autrement dit à son thalweg.

Ces préliminaires doivent suffire pour faire concevoir le but et les difficultés d'une opération de
jaugeage ; car, de ce qu'il existe toujours dans une
même masse d'eau en mouvement plusieurs vitesses différentes, on doit d'abord en conclure que,
quand il s'agit de calculer son volume, on ne doit
employer ni la plus forte ni la plus faible ; mais
un terme moyen entre l'une et l'autre. Or, cette
quantité intermédiaire, sur la recherche de laquelle
repose toute la solution du problème des jaugeages, est-elle simplement une moyenne arithmétique entre les deux vitesses extrêmes, dont l'une
est la vitesse maximum qui s'observe à la surface,
et l'autre la vitesse de fond ; ou bien doit-elle se
calculer d'après l'observation d'un certain nombre
de vitesses, prises en divers points du lit ?

Rien de bien fixe n'existe à cet égard; et tout ce que l'on peut répondre de certain, c'est que la véritable vitesse moyenne d'un cours d'eau, en un point donné, est celle qui, multipliée par la section, donne pour produit son débit réel. Mais comme de ces trois choses : la section, la vitesse et le débit d'un cours d'eau, la troisième est presque toujours, dans la pratique, celle que l'on cherche à connaître, au moyen des deux autres, la seule manière de résoudre cette difficulté consistait donc à tâcher de réduire en préceptes les résultats d'un certain nombre d'expériences comparatives, faites dans le but de découvrir, au moins approximativement, les relations qui peuvent exister entre la section, la pente et la vitesse moyenne. Tel est le but des formules de jaugeage.

§ II. *Premières formules.*

C'est une science encore récente que celle qui conduit à connaître les relations existant entre la section, la pente et la vitesse moyenne d'un cours d'eau. On avait étudié d'abord l'écoulement des liquides à travers des orifices, et il y a deux cents ans que Torricelli découvrit le principe théorique d'après lequel la vitesse de cet écoulement augmente en raison de la profondeur de l'orifice au-dessous du niveau du réservoir. Pendant longtemps on avait cru, en Italie comme ailleurs, que les choses de-

vaient se passer ainsi dans le mouvement des eaux
courantes, et que les couches inférieures étant soumises à une plus grande pression devaient avoir
plus de vitesse que les couches superficielles. Mais
cette opinion était tout à fait inexacte.

C'est seulement vers la fin du siècle dernier que
les ingénieurs français Dubuat, Chezy, Girard et
Prony, le premier officier du génie militaire; les
trois autres membres du corps des ponts et chaussées, se livrèrent successivement à des recherches
et à des expériences qui conduisirent à des résultats
dignes d'attention, sur le mouvement de l'eau courante dans les canaux et les rivières. Ils s'aper-
çurent bientôt que la théorie seule, déjà très-in-
suffisante d'ailleurs, sur la question des résistances,
ne pourrait jamais conduire à une solution quelconque. Ils prirent donc le parti de se livrer à des
observations directes sur un certain nombre de
cours d'eau ; puis de composer des formules capables de représenter, très-approximativement, les
résultats de ces expériences, afin de généraliser
autant que possible les relations trouvées entre la
section, la pente et la vitesse moyenne, et de faire
connaître la loi des résistances qui modèrent la
marche des eaux courantes, de manière à réduire
à l'état d'uniformité un mouvement qui, de sa nature, tendrait à s'accélérer indéfiniment.

C'est ainsi que procédèrent les premiers astro-
nomes, en commençant par dresser, à l'aide d'une

longue série d'observations préalables, des tables
indicatives du mouvement des corps célestes ; car
c'est au moyen de ces précieux recueils que les
Kepler et les Newton nous firent ensuite connaître
les lois physiques qui président au système du
monde.

La circulation des eaux courantes, surtout dans
des lits naturels, plus ou moins accidentés, ne se
prêtait pas, à beaucoup près, à des appréciations
mathématiques aussi précises que celles que l'on a pu
faire des mouvements astronomiques; aussi tandis
que leurs lois ont été formulées avec une justesse
et une précision telles qu'on explique complète-
ment les grands phénomènes qui semblaient devoir
rester pour jamais hors de notre portée, la simple
étude de la quantité d'eau que débite une rivière
est demeurée dans un état imparfait. Car on peut
dire que les formules les plus complètes que l'on
pourra donner sur cet objet laisseront toujours
beaucoup à désirer, pour la généralité de leurs
applications.

Les premières formules adoptées par les savants
dont je viens de parler ont établi des relations déjà
précises entre la section, la pente et les diverses
vitesses d'une eau courante ; elles ont fourni de
plus, une détermination ingénieuse de la résistance totale à laquelle est due l'uniformité du
mouvement des rivières.

Cette expression est composée de deux termes

variables, proportionnels, l'un à la vitesse, l'autre au carré de cette même vitesse. Et, en effet, le mouvement de l'eau qui coule sur un lit incliné est d'abord retardé par la cohésion propre des molécules, force que l'on peut supposer proportionnelle à la vitesse qui tendrait à les désunir. Mais quant à la seconde cause de résistance, à celle qui résulte de l'action de la surface solide du lit sur la masse du liquide, soit qu'on l'assimile à un simple frottement, soit qu'on l'envisage comme résultant des chocs successifs que l'eau éprouve contre une suite d'aspérités, il résulte des recherches de Coulomb, qu'une telle résistance est toujours proportionnelle au carré de la vitesse.

La formule de Prony, qui est déjà un perfectionnement de celles qu'avaient données Dubuat et Girard, est présentée sous cette forme :

$$U = -0,07 + \sqrt{\overline{}(0,0005 + 3233 \, R. \, I)}$$

U représente la vitesse moyenne, I la pente par mètre, et R le rapport de la section au périmètre mouillé : c'est ce rapport que Dubuat avait désigné sous le nom de *rayon moyen*, expression détournée dont on ne voit pas l'utilité.

Prony a donné plusieurs autres formules représentant le rapport qui existe entre la vitesse à la surface et la vitesse moyenne, dans les canaux et rivières. Il en a déduit, à l'aide d'un assez grand nombre d'expériences des tableaux montrant que la valeur de ce rapport s'écartait peu de 0,8 ou de $\frac{4}{5}$. De sorte que l'on pourrait considérer d'après cela que dans le plus grand nombre de cas la vitesse moyenne, si difficile à observer, peut s'obtenir d'une manière au moins très-approximative en prenant simplement les 0,8 de la vitesse à la surface. Mais ceci ne peut être regardé comme un principe démontré; et ainsi que le remarque d'Aubuisson, on est loin d'avoir une telle connaissance; puisque l'on n'a pas même encore celle du rapport qui peut exister entre ces deux vitesses, pour une même perpendiculaire.

Néanmoins beaucoup d'ingénieurs, et je suis du nombre, ont été à même de reconnaître que la justesse de ce rapport moyen se vérifie fréquemment dans la pratique. J'en cite à la fin du chapitre suivant un exemple remarquable.

Les premières formules de jaugeage n'étant pas basées sur un assez grand nombre d'expériences n'offraient pas les garanties désirables, et ont fait commettre beaucoup d'erreurs à ceux qui ont cru pouvoir se fier aux résultats qu'elles donnaient, en dehors du petit cercle d'observations sur lesquelles elles étaient basées. Aussi elles ont été successivement critiquées et démontrées inexactes.

Prony, dans ses *Recherches Physico-Mathématiques*, n° 134, reproche à la formule de Dubuat d'être compliquée, et surtout d'être affectée d'une quantité logarithmique qui semble y avoir été introduite plutôt par la nécessité de satisfaire à des nombres donnés que par des considérations immédiates sur la nature des phénomènes. — *Ibid.,* n° 206, le même ingénieur dit, en parlant des formules qui doivent représenter le mouvement des eaux, tant dans les tuyaux de conduite que dans les canaux découverts : « Ces rapprochements portent sur des phénomènes hypothétiques qui sont censés avoir lieu, dans de très-petites vitesses, et qui fournissent des conclusions affectées des erreurs possibles des principes systématiques par lesquels on explique la résistance. » — Il dit plus loin, n° 170, qu'il faut chercher à faire une juste répartition des anomalies ; et elles varieraient, selon lui, n° 170, de 0,08 à 0,29 dans la formule de Dubuat, et de 0,16 à 0,18 dans celle de Girard.

Mais Prony lui-même donne lieu, dans ses propres calculs, à des observations analogues. Ainsi il indique dans son *Mémoire sur les jaugeages*, page 7, une expression de la vitesse dans laquelle il dit qu'il faut négliger un terme, pour en mettre les résultats d'accord avec ceux de l'expérience. Dans le n° 192 de ses Recherches, en traitant de la relation qui existe entre les différentes vitesses, il arrive à une certaine formule qu'il reconnaît être « en pleine contradiction avec les phénomènes observés, tant sur la vitesse que sur la résistance due au frottement et à la cohésion ; car si l'on admettait les valeurs qu'elle donne, on serait forcé d'en conclure que dans certains cas la vitesse peut décroître du fond à la surface. »

On pourrait trouver à faire encore d'autres citations analogues dans les différents écrits publiés par le savant Prony, sur les questions relatives aux eaux courantes. Or, dès que quelque chose pèche dans une théorie où tout s'enchaîne, on est bien en droit de concevoir des doutes sur l'ensemble du système. C'est précisément ce qui est arrivé, et ce qui a donné lieu de reconnaître que les formules de Dubuat, Girard et Prony, basées sur un trop petit nombre d'expériences, faites exclusivement sur des canaux réguliers, tout en étant présentées sous une forme bien en rapport avec les conditions théoriques de l'écoulement, n'avaient qu'une utilité pratique très-restreinte, attendu que leurs coefficients se trouvaient inexacts dès qu'on voulait généraliser un peu l'emploi desdites formules.

Je ne suis pas le seul ingénieur qui ait remarqué les imperfections inhérentes à toutes les formules de jaugeage. Voici comment s'exprime à ce sujet M. l'inspecteur Minard, dans son ouvrage sur la navigation des canaux et rivières publié en 1841 :

« Dans ces formules, les coefficients de résistance sont supposés avoir les mêmes valeurs que dans le mouvement uniforme; lesquelles valeurs ont été déduites d'expériences faites sur des cours d'eau à lits réguliers, ou presque réguliers. Mais la résistance, ou pour mieux dire les causes retarda-

trices, augmentent avec l'irrégularité du lit. Dans
ce cas, il y a des remous, des tournoiements, des
contre-courants qui n'existent pas dans le mouvement uniforme, et qui absorbent une certaine
quantité d'action. Dès lors, les coefficients ordinaires cessent d'êtres applicables aux lits réguliers.
C'est pour cela qu'en général, si on regarde la vitesse comme inconnue, on trouve par les formules
une valeur plus grande que celle de l'expérience.

» La formule du mouvement uniforme, quoique
dans plusieurs cas d'accord avec l'expérience, est
cependant d'une application difficile par les raisons
suivantes : 1° Cette formule, comme toutes les
autres, suppose le produit constant; or, une rivière n'est presque jamais dans cet état; elle est
en crue ou en baisse; ce qui modifie les éléments
du calcul. Ainsi, le produit de la Moselle, qui est
de 18 mètres à l'étiage, à son entrée dans le département de ce nom, de 20^m,40 au-dessous de Metz, et
de 24^m,50 à la frontière, devient à peu près quatre
fois plus grand à chacun de ces points, quand la
rivière a monté seulement de 0^m,50 au-dessus de
l'étiage. En supposant l'accroissement proportionnel à l'exhaussement, le produit augmenterait ou
diminuerait de 0,04 à chaque 0^m,05 de crue ou
de baisse. Or, les observations journalières de 1834
apprennent que pendant les deux tiers de cette
année la Moselle a varié de 0^m,05 au moins par
jour, et l'on n'aurait pu appliquer la formule du

mouvement uniforme que du 15 au 27 juillet, et du 20 septembre au 20 octobre; époques auxquelles la rivière était à l'étiage.

» 2° Cette formule contient deux éléments bien délicats à établir ; à savoir, la pente et le périmètre mouillé. Lorsque la pente d'une rivière varie, elle ne peut être appréciée pour chaque section que sur une petite longueur. Et en effet, l'uniformité de pente sur une grande longueur supposerait aussi une grande régularité sur cette même longueur. Si l'on obtient la pente par deux coups de niveau, elle peut être affectée de l'erreur possible dans cette opération ; erreur à laquelle s'ajoutera peut-être celle que l'on fait dans la détermination de la surface de l'eau. Il est donc très-possible de commettre une erreur totale de 4 ou 5 millimètres dans un nivellement de 100 mètres de longueur ; erreur qui aura d'autant plus d'influence que la pente de la rivière sera plus faible. Et d'ailleurs, on détermine la pente sur les bords, tandis que c'est au milieu qu'il serait plus rationnel d'aller la chercher.

» Par exemple, sur la Marne, en admettant une erreur de $0^m,006$ sur 100 mètres de longueur dans le nivellement, selon qu'elle est commise dans le sens de la pente de la rivière ou dans le sens contraire, le produit donné par la formule augmente d'un quart ou diminue d'un tiers.

» L'autre élément, non moins difficile à déterminer, est le périmètre mouillé. Jusqu'à quel point

doit-on prendre le contour des aspérités du fond,
celui des pierres, etc.? »

A cette citation des opinions du savant ingénieur qui a professé pendant plusieurs années le
cours de navigation intérieure à l'école des ponts
et chaussées, j'ajouterai encore quelques réflexions
dans le même sens. Et d'abord, je ferai remarquer
que la plupart des expériences qui ont servi à établir les anciennes formules de Dubuat, Girard et
Prony, ont eu lieu sur des canaux artificiels; de
sorte que pour pouvoir les appliquer, dans des circonstances comparables, à l'évaluation de la vitesse
d'une rivière, il faut nécessairement qu'une portion
considérable de celle-ci soit assez régulière pour
pouvoir être assimilée à un canal fait de main
d'homme.

Dans son *Traité d'hydraulique*, M. d'Aubuisson estime que cette régularité du lit devrait exister
sur 1000 mètres au moins, en présentant de plus
une pente assez uniforme pour qu'on pût admettre une section moyenne; il ajoute qu'au-dessus et
au-dessous d'une telle longueur, le mouvement ne
doit éprouver aucune perturbation notable. On
voit dès lors combien il est rare que l'on puisse
opérer dans de telles circonstances.

Cependant les jeunes ingénieurs, et d'autres personnes peu expérimentées dans l'hydraulique, se per-
suadent assez souvent que du moment où il existe
des formules pour cet objet, on peut les employer

comme infaillibles dans tous les cas particuliers.

La seule présence des herbes aquatiques, qui croissent abondamment dans le lit des canaux et de certaines rivières, suffit pour y exercer, sur les différentes vitesses de l'eau, une influence perturbatrice, et les formules ne sont jamais applicables dans ce cas. Les broussailles qui existent souvent sur les rives et plongent en partie dans l'eau, peuvent produire à peu près le même effet.

Si le cours d'une rivière, au lieu d'être entièrement libre comme le supposent les susdites formules, est modifié par des ouvrages d'art, tels que barrages, pertuis, usines, il ne faut plus penser à recourir à leur application.

A une époque où je faisais beaucoup d'opérations sur les cours d'eau, j'ai été à même de remarquer, par exemple, que les relations admises entre la vitesse moyenne et la vitesse à la surface pouvaient être totalement interverties par les raisons suivantes : 1° Si l'on observe la marche de l'eau en amont d'un barrage, dans lequel il s'opère un certain écoulement au moyen d'un pertuis ou déchargeoir de fond, il arrive que, même à une très-grande distance, aux approches de ce barrage, les vitesses intérieures des filéts d'eau correspondant à l'orifice ouvert surpassent la vitesse superficielle observée dans le fil de l'eau, là où dans l'état normal on devrait la trouver à son maximum ; 2° si l'écoulement de part et d'autre du barrage s'opère par

le moyen d'un déversoir, alors les vitesses superficielles se trouvent augmentées dans une proportion plus ou moins forte ; tandis que les vitesses intérieures se trouvent au contraire diminuées. De là
encore proviennent, dans la valeur respective des
vitesses, des modifications très-grandes, ne résultant plus de l'influence naturelle de la pente et du
volume d'eau. Dès lors ces vitesses n'ont plus aucun
rapport avec celles qui sont envisagées dans les
formules.

Cependant il n'est pas rare de voir donner,
même par des ingénieurs, comme résultat valable
desdites formules, le fruit d'observations ainsi faites
aux abords des barrages, martellières, etc.

Enfin, les uns continuent de se servir, dans les
opérations de jaugeage, de la formule de Prony ;
tandis que d'autres emploient pour le même objet
la formule d'Eytelwein, qui offre beaucoup plus de
garanties. Or il suffit de jeter les yeux sur ces deux
expressions pour reconnaître qu'ayant identique-
la même forme, mais des coefficients très-différents, elles ne peuvent jamais être exactes en même
temps.

Faudrait-il conclure de ces objections que l'on
doive renoncer à l'emploi des formules de cette
espèce, comme n'étant pas suffisamment exactes ?
Non sans doute ; car le temps des ingénieurs, chargés de l'étude ou de la direction de grands travaux
hydrauliques, est assez précieux pour qu'il y ait un

grand avantage à recourir à leur usage, lors même que l'on devrait se résoudre à n'y chercher que des approximations. La formule à l'examen de laquelle est consacré le paragraphe suivant, est d'ailleurs beaucoup plus satisfaisante que toutes celles qui l'ont précédée.

§ III. *Formule d'Eytelwein.*

Cette formule, publiée pour la première fois en France, en 1815, dans les Mémoires de l'Académie de Berlin, est présentée sous la forme suivante :

$$(A)\ldots\ u = -0{,}00338375\ g + \sqrt{(0{,}00001145\ g^2 + 278{,}899\ \mathrm{D}\ g\ \cos.\ \varphi)}$$

u représente la vitesse moyenne cherchée, D le rapport que l'on obtient en divisant la section du cours d'eau par son périmètre mouillé ; et enfin $\cos.\ \varphi$, le cosinus de l'angle formé par l'inclinaison du lit avec la verticale. Ce cosinus qui se calcule en divisant la pente totale entre deux points du courant par la distance qui les sépare, n'est autre chose que la pente par mètre, ou plus généralement, si l'on veut, il représente la pente sur l'unité de longueur.

En prenant le mètre pour unité, on aura $g = 9^m,8088$ et la formule générale devient

$$(B)\ \ldots\ u = -0{,}03319 + \sqrt{(0{,}0011 + 2735{,}66\ \mathrm{D}\ \cos.\ \varphi)}$$

qui donne, en mètres par seconde, la vitesse moyenne que l'on veut obtenir.

On voit surtout par cette dernière expression que la formule nouvelle a conservé la même disposition que celle de Prony, mais avec des coefficients très-différents.

La formule (A) peut-être mise aussi sous cette forme :

$$\text{D cos. } \varphi = 0{,}00717\frac{u^2}{2g} + 0{,}0000\,24\,u$$

ou sous celle-ci :

$$(\text{C}) \ldots \text{cos. } \varphi = 0{,}00717\frac{u^2}{2gD} + 0{,}000024\frac{u}{D}$$

D'après cela, comme cos. φ qui représente la pente par mètre, peut être regardé comme la mesure de la force accélératrice à laquelle la résistance totale provenant du lit et de la cohésion du liquide doit faire équilibre, on retrouve exactement ici la loi déjà établie pour cette résistance dans les anciennes formules de Girard et de Prony ; et l'on voit qu'elle a bien pour expression deux termes porportionnels, l'un à la vitesse, l'autre au carré de cette vitesse. Ces deux termes croissent d'ailleurs en raison inverse du rapport D qui s'y trouve en dénominateur ; de sorte que, toutes choses égales d'ailleurs, la résistance du lit est d'autant moins sensible que la section est plus grande, et qu'elle est au contraire d'autant plus forte que le périmètre a plus de développement; ce qui est exactement vrai.

La formule de Prony déjà plus précise que celles de Dubuat et de Girard n'était appuyée que de 31 expériences, et portait généralement sur de petits cours d'eau dont la section maximum ne dépassait pas 29 mètres carrés; de sorte que l'on ne pouvait l'appliquer, sans crainte d'erreurs, au jaugeage des grandes rivières.

La formule d'Eytelwein est basée sur plus de cent expériences dont les principales furent faites en Allemagne par les ingénieurs Brünings, Funck et Woltmann, sur le Rhin et sur le Weser, ainsi que sur divers canaux. Elle cadre également avec plusieurs des expériences anciennes de Dubuat, et avec les expériences récentes qui furent faites en Italie sur de très-petites, comme sur de très-grandes sections, allant depuis $0^m,15$ jusqu'à plus de 3.000 mètres carrés.

Les pentes y ont varié depuis $0^m,00003$ jusqu'à $0^m,01$ par mètre, et les vitesses depuis $0^m,12$ jusqu'à $2^m,40$ par seconde.

Cette formule est donc à la fois la plus simple et la plus complète que l'on connaisse aujourd'hui; elle est par conséquent la seule que l'on doive employer dans la pratique. C'est pour cette raison que je donne ici une table, qui sert à en faciliter les applications.

TABLE

calculée pour donner, d'après la formule d'Eytelwein, la vitesse moyenne d'un courant dont on connaît la pente et la section.

NOTA.—Les nombres compris dans les deuxièmes colonnes, donnant la valeur du produit D cos φ, expriment des dix-millionièmes de mètre.

VITESSE moyenne = u.	D cos. φ.	VITESSE moyenne = u.	D cos. φ.	VITESSE moyenne = u.	D cos. φ.	VITESSE moyenne = u.	D cos. φ.
0,01	3	0,38	620	0,75	2238	1,12	4857
0,02	6	0,39	651	0,76	2296	1,13	4942
0,03	11	0,40	682	0,77	2354	1,14	5027
0,04	16	0,41	714	0,78	2413	1,15	5113
0,05	21	0,42	747	0,79	2473	1,16	5200
0,06	28	0,43	780	0,80	2534	1,17	5288
0,07	35	0,44	814	0,81	2595	1,18	5376
0,08	43	0,45	849	0,82	2657	1,19	5465
0,09	51	0,46	885	0,83	2720	1,20	5555
0,10	60	0,47	922	0,84	2783	1,21	5646
0,11	71	0,48	959	0,85	2847	1,22	5737
0,12	82	0,49	997	0,86	2912	1,23	5829
0,13	93	0,50	1035	0,87	2978	1,24	5921
0,14	106	0,51	1075	0,88	3044	1,25	6015
0,15	119	0,52	1115	0,89	3111	1,26	6109
0,16	132	0,53	1155	0,90	3179	1,27	6205
0,17	147	0,54	1197	0,91	3248	1,28	6300
0,18	162	0,55	1239	0,92	3317	1,29	6396
0,19	178	0,56	1282	0,93	3387	1,30	6493
0,20	195	0,57	1326	0,94	3458	1,31	6591
0,21	212	0,58	1370	0,95	3530	1,32	6690
0,22	230	0,59	1416	0,96	3602	1,33	6789
0,23	249	0,60	1461	0,97	3675	1,34	6889
0,24	269	0,61	1508	0,98	3749	1,35	6990
0,25	289	0,62	1556	0,99	3823	1,36	7091
0,26	310	0,63	1604	1,00	3898	1,37	7193
0,27	332	0,64	1653	1,01	3974	1,38	7296
0,28	354	0,65	1702	1,02	4051	1,39	7400
0,29	378	0,66	1753	1,03	4128	1,40	7504
0,30	402	0,67	1803	1,04	4206	1,41	7609
0,31	426	0,68	1855	1,05	4286	1,42	7715
0,32	452	0,69	1908	1,06	4364	1,43	7822
0,33	478	0,70	1961	1,07	4445	1,44	7929
0,34	505	0,71	2015	1,08	4526	1,45	8037
0,35	533	0,72	2070	1,09	4607	1,46	8146
0,36	561	0,73	2125	1,10	4690	1,47	8258
0,37	590	0,74	2181	1,11	4773	1,48	8366

VITESSE moyenne = u.	D cos. φ.	VITESSE moyenne = u.	D cos. φ.	VITESSE moyenne = u.	D cos. φ.	VITESSE moyenne = u.	D cos. φ.
1,49	8477	1,87	13237	2,25	19052	2,63	25922
1,50	8589	1,88	13376	2,26	19218	2,64	26118
1,51	8701	1,89	13516	2,27	19387	2,65	26313
1,52	8814	1,90	13657	2,28	19555	2,66	26509
1,53	8928	1,91	13798	2,29	19725	2,67	26707
1,54	9043	1,92	13941	2,30	19895	2,68	26905
1,55	9158	1,93	14084	2,31	20067	2,69	27104
1,56	9274	1,94	14228	2,32	20238	2,70	27303
1,57	9391	1,95	14373	2,33	20410	2,71	27504
1,58	9509	1,96	14519	2,34	20584	2,72	27704
1,59	9627	1,97	14664	2,35	20757	2,73	27906
1,60	9746	1,98	14811	2,36	20932	2,74	28108
1,61	9866	1,99	14959	2,37	21107	2,75	28311
1,62	9986	2,00	15107	2,38	21284	2,76	28515
1,63	10108	2,01	15257	2,39	21460	2,77	28720
1,64	10230	2,02	15405	2,40	21637	2,78	28925
1,65	10352	2,03	15556	2,41	21816	2,79	29131
1,66	10476	2,04	15707	2,42	21995	2,80	29338
1,67	10599	2,05	15859	2,43	22175	2,81	29545
1,68	10725	2,06	16012	2,44	22355	2,82	29754
1,69	10850	2,07	16165	2,45	22536	2,83	29963
1,70	10977	2,08	16320	2,46	22718	2,84	30172
1,71	11104	2,09	16474	2,47	22900	2,85	30383
1,72	11231	2,10	16630	2,48	23084	2,86	30594
1,73	11360	2,11	16786	2,49	23268	2,87	30806
1,74	11489	2,12	16943	2,50	23453	2,88	31018
1,75	11620	2,13	17101	2,51	23638	2,89	31232
1,76	11750	2,14	17257	2,52	23824	2,90	31446
1,77	11881	2,15	17419	2,53	24012	2,91	31661
1,78	12014	2,16	17579	2,54	24199	2,92	31876
1,79	12146	2,17	17740	2,55	24388	2,93	32092
1,80	12281	2,18	17901	2,56	24577	2,94	32309
1,81	12414	2,19	18063	2,57	24768	2,95	32527
1,82	12551	2,20	18226	2,58	24958	2,96	32745
1,83	12686	2,21	18389	2,59	25149	2,97	32965
1,84	12822	2,22	18554	2,60	25340	2,98	33185
1,85	12960	2,23	18719	2,61	25534	2,99	33405
1,86	13097	2,24	18885	2,62	25728	3,00	33627

§ IV. *Applications.*

PREMIER PROBLÈME.—*Étant données la portée d'un canal, la pente et la hauteur de l'eau qui*

*doit y être contenue, déterminer la largeur uni-
forme à donner à sa section.* — Ce problème est
des plus intéressants, et se présente très-fréquemment dans la pratique, en ce qui concerne l'ouverture de toutes les espèces de canaux ; et dans cette
voie l'on ne peut marcher au hasard sans s'exposer
à des erreurs très-regrettables, par l'adoption soit
d'une largeur trop grande, entraînant en pure
perte des dépenses toujours élevées, soit d'une largeur insuffisante qui aurait l'inconvénient plus
grand encore de constituer un ouvrage incapable
de remplir sa destination.

Voici un cas de cette espèce qui s'est présenté
dans l'ouverture des canaux d'écoulement des
Marais Pontins : Volume d'eau à débiter par seconde, $7^m,968$; pente par kilom., $0^m,10$, ou par
mètre, $0^m,0001$; hauteur maximum de l'eau dans
le canal d'écoulement, pour se trouver en contre-bas
du niveau des terres à dessécher, $1^m,787$.

Soit Q la portée d'eau, cos. φ l'expression de la
pente et h la hauteur ou profondeur, qui sont les
données du problème, et x la largeur du canal qui
en est l'inconnue. On aura pour le rapport de la
section au périmètre $D = \dfrac{hx}{x+2h}$, et pour la vitesse moyenne $u = \dfrac{Q}{hx}$. Si l'on substitue ces expressions dans la formule du mouvement uni-
forme $D \cos. \varphi = 0,00717 \dfrac{u^2}{2g} + 0,000024\ u$, et si

l'on assigne leurs valeurs numériques aux quantités connues $Q = 7,968$; cos. $\varphi = 0,0001$, $h = 1^m,787$, on aura, pour déterminer x, l'équation numérique du 3e degré

$$(D)\ldots x^3 - 0,598\, x^2 - 42,792\, x - 145,303 = 0.$$

De laquelle on déduit, par approximation, la largeur cherchée qui est $x = 8,10$.

On peut arriver au même but, avec plus de facilité, au moyen de la table ; car, au lieu d'employer l'équation du 3e degré qui précède, on peut se servir également de celle-ci :

$$(E)\ldots u - Q\, \frac{h - D}{2\,D\,h^2} = 0.$$

Si dans cette dernière on introduit, d'après une règle connue, deux valeurs différentes de D, comme on connaît cos. φ, la table susdite donnera de suite des valeurs correspondantes de u, pour chacune desquelles on cherchera à satisfaire à l'équation précédente ; et en rectifiant l'erreur de proche en proche, on arrivera bientôt à la véritable expression du rapport dont il s'agit, et par suite à la valeur de x qui est, d'après les formules ci-dessus, $x = \dfrac{2\,D\,h}{h - D}$.

Ainsi, par exemple, dans l'espèce qui nous occupe, si l'on fait successivement $D = 1$ et $D = 1,5$, on a pour les valeurs correspondantes de D cos. φ, en dix millionièmes de mètre, 1000 et 1500; d'après quoi la table donne les deux valeurs suivantes : $u = 0,49$ et $u = 0,61$. Ces deux systèmes de données, introduits dans le premier membre de l'équation (E) qui doit être égal à zéro, donnent :

$$1°.... \; u - Q\frac{h-D}{2\,D\,h^3} = -0,49 \qquad 2°.... u - Q\frac{h-D}{2\,D\,h^3} = 0,37$$

ce qui prouve que la valeur de D est bien effectivement comprise entre les limites 1 et 1,5. Si, d'après la même méthode, on substitue d'autres valeurs plus rapprochées, on arrive promptement à la véritable expression qui est $D = 1,24$, à laquelle correspond, comme d'après la formule (D), $x = 8,1$.

DEUXIÈME PROBLÈME. — *Étant données les sections et les pentes de deux rivières, trouver l'exhaussement de niveau qu'éprouvera l'une d'elles en recevant l'autre comme affluent.* — Pendant longtemps on a cherché la solution de ce problème en Italie, et il a donné lieu, entre les hydrauliciens de ce pays, à de très-vives discussions. Il s'agissait principalement de savoir quel exhaussement prendrait le niveau du bras principal du Pô, qui coule au nord de Ferrare par l'immission du Reno, torrent du Bolognais, envisagés l'un et l'autre en temps de crue.

Selon les mesures relatées par Manfredi, la largeur du Reno est de $52^m,74$, et la hauteur de l'eau de $4^m,17$. La largeur du Pô à Lagoscuro est de $288^m,37$, et sa hauteur en grandes eaux est de $11^m,38$. D'après les pentes mesurées dans diverses opérations, on a pour le Reno, cos. $\varphi = 0,0002458$, et pour le Pô, cos. $\varphi = 0,0000996$.

A la rigueur, il faudrait mesurer exactement le périmètre des sections pour en déduire le rapport D ; mais comme dans les fleuves ou rivières d'une grande largeur le périmètre mouillé est à très-peu près égal à la largeur, plus le double de la profondeur, on peut considérer ici les périmètres comme étant pour le Reno de $61^m,08$, et pour le Pô de $311^m,13$; de sorte que l'on a pour le Reno $D = 3,601$, et pour le Pô, $D = 10,547$, ou enfin

Pour le Reno	D cos. $\varphi = 0,0008851$
Pour le Pô	D cos. $\varphi = 0,0010505$.

D'après ces données, on trouve, au moyen de la table précédente, que la vitesse moyenne et les portées correspondantes sont :

Pour le Reno	$u = 1^m,52$	$Q = 334^{m.\,c.},28$
Pour le Pô	$u = 1^m,66$	$Q = 5454^{m.\,c.},10$.

Le rapport entre les volumes des hauteurs du Reno et de celles du Pô, est donc sensiblement de 1 à $16,32$; et la portée d'eau du Pô, accrue de celle du Reno, sera de $5788^m,38$.

Pour trouver maintenant la hauteur y que représentera cette portée d'eau dans le lit du Pô, il

faut, d'après Venturoli (*Eléments de mécanique*,
tome II, art. 329), résoudre l'équation du 3ᵉ degré
que voici :

$$0,00717\frac{Q^2}{2g} + 0,000024\,Q\,ly = \frac{l^2 y^3\cos.\varphi}{1+2y}$$

On a

$$Q = 5788,38 \quad l = 288,37 \quad \cos.\varphi = 0,0000996.$$

Et alors l'équation réduite en nombres avec ces
données devient :

$$y^3 - 0,0335\,y^2 - 15,047\,y - 1473,4 = 0$$

d'où l'on tire :

$$y = 11,83.$$

Comme la hauteur d'eau primitive du Pô était de
11ᵐ,38, on voit que l'exhaussement cherché serait
de 0ᵐ,45.

CHAPITRE QUINZIÈME.

MÉTHODES DIRECTES DE JAUGEAGE.

§ I. *Observations préliminaires.*

Si ce n'était pas une opération presque toujours longue et coûteuse que de mesurer directement soit le volume, soit même la vitesse moyenne d'un courant d'eau, il vaudrait infiniment mieux procéder ainsi que de recourir à des formules, sur l'exactitude desquelles il est toujours permis d'élever quelques doutes.

Le moyen le plus simple et le plus sûr pour mesurer la vitesse superficielle d'une eau courante consiste à se servir d'un flotteur simple. Ce n'est autre chose qu'un corps d'une pesanteur spécifique un peu moindre que celle de l'eau, qu'on abandonne à la libre impulsion de son courant. Tels sont, par exemple, de petits cubes de bois ou de liége, ou même des sphères creuses en métal que l'on leste avec de la grenaille de plomb. Je dis qu'il faut que le flotteur soit seulement un peu moins pesant qu'un égal volume d'eau; en effet, il est nécessaire qu'il s'enfonce sensiblement jusqu'à sa surface, afin d'accuser exactement la même vitesse que celle du fluide. Un corps flottant qui, comme un bateau, s'élève d'une quantité notable au-dessus de cette surface, tend toujours à prendre, surtout pour les fortes pentes, une vitesse accélérée plus grande que celle du courant ; en outre, sa marche pourrait être fortement influencée par l'action du vent. Il est vrai qu'en pareil cas cette action s'exerce aussi d'une manière nuisible sur la surface de l'eau elle-même ; de sorte qu'on doit toujours chercher à s'en prémunir, en ne choisissant que des journées très-calmes pour procéder aux opérations de jaugeage. On compte le nombre de secondes employées par le flotteur pour parcourir une certaine distance exactement mesurée, et en divisant le nombre de mètres par le nombre de secondes, on a exactement la vitesse superficielle du courant d'eau qui a été observé. La vitesse maximum, qui est ordinairement celle que l'on cherche à connaître, peut toujours se déduire d'un petit nombre d'observations semblables. Une remarque essentielle à faire sur les flotteurs, c'est qu'il faut qu'ils soient abandonnés au courant un peu en amont du point d'où l'on commence à compter le nombre de secondes, afin qu'en y arrivant ils aient déjà acquis la vitesse réelle du fluide. Telles sont les dispositions à observer dans l'emploi des flotteurs simples. En ce qui concerne celui des flotteurs composés, on trouve les détails nécessaires dans les §§ 2 et 3 du présent chapitre.

On a inventé beaucoup d'autres moyens de mesurer soit la vitesse superficielle, soit la vitésse inté-

rieure d'un courant d'eau. Les nombreux écrits publiés sur l'hydraulique en Italie, dans le courant du
XVII⁰ siècle, font mention de plusieurs appareils
destinés à cet usage. Venturoli a donné la description du *pendule hydrométrique*, que l'on établit
sur le courant dont on veut avoir la vitesse, et qui,
d'après une certaine règle, doit donner cette vitesse
en raison de l'inclinaison plus ou moins grande que
prend le fil de suspension de la petite boule pesante
qui reçoit l'impulsion de l'eau. Dubuat s'est servi
dans ses expériences du *volant à aubes*, petite roue
très-légère à 8 aubes, tournant sur des tourillons
en fer, et que l'on faisait plonger légèrement dans
l'eau.

Un moyen ingénieux, employé pour mesurer les
vitesses de l'eau au-dessous de la surface, consiste
dans le *tube de Pitot*, qui fut essayé pour la première fois, sur la Seine, en 1731. Il se compose
d'un tube recourbé, en verre ou en tôle, qui, étant
placé dans le courant, l'orifice tourné vers l'amont,
devrait indiquer, par l'élévation de l'eau dans la
branche verticale, la hauteur due à la vitesse de la
veine fluide soumise à l'expérience.

On a employé aussi dans le même but des plaques
exposées directement au choc du courant dont on
voulait avoir la vitesse, en mesurant cette vitesse
par le poids qu'il fallait employer pour les maintenir dans une position verticale. Tel est le système
du *tachomètre* de Brünings.

On indique également, comme un procédé avantageux pour la mesure des vitesses, le *moulinet* de
Woltmann, espèce de petit moulin à vent qu'on
immerge tout à fait, dont le courant fait tourner
les ailes, et dont le nombre de révolutions indique
la solution cherchée.

Ces divers procédés sont sans doute très-ingé-
nieux, mais ils ont, ce me semble, et surtout le
dernier, un inconvénient réel, qui est de réclamer
l'emploi de véritables machines, ayant des frottements et des parties tournantes, dont la mobilité
peut être plus ou moins variable et modifier en conséquence, d'une manière indéterminée, les résultats normaux.

§ II. *Procédés de jaugeage applicables aux petits et aux moyens cours d'eau.*

I. — *Méthode par les bassins ou récipients.*
Toutes les fois que l'on peut obtenir, sur le cours
d'eau à jauger, une chute suffisante sans s'exposer
à perdre de l'eau en filtrations, la meilleure et, à
vrai dire, la seule méthode parfaitement exacte
d'en connaître le débit consiste à faire couler en totalité le ruisseau, pendant un certain nombre de
secondes, dans un bassin de jaugeage, ou récipient,
dont la capacité est connue, soit d'après ses dimensions vérifiées à l'avance, soit d'après une gradua-
tion que l'on y établit ; puis à diviser le volume

trouvé par le nombre de secondes employées à l'é-
coulement. Des vannes ou même une simple planche
mobile contre deux montants suffisent pour intercepter, à un instant donné, l'introduction, dans le
récipient, de l'eau à laquelle on procure en même
temps un autre moyen de dérivation.

La principale précaution que l'on ait à prendre
est d'empêcher les filtrations, et l'on n'a aucune
observation à faire ni sur la section ni sur les vitesses. De sorte que c'est là véritablement le moyen
le plus vulgaire, mais le plus certain, de mesurer
le produit d'un cours d'eau. Cependant ce même
procédé ne laisse pas que d'offrir aussi un grand intérêt pour la théorie ; car en donnant ainsi, d'une
manière infaillible, le débit par seconde, il fait
également connaître, avec la même exactitude, la
vitesse moyenne du courant, laquelle s'obtient en
divisant ce débit par la section. Ce serait donc là la
seule manière parfaitement exacte de trouver cette
vitesse moyenne, si difficile à observer directement,
d'étudier ses rapports avec la vitesse superficielle,
et de composer ainsi des tables ou des formules qui
seraient parfaitement exactes.

La capacité du récipient doit toujours être aussi
vaste que possible, afin qu'on puisse y admettre
l'écoulement du ruisseau pendant un grand nombre
de secondes, et qu'en procédant ainsi, par voie de
division, on ait la chance d'atténuer presque entièrement les causes d'erreurs qui auraient pu se glis-

ser dans l'opération. Il est avantageux d'établir ce
récipient dans le lit même du ruisseau, convenablement élargi entre deux barrages, dont le premier
forme un déversoir ordinaire, sur lequel on puisse
faire passer à volonté le volume total du cours d'eau.
Quand ce dernier est un peu considérable (8 à
10 onces), il peut y avoir quelques précautions à
prendre pour qu'on soit sûr que dès les premiers
instants de l'écoulement, lors de l'ouverture de la
vanne du déversoir, c'est bien le volume total du
ruisseau qui tombe dans le récipient ; mais on peut
toujours faire en sorte que cela soit à peu de chose
près ainsi ; et, dans tous les cas, cette chance d'erreur, qui ne peut affecter que les premières secondes
de l'écoulement, disparaît presque entièrement dans
la division que l'on fait du volume recueilli par le
temps employé à l'obtenir.

J'ai employé pour la première fois cette méthode
de jaugeage en 1826, étant alors élève-ingénieur
attaché au canal de Bourgogne, dans le département
de la Côte-d'Or. Il s'agissait de connaître exactement le volume d'eau qui pourrait être fourni pendant l'été, à ce canal, par plusieurs ruisseaux importants actuellement employés à son alimentation.
Les résultats ainsi obtenus ont été reconnus depuis
parfaitement exacts.

II. — *Méthode par les déversoirs.* Un des
moyens les plus expéditifs et les moins coûteux pour
mesurer le volume d'une eau courante, notamment

quand il s'agit des sources, consiste à la faire passer en totalité sur un déversoir mince, représenté pl. ix, fig. 1. La hauteur *a b* de ce barrage déversoir, se calcule de manière qu'il y ait toujours une différence sensible et au moins de $0^m,10$ entre le niveau *c d*, de l'eau d'amont et le niveau *e f* de l'eau d'aval.

Il y a à observer deux précautions : 1o on devra éviter que l'exhaussement du niveau *c d* ne produise un remous trop considérable, qui soit de nature à faire perdre une partie des eaux par voie d'infiltration; 2° dans tous les cas, la hauteur *a b* du déversoir devra être assez considérable pour que l'eau d'amont forme sensiblement un réservoir à niveau constant et ne conserve pas de vitesse sensible aux approches de ce barrage. Quand l'écoulement régulier, conforme au débit du ruisseau, peut s'effectuer ainsi, sans inconvénients, sur un simple déversoir, alors le jaugeage ne consiste que dans le seul emploi de la formule applicable à ce mode d'écoulement. Celle qui est donnée dans le Traité d'hydraulique de d'Aubuisson, se présente sous cette forme très-simple,

$$Q = 1,80 \, l \, h \sqrt{h},$$

dans laquelle *l* représente la largeur du déversoir, assimilée à la base d'un orifice rectangulaire, et *h*, la hauteur de l'eau au-dessus de ce déversoir, mesurée à une petite distance en arrière.

Si l'on ne peut donner au barrage un exhaussement suffisant pour atténuer presque entièrement la vitesse, on établit au-dessus de ce déversoir, ainsi que le représente la fig. 2, une vanne dont on peut toujours calculer l'ouverture de manière que le niveau $c\,d$, arrive sensiblement à l'état de repos. Mais alors l'écoulement s'opère par une véritable bouche dont la hauteur est $g\,a$ et sous l'influence d'une pression mesurée par la hauteur $d\,g$, au-dessus du bord supérieur de cette bouche. On emploie donc pour mesurer le volume d'eau, les formules en usage pour apprécier l'écoulement qui a lieu à travers des orifices, formules indiquées ci-après, chap. XVI, § 2. La nécessité de tenir compte du coefficient de la contraction, toujours variable d'un cas à un autre, rend ce moyen peu avantageux comme procédé de jaugeage. On doit en conséquence éviter d'y recourir, quand on peut opérer différemment.

III et IV. — *Méthodes indiquées par Prony.* Dans son Mémoire sur le jaugeage des eaux courantes, Prony donne une méthode compliquée exigeant la construction d'un ouvrage d'art qui est une espèce de sas d'écluse ayant des conduits latéraux, des vannes et un réservoir au centre, dans lequel l'écoulement s'opère par un pertuis ou orifice ouvert horizontalement dans le fond même du plancher, ou radier de cet ouvrage d'art. Indépendamment de la dépense beaucoup trop grande qu'occasionne-

rait une semblable construction, elle réclame en
outre une assez forte chute qu'il n'est pas toujours
commun de rencontrer sur les cours d'eau où l'on doit
opérer; l'écoulement qui se fait à travers des parois horizontales, a été beaucoup moins étudié que
celui qui a lieu par des orifices verticaux; enfin, la
formule qui correspond à ce procédé, malgré les
tables qui y sont jointes, est encore très-longue à
calculer.

Une autre formule plus simple, est donnée par
le même auteur dans ses Recherches sur le système
hydraulique de l'Italie; elle est applicable à l'écoulement de l'eau par un pertuis.

Il indique ensuite la méthode suivante qui dispense d'avoir égard à la contraction. « On construit
deux barrages sur le ruisseau à jauger, l'un desquels,
celui d'amont, peut être fermé instantanément par
une vanne. Lorsque le régime du courant s'est établi,
de manière que la hauteur d'eau ne varie plus dans
l'espèce de sas compris entre les deux barrages, on
ferme subitement le pertuis d'amont. L'eau continue à couler par le pertuis d'aval et sa surface s'a-
baisse graduellement dans le sas qui ne reçoit plus
de nouvelle eau. La mesure des abaissements fait
connaître les volumes de fluide écoulé qui leur correspondent, et l'on observe les temps pendant lesquels ces écoulements ont lieu. En donnant par des
revêtements ou autrement, une forme prismatique
au sas, les abaissements peuvent se mesurer au

moyen de flotteurs placés devant des tiges gra-
duées. » De là encore, résulte une formule composée de manière à représenter le volume d'eau
évalué par cette méthode.

Je dois avouer ici qu'il m'a été impossible de
comprendre les détails de cette méthode, indiquée
par le savant Prony, page 40 du Mémoire précité.
Il me semble même qu'indépendamment des imperfections de la formule, elle serait difficilement
exacte ; car, puisque l'expérience ne commence que
du moment de la fermeture de la vanne supérieure,
il est certain qu'on n'observe ainsi rien autre chose
que l'écoulement de l'eau par un orifice ouvert dans
un réservoir qui se vide, lequel n'a plus de relation
avec le débit naturel du cours d'eau qu'on avait
pour but de connaître. Tandis que si l'espace compris entre les deux barrages, était considéré comme
simple récipient, ainsi que cela est expliqué dans la
méthode n° 1, il donnerait exactement, et sans
calcul, le volume d'eau cherché.

V. — *Méthode par les flotteurs simples.* Une
méthode très-expéditive, mais pas toujours parfaitement exacte, consiste à rendre uniforme sur une
certaine longueur le lit des cours d'eau que l'on
veut jauger soit en se bornant à l'encaisser régulièrement dans ses berges naturelles, si elles sont
pour cela d'une nature convenable ; soit en con-
struisant avec des planches un canal artificiel dont
les parois sont élevées à angle droit sur le fond. Il

est inutile de faire remarquer que ces précautions
sont prises dans le but 1° d'avoir une section à
contours rectilignes qui puisse toujours s'évaluer
exactement par une opération de géométrie élémentaire; 2° de faire en sorte que la largeur et la
hauteur de cette section se maintiennent constantes
sur une certaine longueur de manière qu'aucune variation de vitesse ne puisse être due à leur inégalité.

La vitesse superficielle observée à l'aide d'un
simple flotteur et multipliée par 0,80 pour les
petits cours d'eau, par 0,81 ou 0,82 pour les plus
grands, donnera d'une manière très-approximative
la vitesse moyenne; laquelle multipliée par la section fera connaître le débit ou le volume d'eau
cherché.

Sans doute cette règle, basée sur l'existence d'un
rapport constant entre les deux vitesses, n'est point
exempte de critique, puisque ce rapport, n'étant
donné que comme une évaluation moyenne, peut
se trouver quelquefois en défaut. Mais enfin,
comme je l'ai annoncé dans le chapitre précédent,
on reconnaît fréquemment dans la pratique que
cette méthode, qui est la plus simple de toutes,
donne des résultats suffisamment exacts pour le
plus grand nombre des cas usuels. On y recourt fréquemment dans le Piémont et la Lombardie où,
en raison de l'existence d'une multitude de canaux
et de rigoles, les vérifications de cette nature sont

continuellement nécessaires. On cherche alors à
utiliser, toutes les fois qu'on le peut, les aqueducs
qui se présentent toujours en plus ou moins grande
quantité sur la direction des dérivations que l'on
doit jauger ; et cela dispense d'y faire aucune construction spéciale. On considère qu'une longueur
de sept à huit mètres, dans ces ouvrages d'art, est
bien suffisante pour garantir convenablement la
régularité de la section et de la vitesse que l'on
a pour but d'observer pendant cette expérience.

VI.—*Méthode par l'emploi d'un module.* Voici
maintenant, mais d'après un ordre de choses tout
différent, une des meilleures méthodes auxquelles
on puisse recourir pour connaître, avec toute l'exactitude désirable, le volume débité par les petits et
les moyens cours d'eau. Elle consiste dans l'emploi
d'un module d'une exactitude bien constatée ; ce
qui offre le grand avantage de faire connaître la
quantité d'eau cherchée, sans recourir à aucune formule ni même à aucun calcul. Le module milanais
offrant le plus de garanties, c'est naturellement celui
que je choisirai comme exemple pour servir à cette
explication. Il est donc nécessaire que l'on se re-
porte d'abord à la description qui en est donnée
dans le § 2 du chapitre XIX. Et quand sa disposition aura été bien saisie, il sera facile de
concevoir aussi comment cet appareil peut être
utilisé pour le jaugeage, bien que n'étant pas naturellement adapté à cette destination. Remar-

quons en effet qu'un module a pour but de pré-
lever sur un volume d'eau plus ou moins considérable une quantité exactement déterminée, tant par
les dimensions réelles de la bouche régulatrice
que par les parties accessoires de l'édifice. Tandis
que dans le cas actuel il s'agit de faire passer la
totalité du volume d'eau inconnu que l'on veut
jauger par un orifice que l'on modifie graduellement jusqu'à ce qu'il se trouve exactement dans
les conditions voulues ; de sorte que par la seule
inspection de ses dimensions définitives on connaît le débit cherché.

Les figures 3 et 4 de la planche ix représentent
en plan et en élévation les dispositions à adopter
pour un appareil de ce genre, auquel il est possible
d'apporter quelques légères modifications ; par
exemple, dans la longueur respective des sas et
dans l'inclinaison de la rampe du radier aboutissant à la bouche. Cependant, il vaut mieux, toutes
les fois qu'on le peut, conserver les dimensions normales de l'édifice, afin d'avoir toutes les garanties
d'exactitude que l'on est en droit d'exiger, lorsque
l'on a recours à ce moyen qui, bien que ne réclamant qu'une construction temporaire, ne laisse pas
que d'être dispendieux.

On a vu, dans la description du module milanais, que la hauteur de la bouche restant toujours
constamment fixée à 0^m,20, sous une pression d'eau
de 0^m,10, c'était la largeur que l'on faisait varier

pour avoir deux ou plusieurs onces. On a donc, pour l'opération dont il s'agit ici, le soin d'adopter d'abord une bouche un peu plus grande que la portée présumée du cours d'eau à jauger, puis avec une planchette mobile, entre deux rainures horizontales, on rétrécit progressivement l'orifice, jusqu'à ce que son débit représente exactement celui du cours d'eau, ce que l'on reconnaît par le maintien du niveau constant qui doit être établi suivant la ligne ab, fig. 3, de manière que la hauteur eb soit de $0^m,10$. Dans tout module bien réglé, on doit connaître exactement le volume débité, nonseulement par la bouche régulatrice, mais aussi par ses divisions et ses multiples. Dès lors, on aura donc ainsi le jaugeage du cours d'eau, par la seule inspection de la largeur définitivement assignée à la bouche.

Afin de conserver leurs proportions relatives aux deux sas différents qui entrent essentiellement dans la construction du module milanais, on établit dans l'édifice fig. 3, la paroi mobile $i. l. m. n. o. p. q$, afin qu'au fur et à mesure du rétrécissement de la bouche d'essai, on conserve toujours les deux retraites égales de $0,25$ et de $0,10$ que doivent former le sas d'amont et le sas d'aval sur la largeur de ladite bouche.

L'établissement du module milanais exige une chute d'au moins $0^m,50$, ce qui n'est pas difficile à obtenir. Quant aux modifications que l'on croirait

devoir faire à ses dispositions normales , pour les
simplifier, dans l'opération que je viens de décrire,
elles ne pourraient guère porter que sur la diminution de la longueur des sas , dans le sens des lignes *de*
et *hg*, fig. 3, ou bien sur la diminution de la rampe
du radier *ef*, fig. 4, qui est prescrite de o^m,4o.
Mais, comme je l'ai déjà dit, un bon module ne
devant rien avoir de facultatif dans sa construction, si l'on juge devoir recourir à ce moyen pour
faire un jaugeage très-exact, on ne doit absolument
rien changer aux dispositions consacrées par l'expérience.

§ III. *Méthode de jaugeage applicable aux plus grands fleuves.*

Plus un cours d'eau est faible, plus on peut aisément connaître au juste son volume, par les procédés
directs du jaugeage. L'emploi d'un récipient ou
celui d'un module remplissent ce but aussi bien que
possible. Mais l'une et l'autre de ces méthodes peuvent être regardées comme limitées, à peu près,
aux portées de 8 à 10 onces ou de 350 à 400 litres
par seconde, au plus. Quand il s'agit de courants
plus considérables, l'établissement d'un déversoir
paraît être le moyen le plus convenable à adopter;
enfin, quand on arrive aux très-grandes rivières,
il faut nécessairement recourir à une méthode qui
n'exige aucune construction quelconque. Tel est le
but de ce paragraphe.

La méthode dont il s'agit consiste à choisir, sur le cours de la rivière qu'on veut jauger, une portion rectiligne et régulière, autant que possible, et à observer directement, sur des tranches longitudinales aussi rapprochées qu'on le juge convenable, les vitesses réelles de l'eau, au moyen de flotteurs-plongeants (*aste ritrometriche*), disposés de manière à pouvoir bien remplir ce but.

On commence par déterminer la longueur de la partie du cours sur laquelle on veut opérer ; puis on tend sur la section d'amont un cordeau qui doit se trouver à o^m,20 ou à o^m,3o au-dessus du niveau de la rivière; et sur la section d'aval, un cordeau semblable qui doit être presque en contact avec l'eau.

Cela fait, on marque d'une manière apparente, sur le cordeau d'amont, le nombre de divisions que l'on juge convenable d'établir pour en faire le point de départ des lignes longitudinales sur chacune desquelles on se propose d'observer directement la vitesse réelle de l'eau, au moyen de flotteurs construits comme je vais le dire à l'instant.

On ne peut établir de règle rigoureuse sur la manière d'opérer cette division. Il faut la proportionner à l'état particulier de telle ou telle rivière. Elle doit donc être laissée à l'intelligence de l'ingénieur. D'une part, plus on fera de divisions, plus on aura de chances d'exactitude ; d'un autre côté, en en faisant un trop grand nombre, on compliquerait inu-

tilement l'opération, ainsi que le calcul qui en est
la suite. On juge, dans chaque localité, d'après le
régime du cours d'eau, de l'espacement qu'il est
convenable de donner aux lignes d'observation.
Dans celle des expériences relatées ci-après, qui a
été faite avec beaucoup de soin à Rome, en 1821,
pour le jaugeage du Tibre, ayant en cet endroit
une largeur de 79^m, on a établi 12 lignes d'observation correspondantes à 13 intervalles, ce qui donne
environ 6^m pour l'espacement moyen de ces lignes,
tant entre elles qu'avec celles des berges , qui doivent compter dans l'opération.

Les divisions étant établies en quantités métriques, sur le cordeau d'amont, on abaisse, à partir
de ces points, par un simple sondage, des ordonnées verticales que l'on mesure depuis la surface de
l'eau jusqu'au fond du lit, et l'on se procure ainsi un
profil transversal de la rivière , ou sa section exacte,
divisée en trapèzes qui ont pour côtés parallèles et
communs, de deux en deux , lesdites ordonnées verticales, tandis que leurs hauteurs géométriques ne sont
autre chose que les espacements déterminés horizontalement sur le cordeau. D'après la divergence qui
peut être occasionnée dans les filets liquides, soit par
une certaine différence de largeur dans les deux
sections de la rivière, soit par quelques irrégularités
dans son lit, on ne saurait dire exactement à l'a-
vance quels seront, sur le cordeau inférieur, les
points d'arrivée des flotteurs partis des divisions

établies, sur le cordeau d'amont. Mais, généralement, ils s'éloignent peu, dans leur trajet, des plans
parallèles à la rive la plus voisine, et l'on peut d'ailleurs reconnaître, à peu de chose près, par l'inspection de la surface de l'eau, le trajet que chacun d'eux
doit suivre. Cette observation est nécessaire pour
faciliter la reconnaissance préalable que l'on doit
faire en parcourant plusieurs fois, avec une barque,
le trajet présumé de chaque flotteur, afin de reconnaître si les profondeurs observées à l'aplomb des
points correspondants des sections extrêmes se
maintiennent dans les sections intermédiaires du
lit, c'est-à-dire dans tout le parcours que doit faire
le flotteur entre ces deux points. On tient note des
diminutions de profondeur qu'on pourrait avoir reconnues sur telles ou telles lignes, et ce n'est qu'a-
près cette précaution observée, que l'on établit, en
conséquence, les longueurs respectives des flotteurs
à employer sur chacune d'elles. Pour cela faire, on
donne à la partie qui doit se trouver immergée une
longueur un peu moindre que le minimum de profondeur observée sur la ligne à parcourir. En effet,
on conçoit aisément que tout obstacle, résultant
même du simple contact entre le fond du lit et les
flotteurs, qu'on prend pour mesure des vitesses partielles de l'eau, ayant pour effet nécessaire de re-
tarder leur mouvement de progression, amènerait
des erreurs dans le calcul de la vitesse moyenne.

La construction de ces flotteurs plongeants est

extrêmement simple. On peut y faire servir tout
corps spécifiquement plus léger que l'eau, pourvu
qu'il soit équilibré de manière à se mouvoir avec
elle, en plongeant à la fois dans les couches superficielles et dans les couches les plus basses. Car
c'est seulement d'après cette dernière circonstance,
que, sans recourir à aucun autre calcul, ni correction, on peut regarder la vitesse du flotteur comme
la vitesse effective ou réelle de la tranche longitudinale de la rivière dans laquelle son parcours s'est
effectué.

Dans l'expérience sur le Tibre, dont je rapporte
ci-après les détails, on a formé ces flotteurs avec de
petits faisceaux de baguettes de saule ou de peu-
plier, ayant en tout $0^m,03$ à $0^m,04$ de diamètre et
dont la longueur variable se réglait d'après les profondeurs observées sur le fleuve. L'extrémité inférieure était insérée dans des cylindres en fer-blanc
dans lesquels on introduisait de petits disques en
plomb, en nombre suffisant pour donner à cette
culasse un poids proportionné à la longueur des
faisceaux, de manière à les faire immerger jusqu'à
la profondeur voulue ; c'est-à-dire à quelques centimètres seulement en contre-haut des points les
moins bas de la section longitudinale dans laquelle
ils doivent se mouvoir librement.

Cette espèce d'armature était fixée au faisceau
de baguettes par une tige formée de la torsion de
quatre fils de fer qui passant au centre des ba-

guettes venait saillir de o^m,o4 à o^m,o5 au-dessus de
l'extrémité supérieure du faisceau, en s'y divisant
dans la forme d'une petite ancre, ou d'un hameçon
à quatre branches, dont on va connaître de suite la
destination.

On conçoit maintenant tout le mécanisme de
cette opération, qui n'offre aucune difficulté. Trois
personnes au moins sont nécessaires pour la prati-
quer. La première, placée dans une barque à cinq
ou six mètres en amont du cordeau supérieur, est
chargée de placer, avec précaution, les flotteurs de
manière qu'ils passent librement sous les divisions
de ce premier cordeau, tendu comme je l'ai déjà
observé, à une hauteur suffisante pour ne point
gêner ce passage. Sans doute on pourrait éviter ce
soin en faisant partir les flotteurs du cordeau même
et en les y abandonnant à la libre impulsion de
l'eau. Mais cela ne se fait pas, et l'on a considéré
avec raison qu'il valait beaucoup mieux que ces
flotteurs fussent plongés à une certaine distance
en amont du point où commence l'observation, afin
d'avoir pris définitivement, en cet endroit, leur position constante ainsi que leur mouvement progres-
sif et uniforme. On les place même avec beaucoup
de précaution en ayant soin de ne les plonger que
peu à peu et de les mettre dans une position légèrement inclinée vers l'aval, car c'est celle qu'ils
adoptent constamment; tout cela se fait dans le
but d'éviter les oscillations préalables qui seules

suffiraient pour nuire à l'exactitude de cette opération délicate.

La seconde personne, placée également dans une
barque, un peu au-dessous de la section d'aval, a
pour mission de recueillir les flotteurs qui viennent
successivement s'arrêter ou s'accrocher au cordeau
inférieur, qu'on a eu soin de tendre, dans ce but,
presque en contact avec l'eau. Cet observateur prend
note exactement des distances respectives des points
d'arrivée des flotteurs sur ce cordeau, distances qui
ne pouvaient être arrêtées à l'avance, et il mesure
en même temps, à l'aplomb de ces mêmes points,
les profondeurs du lit ; ce qui donne le deuxième
profil en travers, ou la section d'aval, de la portion
de rivière soumise à l'expérience.

Le troisième opérateur, placé sur la rive, observe à l'aide d'une montre à secondes le temps
employé par chaque flotteur pour parcourir le
trajet compris entre les deux cordeaux. Une seule
personne suffit pour cela, parce qu'elle a toujours
le temps de se placer successivement en face de
l'un et de l'autre, avant l'arrivée des flotteurs.
Comme les trajets parcourus ne sont jamais très-
obliques sur l'axe de la rivière, on n'a pas égard
aux petites différences de longueurs qui pourraient
provenir de cette obliquité, et l'on considère la
distance entre les deux sections comme constante
pour tous les flotteurs.

Un calcul très-simple conduit au résultat de ces

observations. En effet, puisque les flotteurs s'ache-
minent, d'une section à l'autre, en plongeant à la
fois dans les couches superficielles et inférieures de
l'eau et en prenant librement une certaine inclinaison sur la verticale, il en résulte que la vitesse de
chacun d'eux doit être regardée comme égale à la vitesse moyenne de l'eau dans la perpendiculaire correspondante ; c'est-à-dire comme donnant la vitesse
réelle de la tranche longitudinale dans laquelle ils
plongent. La moyenne arithmétique entre les vitesses de deux flotteurs consécutifs exprime donc aussi
la vitesse moyenne ou effective du volume liquide
compris entre les plans verticaux parcourus par ces
deux flotteurs.

Ces volumes sont généralement des pyramides
tronquées comprises entre des bases verticales et
parallèles, qui sont des trapèzes pour toutes les divisions à l'intérieur de la rivière, et des triangles pour
celles qui aboutissent sur chaque rive.

Dans ce dernier cas la vitesse moyenne doit se
calculer comme dans les autres, par la réduite entre
les deux vitesses latérales dont l'une, celle qui a lieu
le long de la rive, est toujours très-faible, souvent
nulle, et même quelquefois négative par l'effet des
remous. Mais il est vrai que l'on ne choisirait pas,
pour la soumettre à l'expérience dont il s'agit, une
portion de cours d'eau présentant cette dernière
circonstance qui serait très-désavantageuse. On
doit même rechercher de préférence les parties bien

encaissées afin que la vitesse des bords soit toujours appréciable.

Après avoir pris la profondeur moyenne de l'eau sur deux lignes voisines, puis la réduite entre ces deux moyennes, si l'on multiplie cette réduite par la moyenne des distances transversales entre les deux mêmes lignes, distances qui se trouvent marquées sur les cordeaux d'amont et d'aval, on aura ainsi successivement les sections moyennes des volumes liquides dans lesquels on a décomposé le corps de la rivière ; et en multipliant ces sections par les vitesses réelles correspondantes, indiquées par les flotteurs, il en résultera le débit par seconde correspondant à chacun de ces volumes partiels. La réunion des surfaces verticales ainsi calculées, sera exactement l'expression d'une section réduite de la rivière qui serait faite au milieu de la longueur soumise à l'expérience. La somme des volumes d'eau sera la portée totale ou le nombre de mètres cubes par seconde, débités par cette rivière.

Enfin en divisant cette portée d'eau par la section on a pour quotient la vitesse moyenne correspondante.

Il n'existe rien de plus précis que cette méthode pour calculer directement le volume d'eau que porte une grande rivière. On doit donc y recourir lorsqu'on craint que certaines circonstances ne puissent donner des chances d'erreur en calculant la vitesse moyenne à l'aide des formules générales. Elle est d'une pratique toujours facile, n'exige aucune application de l'analyse, ne réclame qu'un peu de soin et l'application des règles les plus élémentaires du calcul ; elle est donc à la portée de tout le monde.

Je signalerai néanmoins dans ladite méthode une légère imperfection qui y est inévitable et qui tend à donner un résultat un peu fort dans l'évaluation, soit du volume d'eau, soit de la vitesse moyenne qui y correspond. En effet la nécessité de maintenir la culasse des flotteurs à une certaine distance au-dessus des points saillants dans la coupe longitudinale du sol, suivant les plans qu'ils parcourent, oblige de négliger l'appréciation de la vitesse de la couche liquide la plus voisine du lit. Or cette vitesse de fond, qui a lieu dans le contact même du sol, étant la plus faible de toutes, la vitesse moyenne, calculée sans en tenir compte, se trouve par la même raison un peu plus grande qu'il ne convient. Mais dans chaque cas particulier on peut aisément apprécier, d'après les circonstances locales, quelle influence cela peut avoir sur le résultat et y faire au besoin une légère correction à cet égard.

§ III. *Application de cette méthode au jaugeage du Pô et à celui du Tibre.*

Diverses applications de cette méthode ont été

faites en Italie, notamment sur le Pô, aux abords de Ferrare. L'expérience la plus récente, est celle qui a eu lieu le 19 juin 1821, sur le Tibre, à Rome, en présence d'habiles hydrauliciens, pour l'instruction des jeunes ingénieurs. C'est de cette dernière que je donnerai d'abord la description.

Le niveau du fleuve se trouvait alors à $1^m,17$ en contre-bas du desuss de la dernière marche de l'escalier du port de Ripetta, près la Douane, point qui est lui-même à $7^m,66$ au-dessus du niveau de la Méditerranée. Dès lors, le niveau du Tibre n'était, le jour de cette expérience, qu'à $0^m,73$ au-dessus de ses plus basses eaux, dont le niveau descend à $1^m,90$ du repère précité. La journée fut belle et il n'y eut sensiblement pas de vent, pendant toute la durée de l'opération. L'état du fleuve observé plusieurs fois au commencement, dans le cours et à la fin de l'expérience, n'avait subi aucun changement appréciable.

Après avoir choisi sur son cours une portion de 60^m de longueur, on établit sur la section transversale d'amont, ayant $70^m,39$ de largeur, un cordeau bien tendu qui fut divisé, par douze points apparents, en treize portions ayant, à partir de la rive gauche, les longueurs suivantes : $5^m,11$ — $4^m,08$ — $7^m,15$ — $3^m,06$ — $8^m,68$ — $7^m,64$ — $5^m,11$ — $10^m,22$ — $3^m,56$ — $1^m,01$ — $5^m,60$ — $2^m,54$ — $6^m,63$, dont la somme forme bien la largeur totale de $70^m,39$ qui vient d'être indiquée.

Un cordeau semblable fut établi sur la section d'aval, située à $6c^m$ de distance de la première, et ayant au niveau de l'eau, $77^m,64$ de largeur.

Tous les flotteurs placés avec les précautions indiquées ci-dessus, cheminèrent régulièrement avec une faible inclinaison vers l'aval, et ne s'éloignèrent pas beaucoup des plans parallèles à la rive la plus voisine, ainsi qu'on peut le voir en comparant avec les premières les distances suivantes, qui sont celles des points d'arrivée des flotteurs sur le cordeau d'aval; car au moyen de ces indications, on peut construire aisément une figure qui représente le détail de l'opération. Voici ces distances mesurées à partir de la rive gauche sur le cordeau d'aval : $7^m,21$ — $5^m,35$ — $3^m,83$ — $3^m,83$ — $8^m,76$ — $7^m,12$ — $8^m,98$ — $10^m,07$ — $2^m,30$ — $1^m,73$ — $6^m,36$ — $1^m,73$ — $10^m,37$.

Les flotteurs, dont les longueurs avaient été préalablement combinées avec les diverses profondeurs du fleuve, furent distribués ainsi qu'il suit :

N° 1. — Longueur du flotteur, $1^m,71$. — Distance du centre de gravité à l'extrémité inférieure, $0^m,645$. — Temps employé pour parcourir la distance de 60^m, entre les deux profils...... 108 secondes.

N° 2. — Longueur, 2^m,21. — Distance du centre de gravité, 0^m,69. — Temps employé... 78″.

N° 3. — Même flotteur. — Temps employé, 57″.

N° 4. — Même flotteur. — Temps employé, 59″.

N° 5. — Même flotteur. — Temps employé, 55″.

N° 6. — Même flotteur. — Temps employé, 50″.

N° 7. — Longueur, 3^m,21. — Distance du centre de gravité, 0^m,93. — Temps employé. — 54″.

N° 8. — Même flotteur. — Temps employé. — 51″.

N° 9. — Longueur, 3^m,81. — Distance du centre de gravité, 1^m,18. — Temps employé, 54″.

N° 10. — Même flotteur. — Temps employé, 54″.

N° 11. — Même flotteur. — Temps employé, 61″.

N° 12. — Même flotteur. — Temps employé, 71″.

Voici maintenant le tableau récapitulatif des calculs résultant des données de l'expérience, et au moyen desquels on est arrivé à connaître que la portée du Tibre le jour de l'opération, c'est-à-dire, dans un état voisin de son étiage, était de 244$^{m\,c}$,055 par seconde.

TABLEAU DE L'EXPÉRIENCE

NUMÉROS des flotteurs et des lignes parcourues.	PROFONDEURS réelles.		PROFONDEURS réduites.	
	Au profil d'amont.	Au profil d'aval.	Sur chaque ligne.	Entre deux lignes voisines.
	m.	m.	m.	m.
Rive gauche..	0,000	0,00	0,00	
				1,285
1	2,24	2,90	2,57	
				2,82
2	3,00	3,14	3,07	
				3,08
3	3,26	3,09	3,09	
				3,135
4	3,32	3,04	3,18	
				3,162
5	3,34	2,95	3,145	
				3,212
6	3,56	3,00	3,28	
				3,422
7	3,68	3,45	3,565	
				3,98
8	4,36	4,43	4,395	
				4,442
9	4,84	4,14	4,49	
				4,46
10	4,80	4,06	4,43	
				4,43
11	4,82	4,04	4,43	
				4,455
12	4,92	4,04	4,48	
				2,24
Rive droite..	0,00	0,00	0,00	

Vitesse moyenne résultant de la division du volume d'eau par la section.   1,115

SUR LE TIBRE.

DISTANCES moyennes entre deux lignes voisines.	SECTIONS partielles, ou produit des colonnes nos 5 et 6.	VITESSES par seconde des flotteurs dans chaque ligne.	VITESSES moyennes entre deux lignes voisines.	PRODUITS des nombres des colonnes nos 7 et 9.
m.	m. q.		m.	m. c.
		0,555		
6,16	7,916		0,555	4,3934
		0,555		
4,715	13,296		0,662	8,8020
		0,769		
5,49	16,909		0,910	15,3872
		1,052		
3,445	10,800		1,034	11,1672
		1,016		
8,72	27,573		1,053	29,0344
		1,090		
7,38	23,705		1,145	27,1422
		1,200		
7,045	24,108		1,155	27,8447
		1,111		
10,155	40,417		1,143	46,1966
		1,176		
2,93	13,015		1,143	14,8761
		1,111		
1,37	6,110		1,111	6,7882
		1,111		
5,98	26,491		1,047	27,7361
		0,983		
2,135	9,511		0,914	8,6331
		0,845		
8,45	18,928		0,845	15,9942
		0,845		

Sec". moy. 218,779

Portée d'eau par seconde. 241m c,0554

On peut remarquer qu'on a considéré les vitesses moyennes dans les prismes contigus à chaque rive, comme égales à celles qui ont été observées dans la ligne voisine, ce qui tend à donner un résultat un peu élevé.

Pendant le cours de l'opération sus-relatée, il fut fait une expérience accessoire ayant pour but, de bien constater le décroissement successif des vitesse de l'eau dans une même perpendiculaire, en allant de la surface vers le fond. Ce décroissement était déjà indiqué, dans l'opération elle-même, par l'inclinaison constante que prend toujours vers l'aval, l'extrémité supérieure des flotteurs soumis à l'action naturelle du courant. Mais pour rendre la chose plus palpable, on plaça supplémentairement entre les flotteurs n°ˢ 8 et 9, ayant l'un et l'autre 3^m,80 de longueur, un faisceau semblable n'ayant que 1^m de longueur. Or, tandis que les deux flotteurs latéraux, plongeant jusqu'à une très-petite distance du lit du fleuve, mirent, l'un 51″, l'autre 54″, à parcourir le trajet de 60^m, celui-ci n'employa que 45″.

Enfin, pour rendre cette étude tout à fait complète, un flotteur simple formé d'un morceau de liége et destiné à accuser la vitesse superficielle, fut jeté dans le fil de l'eau et parcourut le même trajet en 44″.

Il fut constaté en même temps, à l'aide d'un nivellement très-exact, que le jour de l'opération, la pente à la surface de l'eau, mesurée de part et d'autre de l'emplacement choisi pour l'expérience, était de $0^m,032$ sur 245^m de longueur, ce qui correspond à une pente très-faible de $0^m,13$ par kilomètre.

J'ai dit dans le paragraphe précédent, que l'approximation qu'on obtient en prenant les $0,81$ de la vitesse superficielle, calculée au moyen d'un flotteur simple, quoique n'étant basée sur aucune règle fixe, se trouvait cependant très-souvent d'accord avec les opérations les plus exactes. Cette assertion est vérifiée d'une manière complète, par l'expérience qui vient d'être citée.

En effet la vitesse superficielle et maximum du Tibre, observée comme renseignement accessoire, dans l'opération du jaugeage fait au moyen des vitesses réelles, a été trouvée de $1^m,364$ par seconde, résultant de 60 mètres parcourus en 44 secondes. Les $0,80$ de cette vitesse superficielle donneraient pour la vitesse moyenne, d'après la règle ordinaire, $1^m,091$. Le coefficient de $0,81$ donnerait $1^m,104$, chiffre lui-même un peu plus faible que celui de la vitesse réelle, déduite du procédé hydrométrique qui vient d'être décrit, laquelle est de $1^m,115$.

Au contraire, si on eût pris seulement les $0,82$ au lieu des $0,81$ de la vitesse à la surface, on aurait eu une vitesse moyenne de $1^m,118$ et un volume d'eau de $245^{mc},030$; résultat plus élevé que celui de l'expérience précitée; de sorte que la vitesse moyenne observée se trouve bien réellement ici, selon la règle énoncée, entre 0,81 et 0,82 de la vitesse superficielle.

Mais ne perdons pas de vue, comme j'ai eu soin de le remarquer déjà, que le procédé de jaugeage fait à l'aide des flotteurs plongeants donne des résultats un peu élevés; quand surtout, ainsi que cela a eu lieu sur le Tibre, on a assimilé la vitesse le long des rives à la vitesse, nécessairement plus forte, des filets d'eau qui en étaient éloignés de 6 à 8 mètres. Si donc dans l'état des choses on a trouvé que la vitesse moyenne de 1^m,115 fournie par 12 observations partielles se trouve entre 0,81 et 0,82 de la vitesse superficielle, on peut dire assurément que l'expérience ci-dessus, faite avec beaucoup de soin et d'exactitude, vérifie aussi complétement que possible la méthode approximative dont il a été question.

Ce même procédé du jaugeage direct, à l'aide des flotteurs plongeants, avait déjà été pratiqué plusieurs fois en Italie, notamment sur le bas Pô, à ses divers états. Le 19 décembre 1811, en basses eaux, la largeur du lit, à Lagoscuro, était de 606^m,26, la profondeur, dans le fil de l'eau, de 3^m,42, et la section, calculée au moyen d'un profil trapézoïdal de cinq perpendiculaires, de 1617^m,408. Au moyen de cinq flotteurs plongeants qui parcoururent une longueur de 81 mètres, on constata un volume d'eau de 1110^{mc},400 par seconde, auquel correspondait une vitesse moyenne de 0^m,687.

Le 30 mai 1812 la même expérience fut ré-
pétée, en eaux moyennes, sur le même fleuve aux
environs de Ferrare. La largeur étant sensiblement
la même que dans le premier cas, on employa le
même nombre de flotteurs ou de lignes d'opération et l'on arriva aux résultats suivants : section
2299^m,695, profondeur réduite 3^m,78, volume
d'eau 1699^{mc},120, vitesse moyenne 0^m,736.

Le 12 juin 1815, pendant une crue, la section,
mesurée en face de Francolino, fut trouvée de
3734^m,561, la profondeur réduite de 7^m,32, le
volume d'eau de 4736^{mc},92 et la vitesse moyenne
correspondante de 1^m,269.

Enfin le 11 juin 1820 une expérience semblable
fut renouvelée sur le Pô, à Fossa–d'Albero, près
Ferrare, pour l'instruction des élèves de l'école d'ingénieurs, qui était alors dans cette ville et qui fut
depuis transportée à Rome. Le fleuve étant un peu
au-dessus de son état moyen, sa largeur fut trouvée
de 394^m,10, sa section de 2011^m,18; le volume d'eau
de 2176^{mc},040, et la vitesse moyenne de 1^m,146.
On établit comme dans les cas précédents cinq lignes d'opération, parcourues par cinq flotteurs, et
la manière de procéder fut la même.

Dans ces diverses expériences faites sur le Pô, aux
environs de Ferrare, on adopta pour les flotteurs
plongeants (*aste ritrometriche*) une construction
un peu différente de celle qui fut employée dans
l'expérience semblable faite sur le Tibre, aux portes

de Rome, le 19 juin 1811, et dont j'ai parlé au commencement de ce paragraphe. Ils étaient formés d'un simple bâton en bois de hêtre, peint et verni, pour ne point absorber d'eau. Le cylindre en fer-blanc renfermant les rondelles de plomb, s'y adaptait au moyen de petites chevilles ou clavettes. Selon les divers états du fleuve les longueurs de ces flotteurs ont varié entre $2^m,70$ et $6^m,25$. La distance ménagée entre leur extrémité inférieure et le fond du lit était moyennement de $0^m,40$.

Ces grandes expériences sont, aussi exactement qu'on pouvait l'espérer, en concordance avec les indications de la formule d'Eytelwein. Les vitesses moyennes trouvées sur le Pô ne diffèrent que de 0,03 à 0,07 de celles qu'on déduit de cette formule; tandis que celles de Dubuat, Girard et Prony ne s'accordent aucunement avec ces résultats.

SECONDE PARTIE.

MODULES, OU MESURES EXACTES DU VOLUME
DES EAUX COURANTES.

CHAPITRE SEIZIÈME.

CONSIDÉRATIONS PRÉLIMINAIRES SUR LES MODULES.

§ 1. *Nécessité de ces sortes d'ouvrages.*

Partout, aujourd'hui, l'on sent le besoin de recourir à l'emploi d'appareils capables d'opérer une
exacte distribution des eaux, en quantités convenables pour les besoins, soit de l'agriculture, soit
de l'industrie manufacturière. Cette nécessité sera
d'autant plus sentie que ces eaux devenant plus
précieuses, leur usage sera recherché davantage.

Remarquons bien qu'il ne s'agit pas seulement ici
de partager un certain volume d'eau donné, en parties aliquotes, entre un égal nombre d'intéressés.
Cette dernière opération, dont je parle, avec les détails nécessaires, dans le liv. V, en traitant des *partiteurs*, est toujours simple, attendu que, pour l'effectuer convenablement, il n'est pas nécessaire de
connaître le produit du volume d'eau soumis au
partage, et qu'il ne s'agit que de le diviser dans
des proportions connues.

Les modules sont des ouvrages beaucoup plus complexes que les partiteurs, en ce qu'ils ont pour objet de distribuer, aussi exactement que possible, des volumes déterminés d'une eau courante qui doit être employée aux usages, soit agricoles, soit industriels. Je réunis ces deux destinations, parce qu'elles ne sont point distinctes l'une de l'autre, dans les pays qui, comme l'Italie septentrionale, sont en possession de ces appareils régulateurs. Néanmoins, dans la réalité, les modules appartiennent beaucoup plus aux arrosages qu'aux usines, par la raison que l'eau attribuée à l'irrigation est censée consommée, puisque, dans tous les cas, elle ne peut jamais être rendue qu'en très-petite quantité, et généralement à de grandes distances de la prise d'eau; tandis qu'en matière d'usines, il est de règle, au contraire, que les eaux doivent être restituées à leur cours ordinaire presque aussitôt après qu'elles ont produit leur effet utile. Dans ce dernier mode d'emploi des eaux, et c'est un de ses plus grands avantages, une même force motrice, une même puissance productive, peut donc ainsi se transmettre consécutivement, sans diminution sensible, de manière à être utilisée sur plusieurs points voisins les uns des autres.

En un mot, les usines utilisent l'eau sans l'user, tandis que l'irrigation la dépense effectivement. C'est pour cela que les régulateurs destinés à en limiter rigoureusement le débit, ont été

inventés et mis en pratique exclusivement dans les
contrées jouissant, depuis longtemps et sur une
grande échelle, des avantages de l'irrigation.

Dans la plupart des anciennes concessions,
dues à la munificence des souverains, on remarque des dispositions vagues et indéterminées,
telles que celles-ci, par exemple : « Le sieur....
est autorisé à dériver de la rivière de... l'eau qui
sera nécessaire à l'irrigation de son domaine ; à faire
les travaux que réclame l'ouverture d'un canal d'arrosage qui sera dérivé de tel fleuve, etc. » De semblables clauses ont toujours eu les plus grands
inconvénients ; et tôt ou tard, il en est né des contestations sans fin, notamment lorsqu'il a été nécessaire d'étendre à d'autres individus les avantages
que procure l'usage des eaux.

Les dispositions de ce genre ne peuvent s'expliquer que par un état excessivement arriéré de l'industrie, là où, sentant le besoin pressant de mettre
à profit des richesses naturelles, restées jusqu'alors
inertes et sans emploi, les gouvernements sont obligés d'encourager à tout prix les entreprises des particuliers qui sont disposés à mettre en valeur ces
richesses. Il n'y a pas encore bien des siècles que les
forêts de l'Europe se trouvant surabondantes, relativement à sa population, étaient rangées dans la classe
des choses communes, dont l'autorité publique
n'a besoin que de régulariser l'usage. On y faisait
alors d'immenses concessions, qui étaient presque

toujours conçues dans les termes incomplets que j'ai pris pour texte de ces réflexions. Si, au lieu de franchir des siècles, nous nous reportons seulement à un intervalle de quelque vingt ans, nous voyons les forêts domaniales, déjà restreintes, moins par leur superficie que par la quantité effective de leurs produits, être encore l'objet de concessions très-susceptibles d'extension. Les simples adjudicataires des coupes annuelles, sans bien connaître leur affaire, sans se donner même aucune peine, étaient presque certains de réaliser de grands bénéfices. Dans bien d'autres industries encore, il était admis que cela devait se passer ainsi. En un mot, on n'y regardait pas de près.

Tel était l'état des choses, en Europe, il y a moins d'un demi-siècle ; actuellement, il est très-différent. L'accroissement rapide de la population, par l'effet de plusieurs circonstances heureuses, entre lesquelles on doit signaler trente ans de paix, la division des fortunes et des capitaux, les progrès rapides de l'instruction et de l'aisance, dans les classes inférieures, tout cela a fait surgir des besoins d'activité et de travail qui mettent aujourd'hui en présence de toute opération productive un grand nombre de compétiteurs. Une des premières conséquences de cet état de choses est la diminution des profits. Par une autre conséquence également immédiate, l'autorité administrative, qui doit veiller avant tout à la légalité et à la moralité de ses propres actes, est tenue de faire tous ses efforts pour mettre les instruments de travail, les moyens de production à la portée du plus grand nombre d'individus possible, en évitant qu'ils ne deviennent, pour quelques-uns, un objet de monopole.

Les eaux courantes recèlent en elles-mêmes de véritables richesses par les ressources constantes qu'elles offrent, soit aux travaux de l'industrie, qui ne saurait employer des moteurs plus économiques, soit à ceux de l'agriculture, qui ne peut s'appuyer sur un meilleur auxiliaire. Elles sont donc au premier rang des choses dont la bonne ou mauvaise administration influe beaucoup sur le développement des avantages naturels qui sont propres à tel ou tel pays.

Une distribution parfaitement équitable des eaux courantes entre les divers individus qui sont en droit d'y prétendre, a toujours été regardée comme une des choses les plus difficiles à obtenir. Mais avec les progrès de la science et le secours de quelques expériences spéciales, on viendra à reconnaître que ces eaux, aussi bien que toute autre matière, sont susceptibles d'une attribution rigoureusement, exacte et dès lors on n'aura plus le choix de procéder autrement.

Est-il juste, en effet, que le particulier éclairé et intelligent qui fait fonctionner son usine au moyen d'une bonne roue, avec une très-petite quantité d'eau, soit obligé de restreindre son industrie parce que son voisin, routinier ou ignorant, s'obstinera à continuer de perdre ou de consommer cette force motrice, sans profit pour personne, dans un appareil mal construit? Est-il juste que les riverains qui auraient pu vivifier leurs terres avec cette eau perdue, par suite du mécanisme vicieux de quelques usines, soient à jamais privés, eux et le pays, des avantages dont la nature des lieux les avait cependant appelés à profiter aussi?

Personne assurément ne soutiendra l'affirmative; car cette manière de voir, quoique non profitable aux particuliers, serait essentiellement contraire à l'intérêt public. La doctrine opposée peut, d'ailleurs, s'appliquer graduellement et peu à peu, sans porter préjudice à personne et sans qu'on cesse de respecter les droits acquis.

Tant qu'on n'a pas connu le moyen de distribuer des eaux en quantités ou en volumes déterminés, on était bien obligé de recourir, pour les concessions, à des méthodes approximatives. C'est ce qui s'est fait, en Italie comme ailleurs, jusqu'à la mise en usage du très-petit nombre de modules exacts dont on verra plus loin la description. Aujourd'hui que la connaissance de ces appareils ne s'est point encore popularisée, la plupart des États d'Europe sont restés sur ce point, au degré le plus arriéré; c'est-à-dire, qu'on y concède encore l'usage des eaux courantes, exactement comme cela se faisait dans le Milanais, il y a cinq ou six siècles. On va plus loin

encore ; on attribue à un particulier sans autre limitation, l'eau nécessaire à l'arrosage d'une certaine
superficie de terrain. Examinons combien ce mode
offre d'inconvénients, pris du moins dans sa gé-
'néralité.

Dans tous les pays où l'irrigation a quelque importance, l'usage a consacré son emploi pour plusieurs natures de récoltes souvent très-différentes
entre elles, tant par les moyens de culture , que par
les quantités d'eau qu'elles réclament. Dans le
Milanais, qui est par excellence le pays des arrosages, les trois classes de ces cultures usuelles sont :
1° les prairies d'été ; 2° les rizières ; 3° les prairies
d'hiver, du système des marcites. Or, la même quantité d'eau , représentée par le débit continu d'une
once ou d'environ 44 litres par seconde, arrosera
moyennement 38 hectares de prés d'été, 20 hectares de rizières et seulement un hectare de marcite.

Il résulte de là, que le prix le plus habituel de
l'arrosage étant, comme je l'ai calculé dans les descriptions du tome I, d'environ 12 francs pour les
prés ordinaires, ce prix se trouve porté à environ
22 fr. 63 c. pour les rizières, et eu égard à la moindre valeur de l'eau d'hiver, à 70 francs seulement
pour les marcites. Comment pourrait-on faire alors,
si à défaut d'un moyen de vendre les eaux au volume, l'on était obligé, dans le pays, de leur attribuer un prix unique ou même un prix moyen à
tant par hectare ? Il faudrait nécessairement qu'il y

eût préjudice pour quelqu'un, ou bien que l'on abandonnât tout à fait la prescription légale pour rentrer sous le régime des conventions privées.

Dans le midi de la France, les cultures usuelles qui consomment des quantités d'eau très-différentes, sont encore en plus grand nombre, car il faut distinguer sous ce rapport, entre les céréales, les prairies naturelles, les prairies artificielles, les pépinières et les jardins maraîchers. Or, pour chacune de ces différentes cultures, la dépense de l'eau par hectare est nécessairement différente. On voit donc que pour pouvoir procéder d'après cette dernière méthode, il faut; 1° que l'usage ait permis de désigner toutes les cultures arrosables d'une contrée; 2° que l'on applique un prix différent pour la location de l'eau sur une égale superficie de terrain, suivant qu'il est consacré à telle ou telle de ces différentes cultures. Cela se fait effectivement ainsi dans plusieurs localités, soit dans le midi de la France, soit au delà des Alpes. Mais il vaut infiniment mieux, dès que l'on en a les moyens, que l'eau soit vendue au volume. De cette manière, le contrat entre l'acheteur et le vendeur est toujours simple. L'un peut faire de son eau tout ce qu'il veut, sans que personne ait à s'en enquérir; l'autre est certain que cette eau lui sera toujours payée au prix auquel elle doit l'être; ce qui n'aurait pas lieu ainsi, dans le cas où, devant la livrer à tant l'hectare, il serait obligé de subir toutes les modifications de culture, les expériences, ou les mauvaises combinaisons, que pourraient imaginer les usagers. Fournir de l'eau de cette manière et sans distinction de culture, c'est donc la donner à discrétion; puisque celui qui l'achète ainsi est en droit de prétendre à toute celle qui peut être consommée sur son terrain, et il est évident qu'il y a là une grande source d'abus.

En résumé, la distribution de l'eau d'après des prix réglés à tant par hectare, doit être regardée comme mauvaise, si elle était la seule règle adoptée en principe, surtout dans un pays où la pratique des arrosages est encore nouvelle. Néanmoins, cette méthode est d'un usage commode dans quelques cas, notamment pour les concessions éventuelles comme il s'en fait sur les canaux du gouvernement, dans le Milanais et le Piémont. Mais on doit bien remarquer que, dans ces deux pays, ladite méthode ne s'applique qu'à des récoltes usuelles dont on connaît parfaitement la consommation et qu'elle ne concerne d'ailleurs que des intérêts minimes, relativement à ceux que représente la masse des eaux d'arrosage qui s'y distribuent, dans les concessions durables, exclusivement au volume. On doit conclure de ce qui précède, qu'il est indispensable de pouvoir mesurer les eaux courantes de cette dernière manière, c'est-à-dire au *mètre cube* et au *litre*, comme cela se fait pour tous les autres liquides ayant un emploi dans les arts utiles.

Le premier moyen que l'on a employé et que l'on emploie encore aujourd'hui pour arriver à ce but, consiste à faire usage de bouches non modellées ; c'est-à-dire, à concéder, moyennant un prix convenu, l'usage des eaux qui coulent, soit continuellement, soit pendant un temps déterminé, par des orifices ou de simples vannes, placées sans intermédiaire, sur les bords mêmes du canal dispensateur.

Ce système, quoique déjà plus limitatif, et conséquemment meilleur, que celui qui consiste à établir le prix de l'eau en raison des superficies irriguées, est lui-même des plus imparfaits.

Il n'est pas nécessaire d'entrer dans beaucoup de détails, pour faire concevoir que de simples vannes, ou orifices verticaux, établis sur les bords des canaux, doivent se trouver bien rarement dans les conditions voulues, pour pouvoir servir à une évaluation rigoureuse des eaux qu'ils débitent dans un temps donné. En effet, les canaux éprouvent dans leur niveau, des variations inévitables, qui y sont occasionnées soit par la relation existant toujours entre leur volume et celui de la rivière où ils s'alimentent, soit par le service même de l'irrigation, d'après le nombre plus ou moins grand de bouches qui se trouvent ouvertes en même temps sur un point déterminé. Or, il y a longtemps qu'on le sait, le volume d'eau débité par une vanne ou un orifice ouvert dans un réservoir, ne dépend pas seulement de sa section , mais encore de la hauteur d'eau sous laquelle s'effectue l'écoulement, de sorte que toute variation de niveau dans le canal alimentaire se traduit en une variation correspondante du débit de l'orifice. Il s'ajoute à cela mille autres causes qui tendent encore au même but. Ainsi, tantôt de semblables prises d'eau sont placées dans une eau dormante, tantôt dans une eau animée d'une certaine vitesse ; cette vitesse a une direction plus ou moins oblique sur l'axe de la vanne et du canal de dérivation. De plus, l'écoulement de l'eau à la sortie de cette vanne, s'effectue encore dans des conditions différentes, suivant la pente plus ou moins prononcée du canal qui la reçoit, suivant qu'il y a une chute ou un remous, etc., etc.

On conçoit donc aisément, et sans recourir à aucune autre considération, que l'écoulement de l'eau qui se fait à l'aide de simples vannes, ne peut jamais y être exactement réglé. C'est cependant ainsi que les eaux d'arrosage se distribuent encore non-seulement dans le midi de la France, mais dans beaucoup d'autres localités où ces eaux ont cependant un très-grand prix.

Un autre inconvénient de ce système, celui des bouches non modellées, est de favoriser extrêmement les abus qui ont pour objet d'altérer le débit des eaux au profit des usagers. Comme les arrosages de nuit sont généralement plus avantageux que ceux de jour, ils se pratiquent de préférence ; et alors à la

faveur de l'obscurité, les délinquants, soit par eux-
mêmes, soit par d'autres mains, trouvent moyen
de se livrer impunément à toute sorte de fraudes.

Quand les propriétaires de canaux d'arrosage to-
lèrent pour les prises d'eau de simples vannes ou
martellières en bois, il est fréquent d'y découvrir
des parties mobiles habilement enchâssées dans les
pièces fixes du vannage; de sorte qu'un seuil qu'on
croit réglé à une certaine hauteur se trouve, à volonté, abaissé de $0^m,30$, $0^m,40$ ou $0^m,50$ jusqu'au
niveau du fond du canal. Quand les prises d'eau
au moyen de bouches non réglées, ont, comme cela
se fait généralement aujourd'hui, des seuils et des
jouées en pierre, cette fraude n'est plus possible,
mais alors on y supplée en plaçant clandestine-
ment dans le canal alimentaire des cordons, épis
ou barrages mobiles pour faciliter l'introduction
d'une plus grande quantité d'eau dans la dérivation.

Je puis rendre cela sensible par un exemple :
une simple poutre chargée de pierres, ou maintenue à son extrémité par un piquet, étant placée
obliquement à l'entrée d'une bouche de prise d'eau
de $0^m,20$ de hauteur sur $0^m,30$ de largeur peut
augmenter son débit de plus d'un tiers. Ce débit
dans son état normal, calculé pour une pareille
bouche modelée, c'est-à-dire puisant dans l'eau
dormante, suffit moyennement à l'irrigation alter-
native de plus de 80 hectares de prairies. La fraude

dont il s'agit, si elle peut rester inaperçue, procurera donc au délinquant une irrigation supplémentaire d'environ 27 hectares. En mettant l'eau au prix moyen de 25 francs, qu'elle a dans le midi de la France, cela représente, au préjudice du propriétaire du canal, un véritable vol de 675 francs, par chaque saison d'arrosage, par le fait d'un seul usager, et par l'altération d'une seule petite bouche de deux onces.

Si l'eau est livrée à raison de tant par hectare, les moyens de fraude sont encore plus nombreux; la principale s'exerce par l'intervention des fermiers, qui spéculent très-fréquemment sur des eaux soi-disant perdues, mais dont ils se font très-bien payer l'usage par des propriétaires inférieurs. Cet abus est commun en Provence et notamment dans le département de Vaucluse.

Enfin la nécessité des régulateurs se fait encore sentir dans une foule de circonstances, et lors même qu'il n'y a aucune fraude de la part des particuliers. Je ne citerai plus qu'un fait, mais il est à lui seul une démonstration des plus concluantes. Dans les régions du midi, là où les canaux d'arrosage sont le plus avantageux, la saison d'été ne se passe jamais sans qu'il faille, à deux fois au moins, procéder au faucardement des herbes aquatiques qui croissent avec une rapidité telle qu'elles finissent par obstruer une partie notable de la section. Comme un même volume d'eau y est toujours introduit, il

arrive nécessairement qu'aux approches des curages
le niveau normal se trouve plus ou moins exhaussé.
Sans la présence des régulateurs toutes les bouches
recevraient donc, par cette circonstance , une augmentation de pression très-notable. Or, veut-on
savoir quelle est l'influence de cette augmentation
de pression sur le débit réel des bouches? Cette
influence est si grande que pour celles du système
milanais par exemple, ayant $0^m,20$ de hauteur,
on s'est assuré, par expérience, qu'une variation
seulement de $0^m,10$ dans la pression suffit pour modifier des 0,24, c'est-à-dire de *près d'un quart*, le
débit normal. Voilà donc, sans qu'on ait rien à re-
procher aux usagers, le quart de la portée d'eau d'un
canal exposé à être enlevé, dans le seul excédant de
débit des bouches, par le seul fait d'un exhaussement de $0^m,10$ dans le niveau de ce canal. Et
qu'est-ce qu'un exhaussement de $0^m,10$ quand la
croissance rapide des herbes est littéralement capable d'envahir, dans un seul été, la presque
totalité de la section du canal! Cependant je
n'exagère rien, ne m'appuyant que de la seule
autorité des faits.

On pourrait croire que l'utilité des modules régulateurs est exclusivement réservée à l'emploi des
bouches taxées, c'est-à-dire aux cas où les eaux se
vendent; et que partout où l'on peut les avoir sous
d'autres conventions l'usage desdits appareils serait
superflu. Mais en raisonnant ainsi on serait dans l'er-

reur. Car lors même qu'un arrosant prendrait les eaux dans un canal qui serait sa propriété, lors même qu'il pourrait en disposer d'une manière illimitée, il serait encore de son intérêt, non seulement comme administrateur du canal, mais comme propriétaire foncier, de ne se livrer des eaux qu'en quantités bien déterminées, et cela pour le succès seulement de ses cultures. Car pour que les arrosages agissent d'une manière salutaire, il est indispensable qu'ils soient distribués avec la plus grande régularité; et ne pas se rendre un compte exact de l'eau que l'on consomme, c'est s'exposer fréquemment à des irrigations surabondantes qui sont ce qu'il y a de plus nuisible à la terre.

Tout concourt donc à prouver combien il est essentiel dans un pays bien administré d'avoir, pour la distribution exacte des eaux, un appareil d'une justesse éprouvée, qui ne laisse rien à la fraude, rien à l'arbitraire, et dont l'usage offre une égale sécurité aux vendeurs comme aux acquéreurs de l'eau destinée aux arrosages.

Les modules ont essentiellement pour but de régler les distributions de détail entre divers particuliers, usagers d'un même canal. Quant aux prises d'eau des canaux eux-mêmes, dans les fleuves et rivières, on les limite ordinairement par d'autres procédés. Du moment qu'une telle prise d'eau atteint 32 à 33 onces, ou $1^{mc},5o$ par seconde, elle est

déjà trop considérable pour être réglée commodé-
ment par un module du système de ceux qui vont
être décrits. A plus forte raison lorsqu'il s'agit de
l'embouchure d'un canal portant 8, 10, 12 mètres
cubes par seconde, comme cela se voit fréquemment.

Les grandes prises d'eau de cette espèce restent
plus particulièrement que les autres sous la surveillance de l'administration supérieure, qui en fixe
la disposition et les dimensions, sur le rapport des
ingénieurs compétents, d'après les principes du
jaugeage ou de l'écoulement par des orifices. En
parlant plus loin de ce qui concerne ces prises
d'eau, j'indique les procédés qu'il est d'usage de
suivre, en pareil cas, d'après les diverses circonstances locales.

§ II. *Principes sur l'écoulement des liquides, effectué par des
orifices.—Conditions essentielles à la perfection d'un appareil propre à opérer une exacte distribution des eaux.*

L'écoulement effectué par des orifices, ouverts
dans les parois d'un vase ou d'un réservoir pleins
d'eau, est un phénomène soumis à des lois remarquables. Ces lois n'étaient point à la portée des
connaissances restreintes de l'antiquité et leur découverte exigeait des lumières, qui ne se sont mani-
festées que dans les dernières années du XVI° siècle.

Ce fut vers 1583, que l'immortel Galilée, appelé

par son génie vers les sciences mathématiques et physiques, auxquelles on ne l'avait pas destiné, découvrit les premières notions du principe qui régit la chute des corps pesants. Il paraît que la seule inspection des mouvements oscillatoires réguliers d'une lampe, suspendue dans la cathédrale de Pise, suffit pour lui révéler ce grand principe. Quelques années plus tard, il démontra que tous les corps quels qu'ils soient, sont également sollicités par la pesanteur, et que s'il y a des différences entre les espaces qu'ils parcourent, en tombant dans un temps donné, cela tient à l'inégale résistance que l'air oppose à leur chute, selon les rapports différents qui existent entre leur volume et leur densité. Il posa donc ainsi les bases de la théorie du mouvement accéléré. Galilée étant mort en 1642, ses disciples perfectionnèrent ses découvertes. Parmi ceux-ci, Bénédict Castelli, qui fut longtemps l'objet de sa prédilection, et Torricelli, qu'il n'avait appelé à lui que dans les derniers mois de sa vie, contribuèrent beaucoup aux progrès de la science hydraulique, le premier par ses recherches sur le mouvement des eaux courantes, publiées pour la première fois à Rome en 1638; le second, par la découverte du principe relatif à l'écoulement qui se fait par des orifices, principe établi et publié en 1643 et qui est resté connu de nos jours sous le nom de Théorème de Torricelli. En voici l'énoncé : *Abstraction faite de toute cause de perturbation, la vitesse d'un fluide, à sa sortie d'un orifice pratiqué dans les parois d'un réservoir, est celle qu'aurait acquise un corps grave, en tombant librement de la hauteur comprise entre le niveau de la surface fluide dans le réservoir et le centre de cet orifice.*

Ce fait, qu'on peut regarder comme un corollaire du principe plus général de l'égalité de pression en tous sens, qui caractérise les liquides, se vérifie par une expérience facile à reproduire. Elle consiste à entretenir plein d'eau, un vase ayant la forme d'un gradin et à percer des orifices sur les parois horizontales. On voit alors l'eau, en sortant de ces orifices, former des jets verticaux qui atteignent presque le niveau supérieur et qui y arriveraient exactement, si diverses causes, dont il va être parlé plus loin, ne tendaient à s'y opposer. Cette expérience vérifie entièrement le théorême de Torricelli, car il résulte des principes élémentaires de la dynamique, que pour qu'un corps lancé verticalement atteigne une certaine hauteur, il faut qu'au point de départ, il ait reçu une impulsion égale à la vitesse qu'il aurait acquise s'il fût tombé librement de cette même hauteur.

Le principe se maintient, quelle que soit la direction que prenne l'eau à la sortie du réservoir. Que l'orifice soit pratiqué dans une paroi horizontale ou verticale, la vitesse du fluide qui en sort est toujours celle qui est due à la hauteur comprise entre la surface du réservoir et le centre du dit orifice.

D'après les principes fondamentaux du mouvement accéléré, les vitesses sont proportionnelles aux temps employés à les acquérir, et les espaces parcourus ou les hauteurs de chute, sont proportionnels aux carrés de ces temps. C'est de là que l'on a déduit ces deux expressions très-simples :

$$v = \sqrt{2gh} \qquad\qquad h = \frac{v^2}{2g}$$

dans lesquelles v représente la vitesse du liquide à la sortie de l'orifice, h la hauteur correspondante à cette vitesse et g, l'expression constante de la gravité, que des expériences très-exactes faites à l'Observatoire deParis, ont fixée à 9^m,8088. Ce nombre, qui est d'un emploi fréquent dans toutes les formules hydrauliques, exprime donc, pour le lieu où a été faite l'expérience, l'intensité de la pesanteur considérée comme force accélératrice ; ou la vitesse qu'elle imprime à un corps grave, tombant dans le vide, pendant une seconde, prise pour unité de temps.

Des deux principes exposés ci-dessus, établissant la relation qui existe entre les vitesses et les hauteurs correspondantes, il résulte qu'étant donné un vase ou réservoir d'une certaine hauteur, si l'on ouvre dans une de ses parois sur une même verticale, depuis le niveau jusqu'au fond, une série de petits orifices, la courbe qui serait construite en prenant les hauteurs pour abscisses, et pour ordonnées les vitesses dues à ces hauteurs, aurait ses abcisses proportionnelles au carré des ordonnées. Or, la seule courbe qui jouisse de cette propriété, est la parabole, ayant pour équation, $y^2 = 2g\,x$.

Cette remarque a donné le moyen de calculer, d'après les propriétés connues de cette courbe, la série des vitesses correspondantes à des hauteurs données; et la *Table parabolique* publiée en 1764, par le mathématicien milanais De Regi, jouit d'une assez grande confiance près des hydrauliciens, en Italie.

Ayant la vitesse réelle avec laquelle l'eau sort d'un orifice sous une hauteur donnée, il semble qu'il suffirait pour avoir son débit par seconde, de multiplier l'aire ou la section du dit orifice par cette vitesse réelle. Mais l'on n'obtient ainsi que des résultats ne concordant point avec ceux que donne l'expérience.

Remarquons bien que toutes les considérations qui précèdent, sont purement théoriques. En effet, 1° le coefficient de la gravité g, n'est pas une quantité constante, puisqu'il augmente avec la latitude et diminue avec l'élévation du sol. Il faudrait donc déjà que l'on eût soin en faisant usage de tables, de n'employer que le chiffre exactement applicable à la localité où l'on se trouve; 2° l'assimilation faite avec la chute d'un corps tombant dans le vide est encore ici une abstraction, puisque, dans tous les cas usuels, l'écoulement de l'eau, sortant d'un orifice, est plus ou moins modifié par la résistance de l'air ; sans parler des cas où il l'est bien davantage encore par la résistance d'un liquide ; 3° mais la principale cause d'après laquelle la dépense réelle d'un orifice est toujours inférieure à celle qui serait donnée par la théorie, consiste dans la contraction que l'eau éprouve à sa sortie de cet orifice.

Par son influence, qui est inévitable avec l'emploi des orifices pratiqués dans des parois ordinaires, il y a toujours une correction plus ou moins grande à faire sur les résultats indiqués par la théorie ; c'est-à-dire, qu'il faut multiplier la dépense théorique des orifices, par un certain coefficient qui est toujours au-dessous de l'unité. Des observations faites dans diverses circonstances, ont prouvé que, pour des orifices moins grands que des vannes ordinaires, ses expressions se tiennent généralement entre o,6o et o,7o. La difficulté consiste à savoir choisir celle qui est applicable à telle ou telle dimension, à telle ou telle épaisseur des parois d'un orifice donné.

Pour faire la détermination directe du coefficient de la contraction, c'est-à-dire pour trouver le chiffre de réduction de la dépense théorique à la dépense réelle, on jauge avec soin le débit effectué pendant un certain temps et essentiellement sous une charge constante ; on en déduit le débit par seconde, puis en divisant cette dépense réelle par la dépense théorique, correspondante au même orifice sous la même pression, on a pour quotient le coefficient cherché.

On appelle orifice en mince paroi, ou orifice ordinaire, celui dont l'épaisseur n'a qu'environ 1/10 de sa dimension moyenne. Les orifices en mince paroi sont les seuls qui donnent lieu à la contraction. Celle-ci provient de la forme conique du jet, due elle-même à la continuation, au-delà de l'orifice, de la convergence qu'ont prise les filets fluides en se dirigeant de l'intérieur du réservoir vers un centre commun. Quand il y a un prolongement ou ajutage, la contraction n'a plus lieu, ou du moins elle s'opère d'une manière toute différente; mais, dans tous les cas, le frottement qui a lieu, contre les parois intérieures du tube, opère une résistance analogue; seulement les coefficients sont différents.

On trouve, dans les ouvrages d'hydraulique, des tables indicatives des expériences qui ont été faites, dans différentes circonstances, pour déterminer, par la méthode simple que je viens d'indiquer, les coefficients de contraction applicables à des écoulements effectués par des orifices, différents de grandeur et de forme, ainsi que sous des pressions très-variables entre elles. Les plus complètes comme les plus récentes de ces expériences sont celles de MM. Poncelet et Lesbros tendant à établir en moyenne un coefficient de $0^m,62$ à $0^m,63$ qui semblerait devoir convenir aux dimensions les plus ordinaires des bouches de prise d'eau. Mais néanmoins il est certain que l'effet de la contraction est

que l'on ait à craindre de le voir détériorer par leur
inhabileté ;

5° On ne doit avoir besoin de recourir au calcul,
ni pour régler les dimensions des modules de différentes portées, ni pour connaître leur débit ;

6° Leur construction ne doit occuper qu'un petit
espace, de manière à être facilement praticable dans
toute localité où se fait sentir le besoin de distribuer
les eaux en quantités connues ;

7° Le débit normal choisi pour unité, une fois
obtenu et fixé, on doit faire en sorte qu'il se main-
tienne constant pour les grandes comme pour les
petites bouches.

Tout module qui sera capable de bien remplir
l'ensemble des sept conditions précédentes pourra
être réputé parfait ; mais dans la réalité cela n'existe
pas encore. On doit donc, quant à présent, se borner
à regarder comme le meilleur, parmi les appareils
de ce genre, celui qui, à défaut de toutes, pourra
réaliser le plus grand nombre des dites conditions.

§ III. *Disposition fondamentale dans la construction
des modules-régulateurs connus jusqu'à ce jour.*

Afin de faciliter l'intelligence des descriptions
qui concernent les appareils adoptés dans le nord
de l'Italie, pour opérer la distribution exacte des
eaux employées aux arrosages, je dirai ici quelques

mots d'une disposition fondamentale qui paraît indispensable à la perfection des ouvrages de ce genre.

L'usage des grandes irrigations en Italie ayant
devancé de plusieurs siècles les premières découvertes essentielles faites sur les lois du mouvement des
liquides, le besoin d'une méthode exacte pour mesurer les eaux se faisait vivement sentir, sans qu'on
pût arriver à la connaissance d'un procédé pratique
qui pût remplir ce but ; de sorte que les conditions
indiquées dans le paragraphe précédent, restèrent
longtemps à l'état de problème.

Après avoir recherché quelles étaient les circonstances dans lesquelles il y a identité de débit par
deux orifices, pratiqués dans les parois de vases prismatiques, tels que celui qui est représenté pl. ix,
fig. 6, on imagina d'observer l'écoulement de l'eau
dans des vases analogues à celui qui est représenté
dans la fig. 7, lequel ne diffère du précédent qu'en
ce qu'il est partagé verticalement, dans sa largeur,
par une cloison ou diaphragme, pouvant se placer
à une hauteur variable au-dessus du fond. On reconnut ainsi :

1° Qu'il s'établissait toujours, entre les deux compartiments du vase ou réservoir, une différence de
niveau constante, et que cette différence était d'autant plus prononcée, que l'ouverture du diaphragme
était moindre, relativement à celle de l'orifice ;

2° Que si, au lieu d'entretenir dans le réservoir
un niveau invariable, on opérait dans ce niveau des

exhaussements ou des abaissements, les variations correspondantes se maintenaient toujours proportionnelles avec les hauteurs respectives du liquide primitivement établies dans l'un et l'autre compartiment, pour un état donné des orifices de sortie et de communication; c'est-à-dire, que si le niveau étant constant, ces hauteurs étaient, par exemple, dans le rapport de 3 à 1, un exhaussement de 0^m,30 dans le premier vase n'en amènerait qu'un de 0^m,10 dans le 2e; 0^m,15 en produiraient 0,05; ainsi de suite;

3° Que ce principe n'était point modifié par l'emploi de deux ou plusieurs diaphragmes, ainsi que cela est représenté dans la fig. 8; c'est-à-dire, que la même proportionnalité était maintenue entre les variations de niveau et les hauteurs primitives de l'eau dans le premier et le dernier compartiment, nonobstant l'addition d'un nombre quelconque de diaphragmes intermédiaires, qui ne comptent toujours que pour un.

Ceci est la clé de la théorie des modules, car nous allons voir dans les chapitres suivants que, soit en France, soit en Italie, dans les nombreuses circonstances où l'on a vivement senti le besoin de régler rigoureusement la distribution des eaux d'arrosage, si exposées aux abus, on a toujours été conduit à conclure que la condition la plus importante mais aussi la plus difficile à remplir, était le maintien d'une pression constante au-dessus des bouches de distribution. Or, le problème est complétement

résolu par le mécanisme que je viens d'indiquer.
Supposons que le premier vase ou réservoir d'eau
soit un canal, que le diaphragme mobile soit une
vanne et que l'orifice soit une bouche de distribution, on voit que l'on pourra toujours obtenir au-
dessus de la dite bouche, la pression constante qui
est nécessaire à la régularité de l'écoulement.

Si l'on jette les yeux sur la fig. 11 qui représente la
coupe d'un module piémontais, l'on reconnaîtra que
pour obtenir, dans la pratique, l'avantage cherché,
il a suffi d'établir la bouche de distribution *n p*, à
une certaine distance en arrière du bord du canal
alimentaire dont le niveau est *a b* et de placer sur
ce bord même, une vanne destinée uniquement à
obtenir, et à régler dans un espace déterminé, le niveau *m' n'* correspondant à la pression constante mesurée par la hauteur *n n'*, au-dessus du bord supérieur de l'orifice *p n*. Cette vanne, représentée également dans la fig. 13, est, dans la construction des
modules, la partie fondamentale. Elle a véritablement le caractère de *vanne hydrométrique*, en ce
qu'elle peut seule régler l'introduction de l'eau dans
l'appareil, de manière à y donner toujours la pression constante, qu'il est nécessaire de maintenir au-
dessus de la bouche d'écoulement, quelles que
soient les variations qui surviennent dans le niveau
du canal dispensateur.

En effet, lorsqu'après avoir obtenu cette hauteur
constante, si le niveau de l'eau alimentaire vient à

s'élever, on abaisse un peu la vanne de manière que la diminution de section compense la plus grande vitesse du liquide qui entre dans le module; si ce niveau s'abaisse, on élève au contraire la vanne de manière à produire la compensation inverse et à maintenir toujours le niveau constant qui est la condition fondamentale de la justesse de ces appareils.

Dans la pratique, on ne pourrait modifier continuellement la position des vannes régulatrices; en supposant donc que le niveau du canal alimentaire soit sujet à de fréquentes variations, il faudrait nécessairement admettre une légère tolérance pour des variations analogues dans le niveau intérieur, sous l'influence duquel s'effectue l'écoulement. Mais il y a ici une remarque importante à faire, c'est que, indépendamment des facilités qu'offre toujours la vanne hydrométrique pour faire cesser, dès qu'on le juge convenable, la plus légère différence de niveau qui se manifesterait dans l'intérieur de l'appareil, elle agit utilement par sa seule présence, c'est-à-dire, d'une manière permanente, et sans aucune manœuvre, en atténuant, d'après le principe qui vient d'être énoncé plus haut, toutes les modifications qui peuvent se manifester dans le niveau extérieur. Plus il y a de différence entre les hauteurs de l'eau, de part et d'autre de la vanne, plus cette atténuation est grande; ainsi dans le module milanais, pour $2^m,12$ de hauteur, $0^m,10$ à $0^m,12$ d'exhaussement se réduisent à $0^m,025$ au plus.

La vanne hydrométrique n'est cependant pas la seule chose dont il faille s'occuper dans la construction des modules. Car il y a lieu d'examiner encore la distance et la position de la bouche, relativement au niveau du canal alimentaire, le mode d'écoulement des eaux à la sortie même de cette bouche, etc., etc.

En résumé, il y a donc deux choses distinctes à remarquer dans le système des modules, usités en Italie; 1° une disposition uniforme et fondamentale, consistant dans la vanne hydrométrique, qui a pour objet de procurer l'égalité de pression sur l'orifice; 2° des dispositions diverses, et variables d'un module à un autre, ayant pour but de régler le mouvement de l'eau dans l'intérieur de l'appareil, tant en amont qu'en aval de la bouche proprement dite.

On peut remarquer que les modules ou édifices qui n'auraient pour garantie d'exactitude que la vanne hydrométrique fonctionneraient d'une manière plus juste que ceux qui, dépourvus de ce moyen de limitation, réuniraient d'ailleurs toutes les autres précautions accessoires dont il sera parlé plus loin.

Cela s'est manifesté d'une manière très-sensible dans le Milanais où, pendant près de quatre siècles, on s'est servi des eaux d'irrigation distribuées par bouches non réglées, comme cela se fait encore en France, c'est-à-dire au moyen de simples vannes,

et où l'on ne s'est acheminé que très-lentement
vers la mise en usage du module exact que l'on pos-
sède aujourd'hui. Il se passa alors quelque chose
d'analogue à ce qui est si bien exprimé dans notre
fable de l'Alouette et de ses petits. La question était
entre l'administration publique et les usagers des
eaux du Grand-Canal, car ceux-ci avaient usé largement de la faculté qu'on a toujours d'altérer le volume des eaux, distribuées par de simples bouches.
Néanmoins, les premières mesures qui furent prises contre ces abus, devenus criants, ne les émurent
point du tout ; parce qu'ils comprirent parfaitement
qu'elles seraient inefficaces et dans tous les cas, de
peu d'importance pour eux ; en un mot, ils ne crai-
gnirent rien, tant qu'ils sentirent l'administration
impuissante et condamnée à des demi-mesures.
Ainsi, l'on prescrivit bien l'adoption d'une hauteur
constante des bouches, au-dessus du fond du Grand-
Canal et de l'Olone, avec d'autres dispositions relatives à l'écoulement de l'eau en aval de ces bouches.
Tout cela fut accueilli avec une entière indifférence.
Mais quand on vit paraître, en 1570, l'appareil complet, pourvu surtout de la vanne hydrométrique,
véritable et sérieux obstacle à l'altération du débit
des eaux, alors il fut évident pour tout le monde,
que le régime de l'ordre allait succéder au régime
des abus, et c'est alors que la classe nombreuse des
usagers contrevenants s'éleva tout à coup contre
une innovation qu'elle redoutait à juste titre. Ce fut

là la seule cause des résistances et des collisions dont j'ai dit quelques mots en donnant dans le tome I, l'historique du *Naviglio-Grande*.

La manœuvre de la vanne hydrométrique n'est point laissée à la disposition des particuliers qui jouissent des prises d'eau ; elle est au contraire essentiellement confiée aux gardes ou préposés qui sont chargés, sous la surveillance de l'autorité publique, de la police des arrosages. Une fois fixée pour un état déterminé des eaux, au point qui donne exactement la pression voulue sur la bouche d'écoulement, la vanne est cadenassée à cette hauteur, de manière à ne plus varier qu'avec le concours du même agent, et dans le cas seulement où il en reconnaît la nécessité.

Les dispositions accessoires qui garantissent l'efficacité des modules, sont celles qui ont pour but de régulariser le plus possible, l'écoulement de l'eau au moyen des ouvrages construits, 1° entre la vanne de prise d'eau et la bouche proprement dite ; 2° en aval de cette bouche, sur une certaine longueur qui s'étend jusqu'à l'origine libre du canal de dérivation.

Mais il est inutile d'entrer ici dans de plus grands détails, car ces notions générales vont s'éclaircir par la description des édifices ou appareils de distribution des eaux en usage dans les diverses provinces du Piémont et de la Lombardie.

———

CHAPITRE DIX-SEPTIÈME.

ABSENCE DE MESURES EXACTES, POUR LA DISTRIBUTION DES EAUX, DANS LE MIDI DE LA FRANCE ET DANS LE MIDI DE L'ITALIE.

SECTION I.

MESURES USUELLES DES EAUX D'IRRIGATION DANS LE MIDI DE LA FRANCE.

§ I. *De la meule d'eau ou œil de meule, mesure usitée dans les Pyrénées.*

Dans son mémoire publié en 1821 sur les cours d'eau et sur les canaux d'arrosage des Pyrénées-Orientales, pages 62 et suivantes, M. Jaubert de Passa parle des procédés en usage pour la distribution des eaux dans ce département. Voici ce qu'il en dit :

« A peine les premiers travaux d'un canal sont-ils achevés que l'on procède au partage des eaux. Cette opération est la plus difficile, car c'est de son équité que l'on attend tous les dédommagements des sacrifices auxquels on a souscrit. Qu'elle s'effectue par de grandes dérivations ou bien par de fréquentes saignées, la méthode est toujours la même. Une ouverture circulaire pratiquée dans une pierre posée verticalement livre passage à l'eau. Il en résulte une branche principale que l'intérêt des co-usagers subdivise et dont l'usage est prescrit par des règlements.

» L'usage est qu'on évalue le volume des eaux en *meules*. Tous les titres, toutes les concessions, toutes les sentences arbitrales consacrent cette unité de mesure, sans qu'il paraisse qu'elle ait jamais été bien définie.

» Il devient donc indispensable de la connaître. C'est en vain qu'on interroge les usagers, ils hésitent dans leur réponse ; leurs syndics mêmes partagent leur ignorance et les juges de paix n'en ont pas plus de notions. Cependant à l'aspect d'un cours d'eau ni les uns ni les autres n'hésitent point à prononcer qu'il y coule trois, six, dix meules. Rarement ils diffèrent entre eux. Leur œil exercé paraît ne les tromper jamais.

» Cette indétermination est la cause ou le prétexte de bien des procès. L'obligation imposée à quelques moulins d'entretenir dans leur canal un certain volume d'eau devrait s'exprimer par des mesures positives et non par tâtonnement. Il en est de même pour les conditions imposées et consenties par les fermiers des canaux. Les droits des propriétaires ou fermiers et les droits des usagers, toutes les fois qu'ils ne seront pas limités et fixés par des titres positifs et irrévocables, subiront des interprétations fâcheuses. Il est donc utile de s'en occuper et de retrouver, pour les interprètes de la loi, les principes qui ont présidé aux premiers partages des eaux.

» On apppelle *meule* le volume d'eau nécessaire pour mettre en mouvement un moulin à farine. Mais on sait que suivant sa chute et selon la pente du coursier on obtient ce résultat avec un volume d'eau plus ou moins considérable. Il est donc pro- bable que cette unité de mesure a varié selon les temps et qu'elle a diminué en raison des progrès de l'industrie. »

Après cet exposé, M. Jaubert de Passa établit, par des citations authentiques que dans le XIV⁰ siècle le demi-œil de meule en usage pour le territoire de Perpignan était donné par une ouverture cir- culaire de quatre pouces dix lignes (0^m,131). Il ajoute que plus tard la subdivision des fiefs ayant multiplié les usines, il ne fut pas toujours possible d'en choisir l'emplacement ; qu'alors on remplaça la pente et la chute par un plus grand volume d'eau, de sorte que l'unité de mesure changea avec les besoins. De 1456 à 1725 l'œil de meule, pour le même territoire de Perpignan et le reste du Roussillon, toujours d'après M. Jaubert de Passa, aurait été de sept pouces (0^m,190). D'autres titres cités par le même auteur établiraient au contraire qu'il y aurait des ouvertures depuis six pouces cinq lignes jusqu'à neuf pouces ; d'où M. Jaubert conclut 1° que la meule d'eau dans les Pyrénées-Orientales correspond à un œil circulaire de neuf pouces de diamètre, et la demi-meule à un œil de sept pouces.

Les produits métriques de ces diverses ouvertures
seraient les suivants :

Pour 9 pouces (0^{m},243) produit par se-
conde.   .   .   .   . $56^{lit.}$, 81

Pour 7 pouces (0^{m},189) produit
par seconde.   .   .   .   . $41^{lit.}$, 76

Pour 3 pouces (0^{m},081) produit
par seconde.   .   .   .   . $3^{lit.}$, 49

On admet, en outre en principe, que l'écoulement doit se faire sous la pression constante d'une
ligne d'eau au-dessus du bord supérieur de l'o-
rifice.

Dans les passages précités on a fait confusion
entre deux choses très-différentes, savoir : la meule-
machine ou volume d'eau nécessaire au mouvement d'un moulin, et la meule d'irrigation, volume d'eau beaucoup moindre, usité pour la pratique des arrosages, spécialement dans les Pyrénées.
Il résulte de là que les ingénieurs ou experts appelés, dans le département des Pyrénées-Orientales,
à donner une évaluation de la meule d'eau, quin-
tuplent ordinairement l'évaluation de M. Jaubert
de Passa ; les plus modérés la quadruplent. C'est là,
pour un auteur, une manière peu désirable d'être
cité par les praticiens. Il est vrai que M. Jaubert
lui-même reconnaît, dans l'ouvrage cité, qu'on doit
bien se garder d'adopter les chiffres qu'il indique et
à l'aide desquels on pourrait, dit-il, s'égarer beaucoup dans les partages d'eau.

Cependant l'anomalie qui se remarque ici ne me paraît résulter que d'un malentendu ou d'une erreur de mots. La meule d'eau, ou la roue d'eau, considérée comme le volume nécessaire au roulement d'un moulin ordinaire, est une mesure approximative dont l'usage a été autrefois adopté presque partout. Et presque partout aussi les estimations qu'on en a données ont été plus ou moins voisines d'un débit de 3oo litres par seconde. Non seulement cela est admis dans le département des Pyrénées-Orientales, mais il paraît même qu'on y évalue à 3oo litres, juste, cette espèce d'unité, du reste fort imparfaite.

D'un autre côté il est d'usage dans le Roussillon de se servir, pour les moulins, de meules dites catalanes, qui coûtent un prix assez élevé, et que l'on use jusqu'à ce qu'elles soient réduites à une épaisseur de $0^m,15$ à $0^m,20$; quelquefois même au delà. Ces pierres meulières, percées au centre d'une ouverture circulaire qui, dans l'origine, servait à recevoir l'axe tournant, devenues ainsi sans usage pour l'industrie, ont passé au service de l'agriculture ; car depuis un temps immémorial c'est à elles que l'on a eu recours dans le pays pour effectuer le mesurage des eaux d'irrigation ; et par une raison bien simple on a désigné par le nom d'*OEil de meule* ou simplement de *Meule d'eau*, le volume débité par l'orifice central dont le diamètre était constamment, en ancienne mesure ca-

talane, d'un *pan*, ou de 9 pouces, ou enfin de
0^m,243. Ce volume d'eau qui, sous la pression d'une
ligne, est effectivement d'environ 57 litres par seconde, ne saurait donc être confondu avec celui
qui peut suffire pour mettre en mouvement une
paire de meules.

§ II. *Du moulan d'eau ; mesure usitée dans la Provence
et le Dauphiné.*

Dans le recueil raisonné qu'il a publié en 1817,
sur les titres et documents relatifs à la compagnie des Alpines, le président Cappeau, ancien
avocat au parlement d'Aix, s'exprime ainsi sur cet
objet :

« Jusques à nous on n'avait point d'idée précise
sur la capacité du moulan d'eau. On le définissait
en général, le volume d'eau nécessaire pour faire
tourner un moulin à blé, de la grandeur et de la
chute le plus ordinaires, dépensant dans les vingt-
quatre heures, environ trois mille toises cubes
ou 22.189$^{m.c.}$ d'eau. Au canal de Crapone, on
le détermine communément par les dimensions
du pertuis par lequel l'eau passe. Le pertuis
d'un moulan y est d'un mètre sur un quart de
mètre.

» Mais indépendamment de ce qu'aucun titre que
je connaisse n'a déterminé précisément les dimensions de ce pertuis, c'est-à-dire sa largeur et sa hau-

teur, il ne faut pas avoir de grandes connaissances
en hydraulique pour sentir que les dimensions d'un
pertuis sont insignifiantes, tant que sa situation n'est
pas fixée ; car il est évident qu'un pertuis de six pouces, dans un endroit où les eaux ont un courant rapide, donnera beaucoup plus d'eau qu'un pertuis de
12 pouces dans un endroit où elles seraient à niveau mort; et comme il est impossible que toutes
les martellières soient placées dans une situation
égale, c'est-à-dire, dans des endroits où le courant
et la hauteur des eaux soient toujours les mêmes, il
a fallu, pour préciser le moulan et mettre cette mesure à l'abri de l'arbitraire, donner une autre base
que les dimensions du pertuis.

» Nous avons voulu la rendre indépendante et de
la pente et de la hauteur des eaux, et de l'ouverture par laquelle on la ferait passer ; et nous avons
stipulé que ce moulan, que nous achetions au prix
de dix mille francs, et que la province s'obligeait à
nous fournir, était sept pieds trois quarts cubes,
ou treize mille trois cent quatre-vingt douze pouces cubes par seconde, ou quatre cent soixante-
cinq pieds cubes par minute, de façon que si l'endroit où l'on mesure les eaux est à niveau mort,
l'eau se renouvelant lentement, il faut un plus
grand volume pour que, toutes les secondes, elle
remplisse un cube de sept pieds trois quarts, qu'il
ne le faudrait pour qu'elle remplît le même cube
dans le même espace de temps, si cet endroit avait

une pente rapide. De même, la martellière est-elle
dans un endroit où les eaux ont de la hauteur?
comme la pression en augmente la rapidité, cette
martellière aura besoin d'un pertuis moindre que si
les eaux avaient beaucoup de surface et moins de
profondeur.

» Il est important que l'on sache bien ce que l'on
entend par moulan d'eau. C'est une mesure de con-
vention que nous nous sommes donnée; rien ne
peut et ne doit l'altérer. »

Il n'existe pas sur la détermination du *moulan
d'eau*, mesure très-usitée dans le midi de la France,
d'autres renseignements que celui qui précède. On
voit donc que le moulan du canal des Alpines, le
seul qui soit exactement défini, consiste dans un
débit de $0^{m.c.}$,265 ou de 265 litres par seconde, ce qui
donne bien, en vingt-quatre heures, $22.942^{m.c.}838$;
produit plus considérable que celui qu'on attribue
au moulan du canal de Crapone. Des transactions
peu anciennes, qui eurent lieu sur le canal des Alpines entre le gouvernement, la compagnie con-
cessionnaire et les communes propriétaires de diverses branches, pour l'aliénation ou l'achat de
plusieurs volumes d'eau, donnèrent lieu à cette
détermination précise du moulan, mesure qui
jusqu'alors était restée en Provence une désignation très-vague.

Les procédés, de son invention, que donne le président Cappeau pour le jaugeage des eaux courantes

et pour la détermination des moulans, sont tout à
fait illusoires. Mais il n'en est pas moins vrai que les
idées émises, même sur la question d'art, par ce
magistrat qui fut l'un des fondateurs de la compagnie des Alpines, se distinguent par beaucoup
de justesse et par une entente remarquable des
imperfections inhérentes à toute distribution d'eau
qui se fait sous l'influence de variations continuelles
dans le canal alimentaire; il fait observer avec raison que les moulans n'auront rien de fixe ni de précis, tant qu'on ne sera pas parvenu à les distribuer
dans des circonstances toujours comparables, en ce
qui concerne les pentes, ou la vitesse du liquide dans
laquelle on puise. En conséquence, il élève des doutes sur la justesse de toutes les distributions d'eau
faites en Provence; ou plutôt il n'hésite pas à les
déclarer positivement inexactes, et à dire, page 43
de son recueil, qu'il faudra un jour que toutes
ces prises d'eau soient vérifiées et réglées.

On conçoit bien, dit encore le président Cappeau,
la distribution par moulans, là où l'eau est dormante, comme dans les bassins du Merle ou de La-
manon; mais là où elle arrive sur les martellières
avec des vitesses et des niveaux variables, et en outre sous des directions plus ou moins obliques, on
ne doit s'attendre à aucune exactitude. Enfin, il se
résume en concluant qu'il faudrait qu'on eût toujours le moyen de distribuer les eaux à *niveau mort*.

Ceci forme une excellente préface à la description que je vais donner des appareils usités en Italie, pour la distribution des eaux d'arrosage. Car nous allons voir que le moyen d'obtenir ce niveau mort, est bien réellement tout le secret de la perfection des modules.

En ce qui touche la détermination du moulan du canal des Alpines, fixé comme on vient de le voir à 265 litres par seconde, on peut remarquer que les administrateurs de ce canal, en procédant empiriquement au choix de cette unité, ont eu la main assez heureuse ; car ils sont tombés ainsi, *de plano*, sur une estimation qui s'accorde avec celle de la plus exacte des mesures du même genre usitées dans le nord de l'Italie, la roue de six onces milanaises, qui est d'environ 264 litres. Mais il manquait quelque chose de bien essentiel à ce moulan, dont la valeur et le produit se trouvent préfixés ; et ce que l'on a ignoré jusqu'à présent en Provence, ce n'est rien moins que la manière de se procurer exactement dans les cas usuels, ce débit régulateur. Or, maintenant, sans qu'aucune recherche nouvelle soit nécessaire, le problème se trouve résolu, par les descriptions exactes données ici des modules d'Italie, et du module milanais en particulier ; sauf toutefois la modification importante, que j'indique comme indispensable à l'entière perfection de cet appareil. Voir à ce sujet, le § 3, du chapitre XIX.

Pour le progrès, et même simplement pour le bon ordre des arrosages, qui intéressent si puissam-

ment l'agriculture du midi de la France, il est de
la plus haute importance, qu'il soit fait choix d'un
régulateur analogue à ceux qui ont été reconnus nécessaires dans toutes les contrées où l'irrigation opère
aujourd'hui de grands bienfaits. L'analogie qui vient
d'être signalée, conduirait à conclure qu'il y a lieu
d'adopter, purement et simplement, le module milanais, car il est effectivement le plus exact des appareils de cette espèce, connus jusqu'à présent. Cependant on ne doit pas négliger de remarquer que
sa construction, qui est assez compliquée, et par
conséquent coûteuse, permet des simplifications; que
surtout elle comporte dans son état actuel, une imperfection assez notable, en ce qui touche le débit
comparatif des petites et des grandes bouches; qu'enfin, il est convenable de préférer, pour l'usage des
irrigations de la France, une unité de mesure qui
soit parfaitement en rapport avec les bases du système métrique, né dans notre pays et destiné, d'ici
à peu de temps, d'après son immense utilité, à se
propager dans le monde entier.

Je pense donc que le module d'eau qu'il est le
plus convenable d'adopter en France, pour les usages agricoles et industriels, est le débit correspondant à *un demi-hectolitre par seconde*. Je désire
pouvoir terminer prochainement une expérience
que j'avais commencée dans le but d'arriver à la
détermination complète de cette unité, mais que
j'ai été obligé d'interrompre. J'avais déjà été con-

duit à reconnaître ainsi que l'orifice le plus convenable, pour ce module, est une bouche de o^m,20
de hauteur, sur autant de largeur, avec une pression
constante, qu'il me reste à déterminer, ainsi que
les dispositions accessoires de l'édifice, mais qui
doit être comprise entre o^m,15 et o^m,20.

SECTION II.

MESURES USUELLES DES EAUX D'IRRIGATION DANS LE MIDI DE L'ITALIE.

A partir de la rive droite du Pô, l'irrigation, si
florissante dans le Piémont et la Lombardie, n'est
plus que d'un intérêt secondaire dans les états et
provinces qui s'étendent depuis ce fleuve jusqu'à la
frontière méridionale de l'Italie. On ne doit donc
pas s'étonner de ne rencontrer dans ces divers pays
que des procédés imparfaits et inexacts, pour la
distribution des eaux.

États de Parme et de Plaisance. — Je ne sais
si l'on peut regarder comme une mesure des eaux
la seule qui paraisse être particulière à cette contrée. En effet, toutes les recherches auxquelles on
peut se livrer sur ce point, aboutissent à cette seule
indication : que l'on regarde comme unité de cette
espèce, le volume coulant, à pleins bords, dans un
canal ayant pour section 108 onces d'un certain bras,
qui est, je crois, de o^m,587. Il paraît en outre que
les dimensions les plus ordinaires de ce canal

étaient une largeur effective, ou moyenne, de
12 onces, sur une profondeur de 9 onces; c'est-à-
dire de 0ᵐ,59 sur 0ᵐ,44. Mais ces dimensions
n'étaient point obligatoires, et une section exprimée
par 108 s'obtient de dix manières différentes, avec
les dimensions variables qui suivent : 1° 54 sur 2 ;—
2° 39 sur 3 ; — 3° 27 sur 4; — 4° 18 sur 6 ;— 5° 12
sur 9; plus les cinq autres cas résultant de l'emploi inverse des dimensions sus-relatées. Or, dans ces
différents cas, l'écoulement de l'eau ne peut s'opérer
d'une manière identique. Indépendamment de ce
premier inconvénient, rien n'indique, pour cette
prétendue mesure, sous quelle pression l'eau devait
sortir du canal alimentaire, de sorte que tout reste
dans le vague le plus complet. Il n'est donc pas
étonnant que si, dans les provinces dont il s'agit,
on a besoin d'une distribution d'eau opérée d'une
manière exacte, ce soit au module milanais qu'on
ait recours pour l'obtenir.

État de Modène. — Sur les territoires de Modène et de Reggio, où il se fait quelques irrigations,
à l'aide des cours d'eau qui descendent du revers
septentrional de l'Apennin, le module très-impar-
fait, qui paraît avoir été adopté depuis longtemps,
est désigné sous le nom de *macina*, nouveau syno-
nyme du moulan, ou de la roue d'eau; et l'on entend effectivement par là le volume suffisant pour
la mise en jeu d'un tournant de moulin; mais rien
n'est plus vague que cette désignation. On admet

cependant dans ce pays que le volume en question
est fourni par une ouverture carrée, dont le côté
est un bras de o^m,5a3, lequel diffère par conséquent
du bras usuel, mesure du pays, qui est de o^m,633.
Du reste aucune disposition ne paraît avoir été
prise pour obtenir ce volume d'eau sous une pression constante; de sorte que, d'après la grandeur
de l'ouverture, son débit peut être excessivement
variable.

La section susdite a la plus grande similitude
avec celle de la roue de Piémont, représentée
pl. xvi, fig. 6; laquelle, quoique ayant son débit
réglé à fleur d'eau, c'est-à-dire avec une pression
nulle, donne cependant, par seconde, un produit
de 3a2 litres, plus considérable que le débit normal
correspondant à la roue milanaise et au moulan de
Provence. Dès lors, pour conserver à ce module
quelque rapport avec ceux de la même espèce, il
serait présumable que l'écoulement doit s'y effectuer aussi sous une pression nulle, sans quoi son
produit, trop fort, serait disproportionné avec toutes
les autres évaluations de la roue d'eau. Cependant
il n'en est point ainsi, et il résulte au contraire
d'anciens règlements que cette pression, sur le bord
supérieur de l'orifice, peut aller jusqu'à io onces,
ou à o^m,435. Voici donc encore un régulateur des
plus variables et sans aucune précision.

Une autre mesure plus petite que l'on considère
dans la pratique comme étant la 9e partie de la *ma-*

cina ou roue d'eau du Modenais, s'obtient par une
vanne, à ouverture quadrangulaire, dont le côté n'a
que le tiers de celui du module précédent, c'est-à-
dire, o^m,174 ; ce qui donne une dimension intermédiaire entre celles qui correspondent à l'once de
Piémont et à l'once du Milanais, représentées dans
la pl. xvi. Mais par une autre bizarrerie également
inexplicable, cette dernière mesure ne comporte pas
de pression.

Le peu d'eau d'irrigation employée dans la province de Reggio, se distribue par de simples vannes ou martellières ; l'ouverture qui est réputée servir d'unité, ou de module, est un carré ayant pour
côté le bras du pays, qui est de o^m,530.

États romains. — Dans le Ferrarais et la Ro-
magne, on fait très-peu d'usage des eaux pour l'a-
griculture, parce que ces eaux ne se trouvent qu'à
un niveau trop bas, comme celles du Pô, ou sont
d'un régime torrentiel et irrégulier, comme la plupart des affluents de la rive droite de ce fleuve.

Dans la province de Bologne, il y a un canal assez important qui est destiné principalement à la
navigation, et très-accessoirement à l'arrosage ; mais,
comme sa portée ne se maintient pas régulièrement
pendant l'été, les ressources qu'il offre à ce dernier
usage, sont essentiellement limitées et précaires.
Le Reno, qui est le cours d'eau le plus important de
ce territoire, et les autres torrents qui le sillonnent
dans la direction du N. au S. en partant du revers

septentrional de l'Apennin, ont un régime irrégulier et manquent même tout à fait d'eau pendant l'été. C'est ce qui fait que les cultures arrosées, qui eussent été si profitables sur ce sol remarquablement riche, n'ont pas pu y être introduites, et qu'en conséquence, on n'a point eu à s'occuper de la recherche d'un mode usuel de distribution des eaux; sans cela, la ville de Bologne, qui est la cité savante par excellence, et qui fut le berceau des plus célèbres hydrauliciens de l'Italie, aurait assurément payé, dans cette recherche, son contingent de lumières.

Ici comme en France, on supplée autant que possible au manque de module, par des mesures réglementaires et de police, ayant pour but de prévenir les abus dans l'usage des eaux.

Quand il est formé des demandes en concession, l'administration pontificale délègue des ingénieurs qui prescrivent, suivant les circonstances locales, telles dispositions qu'ils jugent convenables dans le but de concilier la destination publique des eaux avec les usages privés que l'on demande à en faire, soit pour l'irrigation, soit pour des établissements industriels. Sur le Naviglio ou canal principal qui a sa direction entre Ferrare et Bologne, il se fait annuellement quelques concessions d'eau pour l'arrosage, mais elles sont, comme je l'ai dit, tout à fait éventuelles et subordonnées aux besoins de la navigation. Les prises d'eau s'opèrent, sans aucune construction accessoire, à l'aide de simples vannes;

néanmoins, dans l'intérêt de la navigation, elles sont assujetties à ce que leur seuil, qui doit être en pierre duré, se trouve toujours placé à 3 pieds bolognais ou à 1ᵐ,14 au-dessus du fond du canal, dont la profondeur, d'après la rareté des eaux pendant l'été, a été portée à 2ᵐ et plus. En cas de grande pénurie, les vannes de dérivation, qui ne sont manœuvrées que par les seuls gardes ou eygadiers, sont au besoin entièrement fermées. En général, leur manœuvre doit s'opérer de telle manière que la diminution de volume soit répartie proportionnellement entre les divers usagers. Ces dispositions réglementaires ont beaucoup d'analogie avec ce qui se pratique en Provence ; elles remontent, dans la légation de Bologne, à l'administration du cardinal Farnèse, en 1658. Elles y furent reproduites ultérieurement en 1749, 1757 et 1793 ; et enfin, sous le gouvernement français, en 1805.

En 1811, sous ce même gouvernement, il y eut un assez grand nombre de demandes en concession d'eau, sur le canal principal et sur d'autres petits canaux du ci-devant département du Reno. Comme il n'y avait eu jusqu'alors aucune règle fixe pour les concessions, dont la plupart avaient lieu sans limitation régulière, soit par de simples coupures pratiquées dans la berge des canaux, soit par des bouches de dimensions variables, les unes circulaires, les autres rectangulaires, il fut établi que l'on adopterait pour unité, une bouche quadrangulaire ayant pour côté, 4 onces du pied de Modène, ou 0ᵐ,172. Mais à défaut d'aucune autre régularisation, cela ne peut pas s'appeler un module de distribution des eaux.

Dans la partie montagneuse des États pontificaux, surtout vers la frontière de Toscane, et dans les environs de Rome, du côté de Tĩvoli, il existe quelques belles irrigations, qui donnent d'excellents produits, en fourrages et autres récoltes. Mais ces irrigations sont partielles, et attendu qu'elles s'effectuent en grande partie avec des eaux de source, on n'apporte point de limites dans leur distribution. Il en est à peu près de même des arrosages, par voie de dérivation, que l'on rencontre en plusieurs endroits dans les marais Pontins.

Il y aurait peut-être lieu de faire ici quelques remarques intéressantes sur la distribution des eaux des fontaines de Rome, qui continue de s'effectuer, sous la surveillance de l'administration publique, à peu de chose près encore selon les traditions de l'antiquité. Mais il n'y a rien là qui puisse trouver d'application utile dans l'emploi des eaux en faveur de l'agriculture.

Royaume de Naples et Toscane. — Aucune pratique régulière n'existe pour la distribution des eaux courantes dans les provinces de l'Italie méridionale; encore bien qu'on y connaisse parfaitement les lois physiques et théoriques du mouvement des eaux courantes et que ces eaux soient appliquées partielle-

ment aux besoins de l'agriculture, partout où les circonstances le permettent. La raison en est dans la situation topographique de ces contrées qui n'ont pas,
comme le nord de l'Italie, de vastes plaines disposées
en pente douce au pied d'une chaîne de montagnes
d'où coulent en abondance des eaux conservant un
volume régulier pendant la saison des chaleurs.

D'autres cultures très-lucratives, au premier rang
desquelles on doit citer celles de l'oranger, de la
vigne, et de l'olivier, absorbent d'ailleurs ici la
majeure partie du travail de la classe agricole.

CHAPITRE DIX-HUITIÈME.

SECTION I.

PROVINCES DU PIÉMONT.

Pendant plusieurs siècles, la distribution des eaux, dans les provinces du Piémont et du Novarais, où l'irrigation est extrêmement ancienne, s'est faite sans règles fixes et sans aucune précision. C'est seulement au milieu du XV⁰ siècle, qu'on s'occupa de rechercher, pour les eaux du canal d'Ivrée, une unité de mesure, aussi exacte que le comportaient les connaissances de cette époque. Une ouverture d'un pied carré formant un peu plus d'un quart de mètre superficiel, paraît avoir été la première unité de ce genre adoptée en Piémont. Mais comme on n'avait pas le soin de ne régler l'écoulement de l'eau que sous une pression constante, on ne peut attacher beaucoup d'intérêt à cette première régularisation des arrosages.

Au contraire, il est constant et établi, par des titres authentiques, qu'au milieu du XVI⁰ siècle, dans la même contrée et notamment sur le canal de Caluso, l'eau d'irrigation se distribuait au pied carré, sous une pression déterminée. Cette unité de mesure prit le nom de *Roue d'eau*, qui est encore en usage aujourd'hui. La roue se divise en douze parties appelées *onces*; mais ici, l'once n'a pas d'appareil particulier, qui corresponde à son débit. Elle est seulement le 12ᵉ de la roue dont il est question ci-après. Plus tard, les provinces dont il s'agit s'empressèrent d'utiliser la grande application, faite dans le Milanais, d'un module complet, c'est-à-dire, d'un moyen propre à obtenir toujours cette pression constante qui est la règle fondamentale du débit régulier des bouches de prise d'eau.

Roue de Piémont. — La roue de Piémont est la quantité d'eau qui passe dans une ouverture carrée dont chaque côté a un pied, valant 0ᵐ,514. Ce pied, qui est le pied *liprando*, mesure de Piémont, est divisé en 12 onces, de sorte que la roue de Piémont correspond effectivement à une superficie de 144 onces carrées. (Voy. pl. xvi, fig. 6). Je crois d'ailleurs inutile de dire qu'on doit bien se garder de confondre les onces linéaires ou superficielles avec les onces d'eau, car ce sont des choses très-hétérogènes.

Le produit cubique de ce module d'eau est évalué, par les ingénieurs piémontais, à 0ᵐ·ᶜ·,341ˡⁱᵗ·,18 par seconde; mais on ne peut chercher une entière précision dans cette mesure, qui n'est pas dans les conditions voulues pour l'obtenir. Je regarde cette évaluation comme trop élevée; j'en dirai tout à l'heure le motif. D'abord, une imperfection capitale dans la roue d'eau en Piémont; c'est qu'elle est appliquée sur les anciens canaux, comme mesure régulatrice, en raison seulement de sa superficie et sans conservation rigoureuse d'aucune forme normale. Or, le produit de 12 par 12 ou 144, qui est remarquable par le grand nombre de ses facteurs, permet d'obtenir avec onze dimensions différentes, la surface qu'il exprime. Ces dimensions sont les suivantes : 1° 12 sur 12. — 2° 16 sur 9. — 3° 18 sur 8. — 4° 36 sur 4. — 5° 48 sur 3. — 6° 72 sur 2, plus les cinq autres cas résultant du renversement des dimensions ci-dessus.

D'après une transaction passée en 1579, entre les ducs de Savoie et le duc de Mantoue, relativement à une prise d'eau sur la roggia de Crescentino, il est dit formellement que, par roue d'eau, on entend le volume transmis par une bouche ayant 9 onces de hauteur sur 16 de largeur, ou 144 onces superficielles. Une autre concession de trois roues d'eau, faite en 1764, en faveur du comte de Masin, sur le canal de Caluso, assigne à la bouche unique qui doit débiter ce volume, les dimensions suivantes : 12 onces de hauteur et 36 onces de largeur. On pourrait, d'après les constructions existantes, citer une foule d'autres exemples établissant qu'il n'y a jamais eu rien de bien fixe dans la disposition, ni dans les dimensions de la bouche correspondant à une roue de Piémont. Dès lors, le débit doit nécessairement se ressentir de ces variations; et cela,

par deux principaux motifs ; car des bouches qui
n'ont d'autre similitude que celle d'avoir une égale
section, mais avec des dimensions différentes,
ont leurs centres placés à des hauteurs inégales au-
dessous du niveau de l'eau alimentaire, et l'écoulement s'y opère sous des pressions différentes. De
plus, l'inégalité des périmètres correspondants aux
dimensions inégales, modifie aussi la contraction.
Un autre inconvénient majeur est attaché à la distribution des eaux en *roues* de Piémont ; ainsi, bien
qu'il soit admis que l'écoulement doit avoir lieu
sous une pression constante, on a choisi zéro pour
le chiffre de cette pression, en déclarant que le bord
supérieur de l'orifice serait placé à fleur d'eau. Or,
tout le monde conçoit que quand le débit par un
certain orifice est réglé, au moyen d'une pression
ou hauteur d'eau constante de 0^m,10, 0^m,15, 0^m,20
au-dessus du bord supérieur; ce débit est exposé à
bien moins d'altérations et surtout à des diminutions bien moins notables que si le niveau d'eau
dans le réservoir, ne fait qu'affleurer ce bord supérieur de l'orifice. Les autres modules connus en
Italie, ont pour caractère distinctif, une certaine
pression d'eau, qui varie dans les limites que je viens
de citer ; la roue de Piémont est à peu près la
seule mesure de ce genre qui présente cette grande
imperfection. Il est vrai que depuis très-longtemps,
les usagers, à qui cette disposition était très-défavo-
rable, ont réclamé contre elle et l'ont généralement

transgressée. C'est pour cela que, sur les canaux du Vercellais, par exemple, où les eaux sont censées distribuées en roues de Piémont, on peut remarquer des modules disposés avec une certaine pression, beaucoup plus qu'il n'y en a à fleur d'eau.

Tout cela prouve que la roue de Piémont est une mesure défectueuse, et on s'explique aisément que le gouvernement ait récemment sanctionné, pour l'avenir, l'emploi exclusif d'un nouveau module exempt de ces divers inconvénients.

On commença à distribuer les eaux d'irrigation par *roues* dans ce pays, dès l'année 1474; c'est-à-dire, un siècle juste avant l'application du module milanais. Tant que l'on ne connut pas bien les conditions que devait remplir un appareil de ce genre, on se contenta, dans les provinces arrosées du Piémont, de l'usage imparfait de ce premier modérateur. Mais lorsque après une autre période de cent ans environ, on eut constaté quel immense avantage présentait l'adoption d'un module plus exact, on voulut en profiter. Seulement, au lieu d'adopter le module milanais avec ses véritables dimensions, déjà sanctionnées par un long usage, on créa, d'après la mesure du pied et de l'once linéaire du pays, un module nouveau, fait à l'instar de celui de Milan.

Once de Piémont. — Ce fut donc au commencement du XVIIe siècle, que l'on commença à appliquer ce nouveau module. En 1730, il fut déclaré par lettres-patentes de Charles-Emmanuel, duc de Savoie, que désormais l'unité légale pour la distribution des eaux en Piémont, serait l'*once*, et que le volume d'eau, ainsi désigné, serait obtenu par un orifice rectangulaire ayant 4 onces linéaires de hauteur constante, sur 3 onces de largeur, avec une pression de 2 onces sur le bord supérieur. On voit que, sauf la différence des mesures des deux pays, c'est tout à fait là la disposition de l'édifice milanais. La figure 5 de la pl. xvi, représente, avec des cotes en mesures métriques, le mode d'écoulement de l'once d'eau, qui paraît avoir été proposée, en Piémont, par l'ingénieur Contini, dont elle a conservé le nom. Dans ce système, l'once d'eau correspond bien à une surface ou section de 12 onces carrées, comme cela a lieu pour celle du système de Michelotti, dont il vient d'être parlé; mais la 12ᵉ partie de la roue Michelotti donne une once d'eau plus forte que celle qui est constituée directement, comme je viens de le dire, à l'instar du système milanais. C'est pourquoi cette dernière once, usitée comme régulateur principalement sur le canal de Caluso, est désignée sous le nom de petite once ou once de Contini.

La pression qui devrait être de 2 onces ou de 0ᵐ,86, au-dessus du bord supérieur de la bouche, donnant l'once de Contini, n'est nullement observée. Dans la pratique, elle est généralement plus forte, et aucune précaution n'est prise pour empêcher cet abus. Ainsi dans le Piémont, la distribution des eaux, faite par onces, n'est pas, par le fait, beaucoup plus satisfaisante que l'ancienne distribution par roues, qu'on vient de reconnaître comme très-vicieuse.

Les dispositions adoptées pour les régulateurs dans lesquels l'eau se distribue en onces, dans ce système, sont retracées pl. ix, fig. 11. La *paratora*, ou vanne hydrométrique, qui est la première partie de tous les appareils de ce genre, se place, si l'on en a le choix, dans l'endroit le plus favorablement disposé pour y faciliter l'introduction de l'eau. Son seuil est tantôt au même niveau, tantôt plus haut, tantôt plus bas que le fond du lit naturel de la rivière ou du canal alimentaire ; selon la disposition des lieux, ou selon le caprice des constructeurs. Dans le plus grand nombre de cas l'eau est attirée vers ladite vanne par une pente ou dépression plus ou moins prononcée, ainsi que cela est représenté sur la coupe indiquée dans la fig. 11, et le seuil de cette vanne n'y forme aucune saillie.

A partir de la vanne de prise d'eau, et sur une longueur qui varie de 12 à 15 mètres, le plafond du canal de dérivation est dressé horizontalement et pourvu d'un radier, ou d'un pavé en dalles, dont le dessus est de niveau avec le seuil de ladite vanne. A une distance de l'embouchure, qui varie également entre 5 et 10 mètres, se place la cloison ou dalle, dans laquelle est taillée l'ouverture régulatrice, dont la hauteur fixe est de 4 onces de Pié-

mont, ou de $0^m,17$, et dont la largeur variable se
compose d'autant de fois 3 onces linéaires , ou
$0^m,13$, que le module doit fournir d'onces d'eau.
La lèvre ou bord inférieur de la bouche régulatrice
est ordinairement placée à un demi-pied, c'est-à-
dire à environ $0^m,25$ au-dessus du radier horizontal
du sas qui la précède. Une petite retraite , taillée
dans la face intérieure de la dalle verticale , à
2 onces ou à $0^m,086$ au-dessus de la lèvre supérieure,
a pour but d'indiquer la position que doit occuper
le niveau d'eau, dans l'intérieur du sas, pour donner
toujours la pression constante de 2 onces. La vanne
se hausse et se baisse de la quantité voulue, pour
obtenir ce niveau constant.

J'ai dit que la longueur du sas compris entre la
vanne et la bouche régulatrice, n'avait ni longueur
ni forme déterminées. On en trouve en effet sur les
canaux du Piémont depuis $4^m,60$ ou 5 mètres,
jusqu'à 8, 9 et 10 mètres de longueur. On y remarque presque constamment, aux abords de la
bouche ou du module proprement dit , des évase-
ments curvilignes, tels qu'on les voit représentés
par les figures 1 et 4 de la planche XII, par la
fig. 4 de la pl. XVI, et par la fig. 5 de la pl. XVII.
Cette disposition est bonne en ce qu'elle a pour effet
d'atténuer la vitesse du courant qui s'établit dans
l'intérieur du sas, et qui tend à exagérer le débit des
bouches modelées, lequel est toujours censé s'opérer
dans un réservoir d'eau sensiblement dormante.

Il n'y a aucune disposition fixe en ce qui touche soit la largeur du sas qui précède les bouches, soit l'ouverture de la vanne de prise d'eau, relativement à la largeur de ladite bouche. Mais bien d'autres dispositions plus essentielles encore se trouvent négligées. On peut même s'étonner de voir reproduites, dans la plupart des édifices de cette espèce, les mêmes imperfections qu'on avait reconnues dans le mode de distribution par roues, le plus ancien qui ait été usité dans le pays. Les principales de ces imperfections consistent dans l'inobservation de la hauteur fixe que doivent avoir les bouches, dont plusieurs n'ont encore leur débit basé que sur la section effective, et dans le manque de fixité de la pression. Ainsi l'on voit au canal de Cigliano une prise d'eau de 14 onces, divisée en deux bouches de 7 onces, dont chacune a 28 onces linéaires de base, sur 3 de hauteur, tandis que l'on n'aurait pas dû s'écarter des dimensions normales qui eussent exigé, pour une bouche de cette portée, 21 onces de base sur 4 de hauteur. Dans cette même prise d'eau, la pression est de 4 onces au lieu de 2.

La plupart des autres prises d'eau existant sur les canaux du Piémont, et notamment celles que représentent les fig. 1 et 4 de la pl. XII, 3 et 4 de la pl. XVI, 4 et 5 de la pl. XVII, sont à peu près dans le même cas. On voit donc que les anciens modules, adoptés dans ce pays, n'offrent que très-peu de garanties.

Roue et once du Novarais. — Les provinces
sardes du Novarais et de la Lumelline, situées sur
la rive droite du Tessin et ayant pour chefs lieux ,
les villes de Novare et de Mortara , possèdent de
grandes dérivations , ouvertes dès les XIVe et XVe
siècles. Ces provinces furent, aussi anciennement
que celles de Verceil et d'Ivrée , dans la nécessité
d'adopter une règle fixe pour la distribution des eaux
d'arrosage, et les choses s'y passèrent absolument
de la même manière. C'est-à-dire que jusqu'à la
fin du XVIe siècle, époque de la découverte de l'appareil milanais, les concessions d'eau d'irrigation,
bien que calculées en onces, se faisaient au moyen
de bouches non réglées.

On voit dans les anciens statuts du Novarais, que
par une transaction du 30 juillet 1487 , des concessions, exprimées en onces d'eau, furent faites en
faveur de divers canaux secondaires, dérivés de la
Roggia Mora , qui appartenait alors au duc de Milan, Ludovic Sforce.

A cette époque, l'once du Novarais n'était limitée que par la seule condition d'être fournie par
une ouverture de 12 onces carrées ; chaque once linéaire étant la 12e partie d'un bras, à peu de chose
près égal à celui de Milan.

L'ancienne roue du Novarais étant composée de
12 onces , réclamait un orifice de 144 onces superficielles; mais, ici comme dans les provinces de Verceil et d'Ivrée, on regardait comme débitant une

roue d'eau, toute section ayant 144 onces, quelles que
fussent d'ailleurs les différences de forme et de position qui eussent lieu dans la situation des bouches;
ce qui était loin d'être indifférent. Elles se trouvaient établies tantôt à fleur d'eau, tantôt à une profondeur assez grande, au-dessous du niveau du canal
alimentaire. A partir même de la fin du XVI° siècle,
époque à laquelle on fut bien fixé, par l'expérience
des provinces de Milan et de Pavie, sur l'importance d'avoir toujours au-dessus des bouches, une
seule et même pression, on continua, dans les provinces de Novare et de Mortara . notamment sur les
canaux Mora, Busca, Rizza-Biragua, à admettre
des pressions variables depuis o^m,10, jusqu'à plus
de o^m,40.

Sur le canal de Sartirana, dernière dérivation
de la Sesia (rive gauche), ouverte également à la
fin du XV° siècle, dans la province de Mortara,
et sur divers canaux secondaires de la même
contrée, une autre unité de mesure était en usage.
Il résulte de plusieurs cartulaires que dès l'année 1387, c'est-à-dire très-peu de temps après l'ouverture de la Roggia Sartirana, des concessions
d'eau exprimées en *onces*, furent faites à des particuliers et à des communes, notamment à celles de
Mede, Villa, Torturolo, Semignana, etc. Mais
cette once, qui est encore un usage dans quelques
localités de la province de Mortara, consiste en une
ouverture ayant pour hauteur invariable, 10 onces

du pied de Pavie, de chacune o^m,o397 ou sensiblement o^m,o4, et pour largeur seulement une once,
de sorte que ce module coïncide, à quelques millimètres près, avec celui de la province de Crémone
(royaume Lombard-Vénitien), représenté également dans la pl. xvi.

En résumé, ces diverses mesures d'eau, anciènne-
ment adoptées à une époque où l'on ignorait les
notions fondamentales de l'hydrostatique, et où
l'on ne se préoccupait nullement de la pression
constante, qui peut seule garantir le débit régulier
des bouches, ne pouvaient point offrir les garanties
d'ordre que l'on cherche dans l'emploi d'un régulateur. C'est ce qui explique pourquoi le gouvernement Piémontais, dans le but de favoriser l'extension des arrosages, a prescrit récemment qu'à
l'avenir, un nouveau module, uniforme pour tout
le royaume, serait seul adopté pour toutes les concessions d'eau.

Nouveau module de Piémont. — C'est dans le
Code civil des états Sardes, récemment promulgué
(en 1837), que se trouve consacrée la disposition qui
a pour but de rendre désormais obligatoire, dans ce
pays, une seule mesure uniforme des eaux. L'article qui consacre cette nouvelle disposition est ainsi
conçu :

ART. 643. — « *En ce qui concerne les nouvelles
concessions, où une quantité constante d'eau courante aura été convenue et déterminée, autrement*

dites , concessions à orifice réglé (a bocca tassata),
*cette quantité devra toujours être indiquée dans
les actes publics , par relation au module d'eau.
— Le module est la quantité d'eau, qui ayant
une libre chute à sa sortie, s'écoule par l'effet de
la seule pression, à travers un orifice de forme rectangulaire. Cet orifice, établi de manière que deux
de ses côtés soient verticaux , doit avoir deux décimètres de largeur et autant de hauteur. Il est
pratiqué dans une mince paroi, servant d'appui
à l'eau qui, toujours libre à sa surface supérieure,
est maintenue contre cette même paroi à la hauteur de quatre décimètres au-dessus de la base
inférieure de l'orifice.* »

La disposition de ce nouveau module est représentée pl. xvi, fig. 7 ; son débit est estimé à raison
de 59 lit., 88 par seconde. Le Piémont est jusqu'à
présent le seul pays dont le gouvernement ait jugé
convenable d'intervenir en cette matière importante , en déterminant en mesures décimales une
unité uniforme et légale, pour servir dans les concessions d'eau.

On pourrait donc s'étonner que le service rendu
à l'agriculture et à l'industrie par cette utile prescription, soit resté incomplet. En effet , on doit remarquer que la disposition précitée, se borne à déterminer seulement la dimension de la bouche régulatrice et la pression qui doit en fixer le débit;
mais sans rien dire du reste de l'édifice, dont cepen-

dant la bouche n'est qu'une partie. Or, tout en admettant que l'on puisse ne pas rendre obligatoires
des détails aussi nombreux que ceux qui caractéri-
sent l'appareil milanais, il n'en est pas moins
vrai que l'on prescrirait vainement l'adoption d'un
orifice régulateur, fonctionnant sous une seule et
même pression, si les principales conditions de
l'écoulement immédiatement en amont et en aval
de cette bouche, n'étaient pas déterminées. Il est
donc probable que cette omission qui ne saurait
être indifférente dans le Piémont, pays où l'on tire
un si grand parti des arrosages, ne tardera pas à
être réparée. En attendant, on continue d'adopter
pour les prises d'eau, qui sont pourvues du nouveau
module, les dispositions anciennement consacrées
par les usages locaux, tant pour la vanne hydrométrique que pour les maçonneries aux abords.

SECTION II.

PROVINCES DE LA LOMBARDIE.

Province de Lodi. — L'existence du vaste canal
de la Muzza, donne une grande importance aux
distributions d'eau qui procurent au territoire lo-
digian son étonnante richesse. Une partie des bouches de la Muzza, surtout dans sa partie supérieure,
sont réglées d'après le module milanais, mais en
général, elles le sont d'après celui de Lodi.

L'once de Lodi, est la quantité d'eau qui passe

par une bouche rectangulaire ayant pour hauteur
invariable 9 onces du bras du pays, de chacune
o^m,o379, et pour largeur une once, avec une pression constante de deux onces linéaires de Milan, c'est-
à-dire, de o^m,10. On voit dans la planche xvi, la disposition de cette bouche régulatrice, qui a la plus
grande analogie avec celle de Crémone. Elle est une
des plus anciennes qui aient été employées dans le
nord de l'Italie, et s'est maintenue avec ses dimensions primitives, en passant successivement par les
trois périodes distinctes qui ont marqué dans ce
pays les progrès de la distribution des eaux. D'a-
bord, simple orifice, établi directement et à une
hauteur arbitraire sur le canal dispensateur, elle fut
ensuite rendue mobile, dans le but d'obtenir, au
moins à-peu-près, l'égalité de pression; puis enfin
pourvue, à partir de la fin du XVIe siècle, de la
vanne hydrométrique qui garantit cette égale pression. C'est seulement à dater de cette époque que
l'on a pu assigner un débit connu à l'once de Lodi, et
dans la pratique on estime que cette once vaut
o,52 de celle de Milan, ce qui lui donnerait alors
un produit d'environ 22 litres par seconde.

Provinces de Crémone et de Crema. — Dans
ces deux provinces, la mesure usuelle de l'eau est
l'once de Crémone, ou la quantité de liquide passant par une bouche rectangulaire qui a pour hauteur constante 10 onces du bras du pays, dont chacune vaut o^m,0403; et pour largeur seulement, une

once, avec une pression d'eau également d'une once, sur le bord supérieur de l'orifice.

D'après le système admis pour tous les modules, la hauteur de la bouche restant invariable, on donne ici pour largeur, aux orifices, autant d'onces linéaires qu'ils doivent débiter d'onces d'eau. La limite fixée par d'anciens règlements, pour la portée des bouches d'un seul volume, est de 24 onces, ce qui correspond à un rectangle de 0^m,40 de hauteur sur 0^m,97 de largeur.

Les dispositions, principales et accessoires, du module de Crémone me paraissent être compliquées sans utilité. Elles sont indiquées par les fig. 9 et 10 de la pl. IX. Sur la rive du canal alimentaire est placée la vanne hydrométrique, ayant son seuil établi suivant ab. A partir de ce point, qui est l'origine de la dérivation, le fond de celle-ci est disposé horizontalement, sur une longueur variable, mais qui est rarement au-dessous de 20 à 25 mètres. A l'embouchure proprement dite, les murs de jouée de la vanne de prise d'eau sont prolongés longitudinalement, et en retour, sur une longueur de 4 à 5 mètres. Quant à la largeur de cette embouchure, ainsi délimitée, elle n'est dans aucun rapport fixe avec le module qui est placé sur la ligne $c\,n\,o\,d$, ordinairement à une distance de 8 à 10^m de la vanne susdite. Ce qui distingue essentiellement ce module de tous les autres, c'est que l'eau y est mesurée, non pas suivant l'usage général, par un certain orifice

pratiqué dans une dalle ou paroi ordinaire, mais par
un véritable aqueduc, ou sas couvert, qui remplace
la bouche régulatrice. Au moyen de la manœuvre de
la vanne d'embouchure, on assure le maintien d'une
pression constante, qui est fixée à une once, ou à
0^m,04 au-dessus de la face intérieure de la dalle de
recouvrement de cet aqueduc. Et comme le radier
est disposé suivant un niveau horizontal, la hauteur
d'eau dans la première partie du module, comprise
entre la vanne et l'aqueduc, doit être de 11 onces
ou de 0^m,44 au-dessus de ce radier.

L'édifice Crémonais comporte encore deux dou-
bles éperons en maçonnerie, dont les ouvertures sont
représentées suivant les lignes *e f*, *g h*, fig. 10. Le
principal qui est désigné sous le nom de *briglia*, se
place en aval de l'aqueduc régulateur, à une distance
qui fut d'abord fixée à 25 trabucchi, ou à 7^m,20, mais
qui est demeurée variable. Sa largeur était déterminée aussi, dans l'origine, sur le pied d'une fois et
demie celle de l'aqueduc. Mais nous allons voir plus
loin qu'on a également dérogé à cette condition. Le
seuil de la briglia doit être établi à une once ou
à 0^m,04 plus bas que le fond de l'aqueduc. L'autre
éperon *e f* désigné sous le nom de *scagno*, se place
dans le lit même du canal dispensateur. Il porte un
seuil en bois ou en pierre, qui doit régler la hauteur
du fond de ce canal, exactement au même niveau
que celui de l'origine de la dérivation. Ces deux
ouvrages détachés se réduisent donc à deux pertuis

qui accompagnent le module proprement dit, sans avoir toutefois aucune liaison avec lui.

On peut voir au premier coup-d'œil, que ce système présente les plus grands inconvénients. D'abord, parce que les frottements considérables qui ont lieu sur les quatre faces de cet aqueduc, dont la longueur n'est pas dans un rapport voulu avec son débouché, introduisent ici un élément tout-à-fait superflu, qui vient compliquer l'appréciation des volumes d'eau, qu'il est déjà si difficile de bien régler, à travers de simples orifices. Cet inconvénient d'un module qui n'est pas à minces parois s'aggrave encore par le manque de liaison qu'on peut remarquer entre les différentes parties de cet édifice et d'où il résulte que lorsque l'axe de l'embouchure, prise entre les jouées de la vanne, et l'axe de l'aqueduc ne sont pas dans une seule et même ligne droite, les frottements, dont je viens de parler, se modifient d'une manière très-notable, mais dont il est impossible d'apprécier exactement l'influence. Enfin, ce qui est pis encore, les éperons en maçonnerie placés, l'un dans le canal alimentaire, en aval de la prise d'eau, l'autre dans le canal de dérivation, en aval du module, sont évidemment plus nuisibles qu'utiles, en ce que rien n'a été prescrit pour qu'ils puissent agir toujours d'une manière uniforme. Ainsi, la *briglia* *g h* qui était, dans l'origine, d'une largeur plus grande que celle du pertuis, en aval duquel elle est placée, a fini par être établie avec une largeur moindre, comme cela est représenté dans la fig. 10, et par devenir conséquemment la véritable bouche modératrice de cet appareil, qui se prête, comme on le voit, à toutes sortes de variations.

On a cependant prétendu, mais à tort, je le crois, que c'était là le type et le modèle de tous les autres régulateurs inventés en Italie, dans la seconde moitié du XVI° siècle. Il est vrai que par un décret qui remonte au 22 décembre de l'année 1551, le sénat de Milan avait sanctionné l'unité de mesure adoptée pour la distribution des eaux du canal de Crémone; mais l'appareil qui devait la fournir, n'était pas à beaucoup près aussi compliqué qu'il l'est devenu depuis. La bouche régulatrice ayant, comme il est dit plus haut, 10 onces de hauteur sur une once de largeur, ou $0^m,40$ sur $0^m,04$, était alors pratiquée dans une simple dalle comme cela s'est fait toujours ailleurs. Elle devait avoir une pression d'une once sur le bord supérieur; mais il faut bien remarquer que cette pression n'était garantie par aucune disposition ou manœuvre, particulière à l'appareil connu à cette époque. Le décret précité porte seulement que la bouche sera placée dans la berge même du canal, parallèlement au courant et suffisamment élevée au-dessus du fond, pour que la hauteur d'eau sur le seuil ou sur le bord inférieur de cette bouche, ne soit jamais que de 11 onces.

En 1559, le Podestà de Crémone, délégué par le sénat de Milan, ordonna au contraire, sur la propo-

sition d'un ingénieur crémonais nommé Donieni,
que les bouches régulatrices seraient établies de niveau avec le fond du canal; c'est alors que fut prescrit l'emploi du pertuis, comme régulateur, ainsi
que celui des deux éperons triangulaires désignés
sous les noms de briglia et de scagno.

En 1561, ce système fut adapté, par le dit ingénieur, non-seulement aux principales bouches de
distribution du canal de Crémone, mais à celles du
canal du marquis Pallaviccini, existant dans la
même localité. C'est à cette époque que l'ouverture
régulatrice fut mesurée, non plus d'après celle du
pertuis ou aqueduc, mais d'après celle de la briglia,
qui n'est autre chose qu'un pertuis découvert. Cependant, quelques années après cet essai, l'on revient à la première méthode, qui paraît avoir été
toujours conservée depuis, dans la localité; ainsi
du moins qu'on peut le conclure des anciens règlements du canal Pallaviccini, rédigés en 1584 et
approuvés par le sénat de Milan en 1588.

Cet appareil tant de fois modifié, et demeuré si
imparfait, a-t-il donné l'idée élémentaire du module de Milan', c'est-à-dire, celle d'une bouche régulatrice précédée d'un sas couvert et d'une vanne
hydrométrique? Il est permis de le supposer, puisque
l'édifice milanais est postérieur d'au moins dix ans
à celui de Crémone; néanmoins si l'on remarque
qu'il n'y a aucune similitude entre eux, et surtout
que l'un présente autant de garanties d'exactitude

que l'autre en présente peu ; il est aussi permis de croire que ces deux inventions ont été isolées, et que celle de Soldati conserve tout son mérite.

Dans la province de Crema, le module est sensiblement le même que celui de Crémone, qui vient d'être décrit ; avec cette différence que le bras de Crema n'étant que de o^m,46978, tandis que celui de Crémone a pour expression o^m,48353, l'once de Crema ne vaut qu'un peu plus de o^m,039, de sorte que la bouche régulatrice des eaux d'irrigation, dans cette dernière province, a o^m,39 de hauteur, sur o^m,039 de largeur. De plus, la pression y est de 2 onces ou de o^m,078, au lieu d'être seulement d'une once de o^m,04, comme on vient de le voir dans l'édifice de Crémone. Du reste, la régularité de son débit n'est pas mieux garantie.

Province de Bergame. — Dans cette province, l'once d'eau est la quantité de liquide coulant librement, par un orifice circulaire d'une once, ou de o^m,044 de diamètre. On s'explique la préférence donnée à cette forme par la facilité de la décrire ; mais la mesure qui en résulte manque tout-à-fait de justesse, en ce que rien ne limite la pression sous laquelle doit s'effectuer l'écoulement ; et que dès-lors, suivant que ce petit orifice est placé près de la surface ou près du fond du canal, son débit est très-différent. On avait cependant dressé des tables destinées à faire connaître les débits correspondant à diverses positions de cet orifice, mais on n'en a pas

CHAPITRE DIX-NEUVIÈME.

MODULE MILANAIS.

§ 1. *Historique.*

En donnant, dans le tome Ier, une description sommaire du Naviglio–Grande, j'ai déjà eu l'occasion de parler de l'invention du régulateur adopté pour la distribution des eaux d'irrigation dans le Milanais. Je vais compléter ces détails en indiquant ici les circonstances qui ont précédé cette découverte.

Le canal du Tessin fut achevé dès l'année 1180; avant lui, l'Olone et la Vettabia étaient consacrées à l'arrosage d'une partie du terrain situé au sud de Milan. Mais il s'écoula plusieurs siècles pendant lesquels, malgré le désir que l'on en avait, il ne fut pas possible de trouver un moyen efficace pour bien limiter les dérivations particulières, effectuées soit pour l'irrigation, soit pour les usines.

Il est vrai que la plupart des anciennes concessions, étant vagues et mal définies, prêtaient considérablement à la fraude. Cependant les plus anciennes constitutions du pays avaient sur ce point des dispositions formelles, qui interdisaient sévèrement de dériver, par quelque moyen que ce fût, des quantités d'eau plus grandes que celles qui étaient désignées dans les actes de concession. Une description exacte de la situation et des dimensions des différentes bouches, existant alors sur le canal, était conservée dans les archives de la municipalité, et l'autorité publique devait veiller soigneusement à ce qu'il n'y fût apporté aucun changement. Mais comment aurait-on pu parvenir à l'exactitude désirable, puisque l'on se bornait à fixer simplement des dimensions superficielles des vannes de prise d'eau, établies sans aucun ouvrage accessoire, sur les bords mêmes du canal?

Dès cette époque éloignée, qui remonte jusqu'au commencement du XIIIe siècle, on donnait déjà, dans le Milanais, le nom d'*once d'eau* à la quantité de liquide qui coulait par une bouche ayant pour section 12 onces superficielles, et dont le seuil devait être établi à 8 onces ($0^m,40$) au-dessus du fond du lit, s'il s'agissait du Grand-Canal, et à 4 onces ($0^m,20$), s'il s'agissait de la rivière d'Olone. A la même époque on faisait aussi des concessions en *roues d'eau* (*rodigini*). Cette mesure, désignant le volume regardé comme nécessaire au roulement d'un moulin, était fournie par une bouche de 6 onces, placée dans les conditions énoncées plus haut; c'est-à-dire directement, et sans aucun ouvrage accessoire, dans la berge même du canal, avec une simple vanne destinée à y admettre, ou à y supprimer à volonté, l'écoulement de l'eau.

Ainsi que je l'ai déjà démontré, rien n'est plus imparfait que cette manière de distribuer les eaux, à l'aide de simples vannes. On l'eut bientôt reconnu dans le Milanais, où les eaux d'irrigation furent toujours très-convoitées par les cultivateurs. Mais il ne suffisait pas de voir le mal, c'était le remède qu'il eût fallu trouver ; et, en attendant, l'administration restait impuissante, pour limiter exactement la distribution des eaux.

On cherchait, il est vrai, à suppléer à cet état de choses à force de règlements. Ainsi, dès le 6 février 1376, le duc Jean Galéas Visconti rendit une ordonnance prescrivant le recensement de toutes les bouches du Naviglio-Grande, afin de les ramener à des conditions aussi uniformes que possible, notamment par la destruction des barrages, épis, ou autres constructions analogues, très-nuisibles à la navigation et au libre écoulement des eaux ; car la plupart des usagers s'étaient permis d'établir de semblables ouvrages dans le lit même du canal, pour faire arriver, sur leur terrain, les eaux en plus grande quantité, sans avoir besoin d'altérer la dimension des bouches. Mais ces précautions étaient vaines, et de nombreux abus, de véritables désordres avaient lieu journellement dans l'usage des eaux. A chaque instant les magistrats de Milan recevaient les plaintes des Maîtres ou Questeurs des eaux, qui étaient spécialement chargés de cette surveillance ; alors on convoquait les usagers dans

des assemblées générales ; et là , après avoir fait le
tableau des abus qui se commettaient tous les jours,
on leur adressait des admonitions, des remontrances.
On les invitait à ne jouir désormais que strictement
suivant leurs titres ; enfin , on leur faisait promettre
par serment qu'ils ne dépasseraient plus les quantités d'eau à eux concédées. Les usagers promettaient
tout ce qui leur était demandé ; puis ils recommen-
çaient à abuser de plus belle.

Le duc Jean Galéas Visconti finit par être tellement irrité de cette manière d'agir, que vers la fin
du XIV⁰ siècle il avait rendu un édit portant retrait
formel de toutes les concessions gratuites faites sur
les eaux du Grand-Canal, tant par lui que par ses
prédécesseurs. Mais cette mesure rigoureuse , quoique bien méritée par un grand nombre d'individus,
ne fut cependant pas mise en exécution. En 1472,
le duc Galéas-Marie rappela l'exécution des règlements publiés par ses prédécesseurs sur la police
des eaux du Milanais. En 1494, de nouvelles prescriptions de Ludovic Sforce vinrent encore enjoin-
dre aux usagers de se renfermer strictement dans
leurs titres de concession ; mais elles ne produisirent
pas plus d'effet que les précédentes.

Lorsque en 1499 le Milanais fut conquis sur ce
dernier souverain par Louis XII, roi de France,
les mêmes abus s'étaient encore accrus dans une proportion considérable. Ils devinrent tels alors que la
navigation se trouvait chaque année interrompue

par la dépense excessive des eaux, dérivées dans la saison des arrosages. Cet état de choses avait les plus funestes conséquences ; l'administration publique ne pouvant absolument rien obtenir des usagers, par la voie légale, était elle-même obligée de recourir à des mesures arbitraires, en faisant procéder d'office à la fermeture des bouches du Grand-Canal, les plus voisines des points où la navigation se trouvait interrompue ; encore bien que ces mêmes bouches ne fussent pas toujours celles qui donnaient lieu au préjudice.

Les premières dispositions qui vinrent sensiblement améliorer la distribution des eaux d'arrosage dans le Milanais, remontent à l'année 1503, époque où la domination française était établie dans ce pays. Ces instructions, datées du règne de Louis XII et conservées dans les archives du gouvernement, prescrivirent : 1° que toutes les bouches seraient désormais pratiquées dans des dalles de marbre ou de granit, et qu'elles auraient une hauteur uniforme de 4 onces $(0^m,20)$; 2° qu'elles seraient disposées sur le bord des canaux, sans barrage, ni éperon, ni aucune saillie quelconque ; 3° que la bouche proprement dite serait suivie d'une chambre, ou sas, en maçonnerie, de la longueur de 9 bras $(5^m,40)$, dont les murs latéraux, parallèles entre eux, formeraient de chaque côté une retraite de 3 onces $(0^m,15)$ en sus de la largeur de la bouche ; 4° enfin, que les seuils ou bords inférieurs desdites bouches seraient établis, au-dessus du fond des canaux, à une hauteur constante, déterminée, pour chaque canal, par des règlements particuliers. Cette hauteur était fixée à 8 onces (0^m,40) pour les bouches du Grand-Canal, et à 4 onces (0^m,20) pour celles de l'Olone, qui avait une moindre hauteur d'eau.

Ces mêmes instructions, qui commencent exactement avec le XVIe siècle, sont remarquables en ce qu'on y trouve les premiers rudiments du régulateur complet, qui, soixante-dix ans plus tard, fut définitivement adopté dans le même pays. On peut remarquer qu'elles pourvoyaient déjà à des dispositions essentielles, notamment pour régulariser l'écoulement de l'eau en aval des bouches. Mais un but principal de ces premières instructions paraît avoir été de prescrire, en pierre, le rétablissement des anciennes prises d'eau, ou martellières, en bois, qui donnaient lieu à toutes sortes d'abus. Cette disposition se trouve prescrite d'une manière générale dans le passage suivant du chapitre XXIX des Statuts du Milanais, publiés vers la même époque:

« Et quod dictus lapis ita tagliatus seu perforatus debeat claudi ad bucam seu spondam lecti Oloni, de bono muro facto de lapidibus et cemento, taliter quod dictum foramen seu spatium foraminis remaneat altum a fundo dicti Oloni per tertiam unam unius brachii. »

La même clause était insérée dans toutes les anciennes concessions datant de la première moitié du XVIe siècle. Les autres instructions, édits ou règlements du règne de Louis XII, pour la surveillance et la police des bouches de prise d'eau dans le Milanais, furent reproduits de 1516 à 1522 par diverses lettres-patentes de François 1er, roi de France, et publiées plusieurs fois à la diligence des magistrats du pays. Les mêmes prescriptions furent encore renouvelées en 1537, époque à laquelle le Milanais était passé sous la domination espagnole. Mais chaque fois qu'il était fait de nouvelles vérifications, on découvrait toujours de nouveaux empiétements, de nouveaux délits.

Ainsi, quoiqu'il y eût déjà dans le mode de distribution des eaux un acheminement sensible vers le système actuel, qui fut définitivement appliqué en 1572, on n'obtenait cependant encore qu'une limitation très-imparfaite; et cela fut ainsi jusqu'à ce que l'on ait eu recours à la vanne hydrométrique, qui seule peut garantir le maintien d'une pression constante au-dessus de l'orifice d'écoulement. Tout ce que l'on avait imaginé précédemment, en fait d'autres dispositions accessoires, était resté frappé d'impuissance.

Nous verrons par les descriptions qui suivent que l'on ne peut pas contester la priorité d'emploi de cette vanne dans un autre module que celui du Milanais; mais par une étrange bizarrerie on trouve ce puissant moyen de régularisation adapté, dès 1561, au module de Crémone, dans lequel, d'un autre côté, on semble avoir pris à tâche de réunir toutes les causes possibles d'imperfection. De sorte que, sous le rapport de l'efficacité, l'on est toujours en droit d'admettre que cette ingénieuse découverte n'a véritablement été mise à profit, d'une manière complète, qu'en 1572, dans le module du Milanais.

A partir de la deuxième moitié du XVIe siècle, tout avait préparé dans ce pays la découverte d'un bon régulateur. Il est vrai que les premiers progrès de l'hydraulique en Italie s'étaient à peine déjà manifestés par quelques résultats. Les belles découvertes de Galilée, de Castelli, de Torricelli et autres savants, n'existaient point encore. Mais le besoin, de plus en plus senti, de mettre de l'ordre dans la distribution des eaux, suppléa à l'insuffisance de la science; et l'appareil milanais fut découvert soixante-dix ans avant les principes qui peuvent en expliquer le mécanisme.

Je donne ici le programme des conditions qui, dès le milieu du XVIe siècle, avaient été posées par les magistrats de Milan, pour appeler l'attention des ingénieurs sur cet important problème :

1° Indiquer l'unité qui doit être regardée comme la meilleure pour la mesure des eaux d'irrigation, et un mode de distribution qui ne soit préjudiciable, ni au trésor public, ni à la navigation, ni aux usagers ;

2° Trouver un appareil disposé de telle manière qu'il puisse, avec des bouches de dimensions déterminées, débiter, dans un temps donné, un volume d'eau constant, quels que soient les exhaussements ou abaissements qui surviennent dans le niveau du canal alimentaire; c'est-à-dire que ce débit, une fois réglé sous une pression déterminée, soit rendu tout à fait indépendant des variations qui peuvent avoir lieu, soit dans le niveau d'eau, soit dans la forme ou la direction du canal;

3° Faire en sorte que l'appareil en question se trouve à l'abri de toute fraude ou altération, qui aurait pour résultat de lui faire débiter une quantité d'eau plus grande que la quantité effectivement concédée, comme cela avait toujours eu lieu jusqu'alors dans le pays.

D'autres conditions accessoires étaient encore demandées à l'inventeur du module destiné à régler les eaux du Milanais. Je n'ai cité que les précédentes, parce qu'elles sont fondamentales; et qu'elles prouvent qu'il y a trois cents ans, on comprenait tout aussi bien que nous le comprenons aujourd'hui, le but que doit remplir un régulateur.

Tel était l'état des choses lorsque fut appliqué, en 1572, l'appareil inventé par Soldati, et connu depuis sous le nom de *module magistral* du Milanais. En parlant, précédemment, de la régularisation des anciennes bouches du Naviglio-Grande, j'ai fait connaître les difficultés que l'on a eu à vaincre pour parvenir à une application générale de ce module. Les mêmes documents forment donc le complément naturel de cet historique, auquel, en conséquence, je n'ajouterai rien de plus.

§ II. *Description de l'appareil.*

L'once d'eau, telle qu'elle est donnée par le module du Milanais, est la quantité de liquide qui coule librement, c'est-à-dire sous l'influence de la seule pression, par une bouche rectangulaire, ayant 4 onces ($0^m,20$) de hauteur uniforme, et 3 onces ($0^m,15$) de largeur; avec une pression constante de 2 onces ($0^m,10$) sur le bord supérieur de l'orifice.

La bouche d'une once, dans le système milanais, a donc la dimension et la disposition indiquées fig. 8, pl. xvi. Toutes les conditions essentielles de ce module doivent être soigneusement observées. Une des principales est le maintien de la hauteur constante de l'orifice régulateur, fixée à $0^m,20$. Ainsi, pour les orifices d'une portée de plusieurs onces, au lieu de donner seulement à la bouche, comme nous avons vu que cela se faisait ailleurs, une section convenable, sans s'occuper de ses dimensions, on a toujours soin que ce soit la largeur seule qui varie; et l'on donne alors à cette largeur autant de fois 3 onces linéaires, ou $0^m,15$, que l'on veut avoir d'onces d'eau dans le module, en maintenant toujours la hauteur constante de $0^m,20$, ainsi que la pression de $0^m,10$ sur le bord supérieur de la bouche.

La fig. 9 représente une bouche de 6 onces, dont la largeur totale est de 0ᵐ,90. J'expliquerai dans le paragraphe suivant par quel motif les bouches d'une plus grande portée, telles que celles qui sont représentées fig. 10 et fig. 11 , se font toujours en plusieurs orifices.

Les bouches de ce système sont taillées au ciseau, dans une seule dalle en pierre dure, dont la nature varie, dans le Milanais, entre le marbre, le granit, le schiste micacé, et autres espèces de roches, que l'on a l'avantage de trouver, dans la localité, avec une structure lamellaire qui en facilite beaucoup l'exploitation et le travail. De plus, dans les modules construits avec tout le soin désirable, le périmètre de ces bouches est encore déterminé par un cadre de fer ou de fonte, qui s'y enchâsse exactement. Les bouches sont toujours percées dans de simples parois, qui ne comportent aucun ajutage ni autre accessoire quelconque destiné à y faciliter l'écoulement. Quant à l'épaisseur de ces parois, il n'y a pas de prescriptions à cet égard. Dans la pratique, les épaisseurs varient avec la longueur des dalles, c'est-à-dire avec la portée des bouches. Il importe néanmoins à l'entière exactitude d'un module que cette dimension soit déterminée comme toutes les autres.

Tels sont les principes établis en ce qui concerne les bouches. Je vais maintenant expliquer, à l'aide des figures 13 et 14 , pl. ix, les dispositions de l'ap—

pareil qui ont pour objet de placer l'écoulement de
l'eau dans des situations aussi identiques que possible, tant en amont qu'en aval de ces bouches.

Sur la rive du canal alimentaire, la prise d'eau
proprement dite, $a b$, fig. 14, est toujours formée
par deux murs latéraux, ou jouées, en bonne maçonnerie, soit de briques, soit de pierre de taille. Le
seuil de cette prise d'eau se place généralement au
niveau même du fond du canal susdit; et pour peu
que la nature du sol réclame cette précaution, on a
soin de le munir d'un pavé ou radier, en blocages
ou en dalles, sur toute l'étendue qui pourrait être
menacée d'affouillements. L'ouverture $a b$ de la
prise d'eau se fait ordinairement égale en largeur
à celle de la bouche proprement dite, qui est placée en $p q$. Quant à sa hauteur, elle n'est pas limitée à l'extérieur de l'édifice.

La partie fondamentale de l'appareil consiste dans
la vanne hydrométrique, placée à l'origine même
de la prise d'eau. Les explications que j'ai précédemment données, sur les fonctions de cette vanne,
me dispensent d'en parler de nouveau ici. Elle a
pour but de procurer toujours, au-dessus du bord
supérieur de la bouche $g h$ (fig. 13), la pression normale de 2 onces, ou de $0^m,10$.

Dans le Milanais, les deux grands cours d'eau,
qui alimentent à la fois la navigation, les usines et
les arrosages, jouissent de la propriété précieuse
d'avoir, dans chaque saison, des niveaux très-peu

variables, sauf, toutefois, les grandes crues qui y surviennent extraordinairement. On profite de cet avantage pour donner une garantie de plus à la disposition des vannes hydrométriques, en y adaptant, à la hauteur convenable, la petite console, mentonnet, ou arrêt, désigné dans le pays sous le nom de *gattello*, et que l'on peut remarquer dans la vanne du module milanais, représenté pl. xiv, fig. 4. Cette disposition, qui est très-bonne, ne pourrait pas s'appliquer avantageusement aux canaux qui sont sujets à de fréquentes variations dans leur niveau.

Dans les pays où l'on ne tire que médiocrement parti des eaux d'arrosage, cette précaution serait sans objet. Il serait même plus nuisible qu'utile de prendre tant de soins, pour ôter aux usagers la chance de profiter des excédants de pression qui surviendraient accidentellement, si les eaux, ainsi économisées, ne devaient avoir d'autre destination que de s'écouler inutilement à la mer. Il n'en est pas ainsi dans le Milanais, où l'aménagement des canaux a été l'objet de soins minutieux, et où l'administration trouve à tirer parti, par des concessions éventuelles et précaires, même des eaux qui n'ont qu'une existence accidentelle, et dont le volume n'est jamais connu à l'avance. Il y a des localités où ces sortes de concessions sont, chaque année, d'un très-grand produit.

D'autres dispositions accessoires, qui sont particulières à l'appareil milanais, viennent concourir, avec la vanne hydrométrique, à assurer autant que possible l'uniformité du débit des bouches régulatrices. Ces dispositions sont les suivantes :

De part et d'autre de la bouche, le canal de dérivation, toujours construit en maçonnerie, présente deux sas (*trombe*), distincts par leur forme et leurs dimensions. Le premier sas, qui se nomme sas couvert (*tromba coperta*), est situé entre la vanne de prise d'eau et le module. Il a dans son état normal 10 bras ou 6^m,00 de longueur. Quant à sa largeur rectangulaire, qui est nécessairement variable avec la portée plus ou moins grande des bouches, elle s'obtient en formant, de chaque côté, une retraite de 5 onces, ou de 0^m,25, en sus de la largeur de la bouche. D'où il résulte que le sas couvert, d'une longueur fixe de 6 mètres, a toujours, pour largeur, 0^m,50 en sus de celle de ladite bouche.

Une des dispositions caractéristiques du sas couvert consiste en ce que le fond, ou radier, est disposé en rampe, suivant une inclinaison totale de 8 onces ou de 0^m,40, à partir du seuil de la vanne de prise d'eau, ou du fond du canal alimentaire, jusqu'au bord inférieur de la bouche. Une autre disposition accessoire qui appartient à la même partie de l'appareil, est le plan *c d*, nommé dans le Milanais *piano morto*, ce qu'on ne peut guère rendre en français que par l'expression de plancher amortisseur. Étant établi horizontalement, à la hauteur même du niveau constant, qui doit donner o^m,10 de pression sur le bord supérieur de la bouche, ce plancher a pour objet, non-seulement de limiter les exhaussements que pourrait accidentellement recevoir cette pression, mais encore de supprimer, autant que possible, le mouvement ou l'agitation que l'eau, introduite dans le sas couvert, y éprouve quand sa surface est libre. Ce plan sert donc à amortir, et suivant l'expression du pays, à étouffer (*soffocare*) les mouvements que l'eau, arrivant par le dessous de la vanne, tend toujours à prendre aux abords de la bouche.

L'entrée du sas couvert, derrière la vanne de prise d'eau, est formée, supérieurement, par une dalle, d'épaisseur convenable, ayant sa face inférieure arasée au même niveau que le bord supérieur de la bouche; c'est-à-dire que cette dalle, dont on voit la section représentée fig. 13, plonge de o^m,10 dans l'eau, dont le niveau vient affleurer le dessous du plancher amortisseur. La hauteur constante des bouches dans ce système étant de o^m,20, et l'inclinaison du radier du sas couvert de o^m,40, il en résulte que le dessous de la dalle de tête sus-mentionnée est elle-même placée à une hauteur constante de o^m,60 au-dessus du seuil de la vanne de prise d'eau, ou du fond naturel du canal alimentaire.

Afin de pouvoir vérifier l'existence et le maintien

de la pression constante de 0^m,10, soit au-dessus du bord supérieur de l'orifice régulateur, soit au-dessus de la face inférieure de la dalle, on ménage entre la vanne hydrométrique et le parement antérieur de cette dalle, formant la tête d'amont du pontceau qui recouvre le sas, un petit espace vide, à l'aide duquel on peut, au moyen d'une simple règle ou baguette, reconnaître aisément si la hauteur d'eau est bien de 0^m,70 au-dessus du radier derrière la vanne.

Immédiatement en aval de la bouche commence le sas découvert (*tromba scoperta*). Sa largeur à son origine est, de chaque côté, de 2 onces ou de 0^m,10 en sus de celle de cet orifice; sa longueur ordinaire est de 9 bras ou de 5^m.40; et avec cette dimension, sa largeur à l'extrémité d'aval est de 0^m,30 plus considérable que celle d'amont; ce qui représente un évasement de 3 onces ou de 0^m,15, pour chacun des bajoyers, qui sont verticaux comme ceux du sas couvert. La largeur du sas découvert, à l'extrémité inférieure, et donc de 0^m,50 en sus de celle de la bouche régulatrice, comme cela a lieu uniformément dans le sas d'amont. Le fond ou radier du sas découvert commence avec une petite chute de 1 once, ou de 0^m,05, en contre-bas du bord, ou de la lèvre inférieure de la bouche; puis une autre chute pareille est répartie, suivant une pente uniforme, sur la longueur susdite de 5^m,40. Enfin, à partir de cette extrémité inférieure du sas décou-

vert, l'origine du canal de dérivation qui lui suc-
cède n'est plus assujettie à aucune règle, et reste
entièrement à la disposition des usagers. En effet,
sans que cela ait d'influence appréciable sur son
débit, l'eau, conduite comme on vient de le voir,
jusqu'à l'extrémité de l'édifice régulateur, peut couler ensuite, sur le fond du canal, ou tout à fait de
niveau avec la partie inférieure du radier du sas
découvert, ainsi que cela se voit fréquemment, ou
avec une chute plus ou moins considérable, comme
cela se remarque dans les modules représentés
pl. xiii, fig. 1, et pl. xiv, fig. 4.

Indépendamment de l'influence de la vanne
hydrométrique, dont le mécanisme a été suffisamment expliqué, l'action combinée du plancher
amortisseur et de l'acclivité ou rampe du fond du
sas couvert est évidemment très-puissante, sinon
pour détruire entièrement, au moins pour atténuer beaucoup les mouvements irréguliers, et surtout l'agitation superficielle, que l'eau tend à prendre
en entrant dans le premier sas, sous l'influence du
niveau plus élevé de celle du canal alimentaire.
Par cet artifice, le liquide, en arrivant au module,
ne conserve plus que le simple mouvement pro-
gressif, qui est nécessaire pour maintenir la continuité de l'écoulement.

D'après les détails donnés ci-dessus, on voit que
l'édifice régulateur usité dans le Milanais a une lon-

gueur fixe, qui est d'environ $11^m,50$, et une largeur variable, proportionnée à celle de la bouche à régler. Pour une bouche d'une once, par exemple, la largeur intérieure du sas couvert est de $0^m,65$, tandis que la largeur du sas découvert est de $0^m,35$ à son extrémité supérieure, et de $0^m,65$ à son extrémité d'aval, eu égard à l'évasement.

Pour assurer, d'une manière efficace, la manœuvre de la vanne hydrométrique, il faut une différence d'au moins $0^m,20$ entre le niveau d'eau dans le canal alimentaire et le niveau constant, à obtenir dans l'intérieur de l'appareil, derrière ladite vanne. Cela suppose alors une hauteur d'eau minimum de $0^m,90$ dans le canal susdit, et dans cette hypothèse les niveaux ou hauteurs des diverses parties de l'édifice, tel qu'il vient d'être décrit, étant rapportés au-dessus du fond du canal dispensateur, auront entre eux les relations suivantes :

Fond du canal. . . . . $0^m,00$

Niveau d'eau extérieur. . . . . $0^m,90$

Niveau d'eau intérieur, donnant la pression constante. . . . . $0^m,70$

Dessous de la dalle de tête du sas couvert, et bord supérieur de la bouche. $0^m,60$

Bord inférieur de cette bouche, à l'ex-

trémité de la rampe du radier du sas couvert. . . . . o^m,40

Niveau du radier à l'origine du sas découvert. . . . . o^m,35

Id., à son extrémité d'aval. . . . o^m,30

Finalement, en ce qui touche les divers niveaux
du fond de l'appareil, on voit que le mécanisme
du module milanais fait franchir à l'eau, dans un
trajet de 11^m,50 de longueur, une rampe totale de
o^m,40, qui se trouve réduite à o^m,30 à la sortie du-
dit module ; et qu'en ce dernier point elle est
entièrement abandonnée à la libre disposition des
usagers.

Dans la pratique, on s'écarte plus ou moins de
celles des dispositions précédentes qui ne paraissent
pas rigoureusement obligatoires. Ainsi, tout en
observant soigneusement les dimensions prescrites
pour les retraites qui fixent la largeur des sas, en
rapport avec celle de la bouche, on ne tient pas
autant au maintien des longueurs. Sur le grand
nombre d'édifices régulateurs que j'ai eu occasion
de visiter, j'en ai peu vu dont les sas eussent
exactement les longueurs normales. On peut remarquer que les deux ouvrages de ce genre qui
sont représentés pl. XIII et XIV, se trouvent dans
ce cas. Cependant ils sont d'une date récente,
et appartiennent, l'un au canal Marocco, l'autre

au canal Taverna, situés l'un et l'autre dans la province de Milan; et les bouches qu'ils comportent, l'une de six onces, l'autre de dix onces, sont réputées être exactement modellées.

Le plancher, constituant le sas couvert, manque dans un grand nombre des modules qui fonctionnent dans les provinces de Milan et de Pavie. Enfin, la rampe de $0^m,40$ que doit former le radier du premier sas, depuis le seuil de la vanne jusqu'au bord inférieur de la bouche, est encore une disposition qu'on trouve fréquemment négligée; c'est-à-dire qu'au lieu d'être en rampe, ce radier est horizontal; mais alors le bord susdit de l'orifice se trouve toujours exactement à $0^m,40$ au-dessus, car autrement il y aurait une altération notable dans tout le système, tandis que cette hauteur étant bien maintenue, la différence peut ne pas être très-sensible. Néanmoins il est certain que, du moment qu'on adopte un appareil régulateur, destiné à fournir une unité invariable, dans l'importante distribution des eaux d'arrosage, il est indispensable qu'il soit d'une justesse aussi rigoureuse que possible, et que, dès lors, rien de facultatif n'existe dans sa construction. Mais si les petites modifications dont il s'agit ici ne peuvent avoir une influence bien grande sur le débit normal du module milanais, il n'en est pas de même d'une imperfection notable qui y

3o onces, de 10,04; pour 5o onces, de 10,27, et ainsi de suite.

Je me suis au surplus assuré, par des observations directes, que la différence qui vient d'être signalée existe, bien réellement, entre le débit des grandes et celui des petites bouches.

C'est là à la fois un grand inconvénient pratique, et un signe d'imperfection, dans le plus complet cependant des régulateurs connus jusqu'à ce jour. Car cela prouve que le module milanais est en défaut sur la huitième des conditions fondamentales, énoncées dans le § 2 du chapitre XIV, qui précède.

Cette imperfection est fâcheuse, en ce qu'elle établit en faveur des grandes bouches un avantage notable et non motivé; qu'elle nuit à l'uniformité des concessions; et qu'elle peut donner lieu à des abus. En voici un exemple très-simple : Six riverains, propriétaires de chacun une quarantaine d'hectares, le long d'un canal d'irrigation, ont besoin d'acquérir individuellement, du propriétaire de ce canal, la jouissance d'une once d'eau, pour l'amélioration de leur héritage. Cette quantité d'eau, débitée par des bouches séparées, sera, pour chaque bouche d'une once, d'après l'estimation moyenne des experts milanais, de 37 litres par seconde; total, pour les 6 onces, 222 litres. Supposons que ces riverains se réunissent pour demander une prise d'eau commune, en une seule bouche, ce

qu'on ne pourra pas leur refuser; alors ils auront
droit, pour le même prix total, à une bouche dont
le débit par seconde sera, d'après les estimations de
l'administration milanaise, de 47 litres par once,
ou en tout 282 litres. Différence en plus, 60 litres,
ou environ une once et demie d'eau. Dans le Milanais, cette eau, sur le pied de 12.000 francs l'once,
en capital, ou de 550 francs, en location annuelle,
représente, au préjudice du vendeur, une perte de
18,000 francs, ou de 825 francs de rente. Dans bien
d'autres pays, où l'eau d'irrigation a une valeur
plus élevée, la différence serait encore plus notable.

L'imperfection que je viens de signaler existe au
même degré dans tous les modules connus jusqu'à
ce jour. Dans le Piémont et dans les provinces milanaises, où l'on fait de louables efforts pour assurer
le mieux possible la bonne distribution des eaux,
on cherche à suppléer à cet inconvénient, de l'augmentation relative du débit des grandes bouches,
en limitant leurs dimensions d'une manière abso-
lue. Ainsi, aujourd'hui, sur les canaux domaniaux
des provinces de Milan et de Pavie, on fixe formellement, dans toutes les concessions nouvelles, à
6 onces la portée maximum des bouches de prise
d'eau, d'un seul volume. Une disposition analogue
est aussi adoptée dans le Piémont, où l'administration royale des finances ne concède plus de bouches
dépassant une portée équivalente à 6 ou 7 onces
de Milan.

D'après cela, une bouche de 12 onces milanaises se dispose en deux orifices pareils, de chacun 6 onces, comme cela est représenté pl. XVI, fig. 10. La planche XIV, fig. 4, 5 et 8, représente une bouche de 6 onces, pourvue d'un régulateur complet, sur le canal Marocco, situé dans les provinces de Milan et de Pavie. La planche XIII, fig. 1, 2 et 6, représente une bouche semblable, également modellée dans le système milanais. Quoique l'établissement de cette bouche, qui est une des principales prises d'eau du Cavo-Taverna, dans le canal de la Martesana, ne date que de quelques années; elle a été tolérée, exceptionnellement, avec une portée de 10 onces, d'un seul volume; il est probable qu'aujourd'hui, si elle était à faire, on la prescrirait en deux ouvertures.

Très-anciennement on avait reconnu la différence existant entre le débit relatif des grandes et des petites bouches ; car j'ai fait remarquer dans le chapitre précédent, en parlant du module de Crémone, que dès son invention , vers le milieu du XVIe siècle , on avait jugé prudent de fixer la limite des bouches de ce système à une dimension de 0^m,40 de hauteur, sur 0^m,97 de largeur; ce qui équivalait à peu près à un débit de 12 à 13 onces du Milanais. Dans ce dernier pays, la plupart des concessions faites depuis la fin du XVe siècle jusqu'à nos jours, comportent une limitation qui va ordinairement de 9 à 12 onces. On en voit un exemple

sur la prise d'eau de 27 onces, représentée pl. xvi,
fig. 11. C'est la plus considérable des quatre-vingt-
cinq bouches du canal de la Martesana, dont le
Naviglio-Interno forme le prolongement dans la
ville de Milan. Elle est divisée en trois bouches
égales, d'une portée de chacune 9 onces. Il en était
à peu près de même dans le Piémont. Mais, depuis
une époque assez ancienne, on y a limité les bouches d'un seul volume à 6 ou 7 onces du pays, ce
qui est bien au-dessous du débit de 6 onces milanaises. On voit dans la planche xii, fig. 2, un régulateur pour une prise d'eau, d'une roue ou de
12 onces de Piémont, sur le canal de Saluggia.
Cette prise d'eau est disposée en deux bouches
égales, de 6 onces chacune.

En somme, on voit donc que, dans les États du
nord de l'Italie les mieux administrés sous le rapport de la distribution et de l'usage des eaux, c'est
seulement en restreignant à 6 onces, ou à environ
250 litres par seconde, la portée des bouches d'un
seul volume, que l'on a cherché jusqu'à présent à
se prémunir contre les conséquences fâcheuses résultant de l'inégalité du débit des grandes et des
petites bouches. Et cependant dans les limites de 1
à 6 onces, l'inégalité est encore très-notable, puisqu'elle atteint le débit primitif d'une once et
demie, et qu'à l'aide de cet exemple même, je viens
de démontrer que, seulement sur ce volume minime, le préjudice pour le propriétaire du canal

peut être de 18,000 francs, sur l'aliénation définitive de ce volume d'eau, ou de 825 francs sur sa
location annuelle.

Si cette imperfection était sans remède, il n'y
aurait qu'un seul moyen d'arriver à la régularité
désirée; ce serait de dresser, d'après des expériences
directes, des tables, donnant le débit exact des bouches de différentes dimensions, dans la limite des
concessions autorisées. Mais je ne pense pas qu'il
soit nécessaire de recourir à ce moyen, d'après
lequel on n'aurait plus de module d'eau, ou d'unité
proprement dite. Car je crois qu'un très-léger perfectionnement dans la disposition des bouches
actuellement en usage suffirait pour garantir l'uniformité d'un débit normal, qui soit indépendant
de la portée plus ou moins grande des prises d'eau.
Je ferai connaître un moyen qui pourrait être
adopté pour arriver à ce but, en même temps que
je donnerai, ultérieurement, d'après le résultat
d'une expérience que je dois achever, la description
de l'appareil régulateur débitant un demi-hectolitre d'eau par seconde, et qui paraît être le plus
convenable, à adopter en France, pour la distribution des eaux courantes, destinées aux usages agricoles ou industriels.

LIVRE CINQUIÈME.

TRACÉ,

ÉTABLISSEMENT

ET

ENTRETIEN

DES CANAUX.

CHAPITRE VINGTIÈME.

DIVERSES ESPÈCES DE CANAUX; TRACÉ ET OPÉRATIONS PRÉALABLES.

§ 1. Considérations préliminaires.

Parmi les opérations qui réclament le concours de la science des ingénieurs, le tracé d'un canal d'arrosage est une des plus importantes et des plus difficiles. Lors même que les canaux de cette espèce doivent servir à la fois à la navigation et aux arrosages, ils diffèrent essentiellement, dans leur tracé, de ceux de simple navigation. On doit remarquer en effet qu'ils ne sont pas seulement des canaux *de* dérivation, mais surtout des canaux *à* dérivations; c'est-à-dire à dérivations faciles, qu'on doit pouvoir y effectuer en aussi grande quantité qu'on le désire, et sans le secours d'aucun barrage. Il faut donc que leur plan d'eau règne toujours à une certaine hauteur au-dessus du niveau des terrains qui doivent profiter de l'arrosage. Cette circonstance caractérise particulièrement les canaux d'irrigation, et les fait différer des voies navigables, qui ne sont point assujetties à une telle condition. Or, elle modifie à la fois les règles de leur tracé, et les difficultés de leur exécution. Car, tandis que

les autres canaux s'établissent, généralement, plutôt
en déblai qu'en remblai, tandis qu'on peut leur
faire occuper le fond des vallées, dans le but de
diminuer, autant que possible, les filtrations ou
pertes d'eau, les dégradations et ruptures de
digues, les canaux d'irrigation ne jouissent pas du
même avantage. Ils doivent au contraire s'éloigner
toujours des thalwegs, puisqu'il faut, qu'à leur origine on les tienne, à mi-côte, aussi élevés que possible sur le flanc des vallées ; et que, dans le reste
de leur trajet, on puisse les maintenir, ou dans une
situation analogue, ou presque toujours en remblai.

Les propriétaires qui possèdent des prairies traversées par des ruisseaux, et qui n'ont en vue que
de petits arrosages, pensent communément que
l'irrigation pourrait s'effectuer, sur une grande
échelle, à l'aide de saignées partielles, c'est-à-dire
au moyen de prises d'eau directes, faites par les
riverains, sur les eaux courantes qui existent naturellement sur leurs héritages. Cela se peut, il est
vrai, dans un petit nombre de cas ; mais on ne
saurait trouver dans cette manière de procéder que
des ressources extrêmement bornées, et en voici
les motifs.

A bien peu d'exceptions près, toutes les eaux
courantes naturelles occupent le fond ou le thalweg de leur vallée ; c'est le vœu de la nature. Par
conséquent, ces cours d'eau ne se prêtent que d'une
manière défavorable aux arrosages par dérivation

directe, dont il vient d'être question. En supposant
même qu'ils remplissent la condition qui est fondamentale pour l'objet dont il s'agit, celle d'une
pente considérable, il n'est pas moins vrai qu'étant
situés à la jonction inférieure de deux versants opposés, il faut toujours que, même avec le secours
d'un barrage, les eaux de la dérivation soient conduites jusqu'à une distance plus ou moins grande,
avant de rencontrer le terrain sur lequel on peut
convenablement les répandre. En d'autres termes,
l'emplacement de l'arrosage diffère toujours de celui
de la prise d'eau, et le propriétaire du sol à irriger
est rarement le même que le propriétaire du terrain
qui convient pour l'embouchure de la dérivation.
Cette circonstance seule aurait pour effet de para-
lyser plus des trois quarts des irrigations de ce
système.

Mais ce n'est pas l'unique motif qui rende leur
emploi défavorable. En effet, chaque dérivation
partielle, chaque petite saignée, exige généralement un barrage ; ce barrage entraîne des frais de
construction, des frais de curage et de surveillance ;
il est plus ou moins exposé aux accidents, souvent
même à une destruction totale, par l'effet des crues
qui sont inséparables des eaux courantes naturelles.
Sur le plus grand nombre des petits cours d'eau,
l'influence de l'étiage est de rendre entièrement
nulles, pendant l'été, les ressources qu'ils ne présentent qu'en hiver et au printemps. Étant des

ramifications d'un ordre inférieur, leurs pentes sont ordinairement très-atténuées ou réduites. Et enfin, pour qu'on les rencontre hors de la ligne des points les plus bas du terrain environnant, il faut, ou qu'ils soient tout à fait torrentiels, ou qu'ils charrient une énorme proportion de vase et de graviers; ce qui amène alors dans leur direction une instabilité et des modifications très-contraires à tout usage des eaux.

On conçoit donc, d'après cela, que les conditions de l'arrosage doivent être moins avantageuses lorsqu'il s'effectue de cette manière, que lorsqu'il a lieu au moyen d'un canal principal, n'exigeant qu'une seule prise d'eau, qu'un seul barrage, et étant surtout essentiellement placé, dans la localité irrigable, de telle sorte que les propriétaires intéressés n'aient plus qu'à réclamer la quantité d'eau dont ils ont besoin, pour qu'elle leur soit aussitôt livrée, au moyen d'une simple dérivation, ne réclamant rien autre chose que l'application de l'appareil régulateur, avec lequel on a la certitude de fournir exactement à chacun la quantité d'eau qui lui revient.

Tel est le but des canaux d'arrosage. Chaque pays peut prétendre à leur création, sur une échelle plus ou moins grande, suivant ses ressources financières, suivant les avantages naturels de sa situation, suivant les profits qu'il en espère; mais enfin, ce sont les canaux proprement dits, tels que je viens de les définir, et non les petites saignées, faites

çà et là, sur les cours d'eau naturels, qui sont capables d'améliorer, d'une manière notable, la situation
agricole d'un pays.

§ II. *Diverses espèces de canaux nécessaires à l'établissement*
d'un système d'arrosage.

On doit distinguer principalement les six classes
suivantes, savoir :

1° Les canaux principaux, ou canaux d'irrigation
proprement dits ;

2° Les canaux secondaires ;

3° Les canaux de fuite ou de décharge ;

4° Les colateurs ;

5° Les rigoles de distribution ;

6° Les canaux servant à la navigation et aux arrosages.

Enfin on peut placer dans une septième classe
les canaux destinés au colmatage des bas-fonds ou
terrains marécageux, opération dont les avantages
se combinent presque toujours avec ceux de l'irrigation. Je dirai succinctement quelques mots sur
chaque espèce.

Canaux principaux. — Le canal principal a sa
prise d'eau établie directement sur la rive d'un
fleuve ou d'une rivière, au moyen d'un système
d'ouvrages d'art, dont il va être parlé au chapitre
suivant. Il présente ordinairement deux parties
distinctes, dont l'une est comprise entre la prise

d'eau et les terrains dont le niveau se trouve assez bas pour qu'ils puissent prendre part à l'arrosage; la seconde, qui commence aux premières bouches de distribution, comprend tout le reste du canal, avec les ramifications qu'il peut avoir. La première partie, celle où il n'existe pas de bouches, n'a que la destination d'un canal d'amenée; elle conserve en conséquence une largeur et une section constantes. La seconde partie, celle où ces bouches existent, en plus ou moins grande quantité, est le canal d'arrosage proprement dit. Il a pour caractère distinctif des largeurs qui décroissent successivement, au fur et à mesure que la portée d'eau diminue, par la consommation qui s'en fait, au profit des canaux secondaires.

Dans les dérivations importantes, le canal d'amenée a quelquefois une longueur considérable; c'est en effet le seul moyen que l'on ait de conduire les eaux sur le sol à arroser, avec une pente suffisante, tout en plaçant le seuil de l'embouchure assez bas pour que le canal reçoive encore un volume d'eau suffisant en temps d'étiage, si le cours d'eau où il s'alimente y est sujet. La nécessité de cette précaution, qui n'avait pas été suffisamment observée, s'est fait sentir sur la plupart des canaux alimentés par la Durance, rivière extrêmement variable, qui a son étiage en automne. Ces dérivations, faute d'un canal d'amenée suffisant, subissaient, dans la saison la plus importante pour l'arrosage, des

époques de pénurie extrêmement préjudiciables à
l'agriculture; de sorte que, dans ces derniers temps,
toutes les prises d'eau ont été remontées, ou vont
l'être, à plusieurs kilomètres en amont de leur position primitive. Cela prouve bien que, dans les projets de canaux, alimentés par des cours d'eau sujets
à étiage, on ne doit jamais craindre d'admettre, de
suite, un canal d'amenée d'une longueur suffisante.

Canaux secondaires et rigoles. — Les canaux
secondaires sont, relativement au canal principal,
ce qu'il est lui-même relativement à la rivière dont
il dérive ; à l'exception des prises d'eau, qui deviennent de simples bouches, sans barrage, mais pourvues d'un module régulateur. Ces canaux doivent
être maintenus sur la partie la plus haute des terrains à arroser. Ils sont ordinairement établis aux
frais des usagers ; à moins cependant que l'entrepreneur du canal principal ne juge convenable
d'établir lui-même, comme embranchements ou
ramifications, un certain nombre de ces dérivations
secondaires, là où il croit avoir de l'avantage à distribuer les eaux plus en détail. Quant aux simples
rigoles, elles sont toujours aux frais des arrosants,
qui les disposent suivant les dimensions et directions convenables, pour la superficie qu'ils ont à
arroser.

Fuyants ou déchargeoirs. — Les canaux de
fuite ou de décharge sont ceux qui ont pour objet
d'assurer l'écoulement des eaux débitées par les

ouvrages régulateurs de leur niveau, dans un canal
principal, tels que les déversoirs et les vannes de
fond. Il n'y a rien de particulier à dire sur ces
canaux, qui ne diffèrent en rien de ceux du même
genre, existant sur les biefs d'usines. Toutes les
fois qu'ils sont d'un niveau assez élevé, relativement aux terres riveraines, on ne manque pas
d'utiliser leurs eaux pour l'arrosage; mais ordinairement cela ne peut se faire qu'à une assez
grande distance en aval du point où ils prennent
naissance.

Lors même qu'il n'y aurait, dans un canal d'arrosage, aucune surabondance d'eau, qui donnât lieu
de faire fonctionner les ouvrages régulateurs, les
canaux de fuite serviraient toujours, régulièrement
deux fois chaque année, pour les mises à sec que
nécessitent le faucardement et le curage.

Colateurs. — Les canaux d'écoulement, auxquels, d'après l'expression usitée en Italie, j'ai
conservé le nom de colateurs, n'en voyant pas de
meilleur à y substituer, donnent lieu à des considérations importantes. En principe, point de bonne irrigation sans pentes. On conçoit donc qu'à la partie
inférieure, ou à la jonction des surfaces inclinées
des terrains, qui, soit naturellement, soit de main
d'homme, sont disposés pour l'arrosage, il est
toujours nécessaire de ménager des canaux spéciaux,
pour recevoir l'égouttement des terres ou le superflu
des eaux, qui y ont été répandues. Ces canaux sont

les colateurs ; ils diffèrent de ceux de fuite et de
décharge, qui n'ont, relativement à eux, que le
caractère d'affluents. Ils diffèrent encore davantage
des canaux principaux et secondaires, puisque,
dans les mouvements de terrain que réclame un
système d'arrosage, ceux-ci sont placés sur des
faîtes, tandis qu'eux-mêmes sont essentiellement
dans les thalwegs.

Ils en diffèrent enfin sous un autre point de vue,
également essentiel, en ce qui concerne leur largeur. Car, tandis qu'un canal d'arrosage voit sa
section décroître, de proche en proche, par
l'épuisement successif des eaux, le colateur qui
dessert une contrée un peu étendue voit, au
contraire, sa portée s'accroître d'une manière
inverse. Tant qu'un canal fonctionne simplement
comme colateur, on doit lui laisser toute la pente
que comportent la disposition et la nature du terrain
dans lequel il se trouve établi. On n'y admet généralement ni barrages, ni usines, ni rien en un mot
qui puisse gêner le libre écoulement des eaux, et
nuire ainsi à l'égouttement ou à l'assainissement
des terrains arrosés, dont les parties inférieures
tendent toujours à conserver un excédant d'humidité. Mais il n'en est plus ainsi lorsque les colateurs
arrivent près des terrains d'un niveau assez bas
pour qu'ils prennent eux-mêmes, au moyen de
nouvelles dérivations, le caractère de canaux d'arrosage ; alors ils y sont toujours utilisés ; et l'on

opère sur ces nouveaux canaux de la **même manière** que sur les précédents, jusqu'à l'entier épuisement des eaux, qui doivent être, autant que possible, consommées en arrosages, avant d'arriver jusqu'aux bassins inférieurs des grands fleuves. C'est ainsi que le Pô, ce colateur général des plaines de l'Italie, ne reçoit véritablement presque rien, sur la masse énorme des dérivations supérieures, qui, sur les terres de sa rive gauche, sont employées en irrigations.

Voilà comment les eaux sont aménagées dans les pays où l'on a tenu à mettre complétement en valeur cette source précieuse d'améliorations agricoles.

Il ne serait pas possible d'opérer une bonne irrigation sans le secours des colateurs; car c'est par eux seuls que l'on peut assurer l'égouttement ou l'assainissement du terrain qui, s'il restait habituellement humide, ne pourrait produire que des herbes marécageuses, toujours nuisibles aux bestiaux. Mais il arrive quelquefois que l'on est dispensé d'ouvrir spécialement des canaux de cette espèce. Par exemple, quand vers l'origine même d'une dérivation, il existe des terrains irrigables, comme, après un très-petit trajet, le cours d'eau alimentaire se trouve toujours plus bas que le canal, et que là il est, en outre, à sa proximité, c'est lui qui sert de colateur. Quelquefois on rencontre, vers la partie inférieure des terrains à arroser, des ravins profonds, des gouffres ou entonnoirs, ou bien des

marais. Alors on y jette les colatures, sans s'inquié-
ter de ce qu'elles deviennent. Mais cependant, en
ce qui touche les marais, comme il est dans l'ordre
des choses, qu'un peu plus tôt un peu plus tard, on
en vienne à entreprendre leur desséchement, il ne
faut pas se dissimuler que l'on tend à accroître
ainsi les dificultés et les frais de cette opération, en
augmentant la masse des eaux qui sont dépourvues
d'écoulement. Les exemples de ce fait ne sont pas
rares en Provence, où les eaux des colatures, qui
sont fort mal gouvernées, non-seulement ont porté
préjudice à des entreprises de desséchement, mais,
ce qui est pis encore, ont rendu marécageux de
vastes terrains qui ne l'étaient pas.

Il arrive quelquefois que, voulant jeter les colatures, ou les eaux de fuite, dans un fleuve ou une
rivière, on est gêné par les digues qui peuvent avoir
été établies pour prévenir les dommages des crues
et débordements de cette rivière. Dans ce cas, on
doit opérer, comme cela se pratique dans les
Wateringues du nord de la France, ou dans les
Polders des Pays-Bas. Pendant le temps des crues,
la communication entre les terrains à égoutter et la
rivière est interceptée, par des vannes ou clapets;
dès que les eaux se retirent, on les ouvre, et l'é-
coulement s'opère librement. Les pertuis à soupape,
ou à portes tournantes sur des charnières horizontales, qui ont l'avantage de se manœuvrer seules,
ne sont pas d'un bon usage, parce qu'il arrive que

des graviers, introduits dans les feuillures, laissent
ordinairement des interstices, par lesquels les eaux
d'inondation peuvent s'introduire sur les terres
riveraines.

Canaux d'arrosage et de navigation. — C'est
à eux surtout qu'il appartient de créer une source
nouvelle de richesse, dans un grand nombre de
localités, notamment dans le midi et dans le centre
de la France. Ils sont les seuls qui offrent le rare
avantage de procurer à l'eau courante, par la navigation, par l'arrosage et par les usines, un emploi
triplement productif. Leur caractère essentiel consiste dans la forme de leurs écluses, qui présentent,
à côté du sas ordinaire destiné au passage des
bateaux, un pertuis, n'ayant d'autre usage que de
transmettre, d'une manière tout à fait indépendante du mouvement de la navigation, les volumes
d'eau réclamés par la consommation des bouches.

Des usines sont ordinairement placées sur les
chutes mêmes que forment ces pertuis. Mais indépendamment de celles-là, on en autorise, sans
aucun inconvénient, sur d'autres points; puisque,
sauf de rares exceptions, elles rendent les eaux
dans le lit même du canal, et qu'au moyen des
pertuis de transmission, on a toujours la facilité de
régler convenablement le niveau d'eau dans tous
les biefs, sans recourir à la manœuvre des portes
d'écluse. C'est donc véritablement l'absence de ces
pertuis qui rend les usines presque inadmissibles

sur les canaux destinés au seul usage de la navigation.

Le canal de Pavie, dont l'achèvement est très-
moderne, peut servir de modèle dans ce genre. La
navigation, l'arrosage et les usines s'y trouvent
réunis sans se nuire; et malgré une vitesse assez
considérable de l'eau, dans ses biefs supérieurs, la
navigation ascendante y est si peu gênée que des
bateaux-postes, faisant le service entre Milan et
Pavie, spécialement pour le transport des voya-
geurs, et attelés seulement de trois chevaux, descendent et remontent, plusieurs fois par jour, toute
la ligne du canal, avec une vitesse minimum de plus
de trois lieues à l'heure; ce qui est assurément un
fait fort intéressant sur un canal d'irrigation.

Les ouvrages d'art qui s'y trouvent établis, notamment à la partie inférieure, sont remarquables par
leur bonne conception et par leur exécution. Ceux
qu'il y avait lieu de comprendre dans l'atlas ci-joint,
n'en sont qu'une très-faible partie. Si ce canal n'é-
tait pas malheureusement sujet à de très-grandes
filtrations, par suite de ce qu'il est ouvert dans un
terrain de gravier, il représenterait un magnifique
emploi du petit volume d'eau qui lui est livré avec
une stricte mesure.

Mais, même malgré cet inconvénient, on doit
reconnaître ici combien un volume d'eau médiocre
est employé plus utilement dans un canal que dans
un lit naturel. Nous voyons le canal de Pavie sub-

venir à une navigation très-active , à une belle irrigation , et au roulement de plusieurs usines ; en un
mot , desservir trois industries différentes , avec une
portée maximum de moins de 7 mètres cubes par
seconde ; tandis qu'on rencontre fréquemment des
rivières, comme la Saône , par exemple , dans lesquelles 12 ou 13 mètres cubes d'eau restent totalement sans usage pendant une grande partie de
l'année, faute d'une profondeur uniforme qui y
permette le passage des bateaux.

Ces considérations sur les canaux de navigation
et d'arrosage se trouveront complétées dans le chapitre suivant, qui traite de la détermination des
pentes, et de celle des sections. En même temps
je parle aussi des canaux de colmatage, qui représentent eux-mêmes une classe de dérivations très-
importante.

Résumé. — On peut donc récapituler ainsi , en
quelques mots , les observations faites dans ce paragraphe sur les diverses espèces de canaux dont il
vient d'être question :

Les canaux principaux , y compris leurs embranchements et les canaux secondaires , reçoivent
les eaux destinées à l'irrigation ;

Les canaux de fuite et de décharge servent à
mettre à sec ces mêmes canaux , et à recevoir le trop
plein de leurs eaux , avant qu'elles aient reçu aucun
usage ;

Les colateurs, qui occupent essentiellement le

gations, il est au contraire de règle constante que
l'on rencontre des inclinaisons générales et régu-
lières, dont la Lombardie et le Piémont sont un
exemple bien rare, mais que présentent aussi, d'une
manière avantageuse, plusieurs de nos départements
du sud-est et du midi, situés au pied des Alpes et
au pied des Pyrénées.

Tracés provisoires. — *Avant-projet.* — Ces
premières observations faites, l'ingénieur procède,
sur le terrain, aux premières opérations, ayant
pour objet le tracé et le nivellement du canal. Il
doit d'abord se procurer un plan d'ensemble de
toute la localité intéressée à l'irrigation que l'on
projette. Les plans du cadastre, et les nouvelles
cartes, publiées par le département de la guerre,
fournissent de précieuses ressources à cet égard.
Lesdites cartes ont, dans le cas actuel, l'immense
avantage d'indiquer des cotes de hauteur qui donnent une idée juste des principaux mouvements du
terrain qu'elles représentent. Or, dans aucune autre circonstance, ce document n'est plus désirable
que dans les études relatives à l'irrigation. Si l'on a
assez de temps, et que l'on juge convenable de
faire lever un plan spécial, il est toujours très-
utile qu'il soit topographique, et qu'il représente,
s'il est possible, au moyen de tranches horizontales équidistantes, le relief exact de la superficie du
sol. Avec un semblable plan, et des nivellements
suffisamment étendus, on peut se livrer, sur le

papier, à des comparaisons très-justes entre diverses
lignes d'opération.

Le tracé, qui ici est presque entièrement subordonné à la distribution des pentes, doit être fait
avec tout le soin possible. S'il ne s'agissait que d'établir entre deux points donnés, et avec une pente
préfixée, un canal, assujetti encore à d'autres conditions relativement à son niveau d'eau, il n'y aurait,
la plupart du temps, qu'une seule ligne à adopter;
ce qui laisserait peu de marge aux études, et au
talent de l'ingénieur. Mais le problème se présente
bien rarement dans des conditions aussi étroites;
car on a d'abord la faculté de faire varier les pentes,
entre certaines limites consacrées par l'usage, et qui
sont indiquées plus loin; mais ensuite on a aussi
le choix d'atténuer les inclinaisons naturelles, soit
par un plus grand développement du tracé, soit
par l'établissement de chutes, qui sont ordinairement utilisées; ce qui donne toute la latitude désirable.

Quant à la ligne à préférer, si l'on a le choix
entre plusieurs qui puissent convenablement remplir le même but, il est clair qu'à parité de circonstances on doit toujours choisir la plus courte, ou la
plus directe; puisque l'on ménage ainsi les dépenses : 1° pour l'achat des terrains, 2° pour l'exécution des terrassements et ouvrages d'art, 3° pour
les opérations d'entretien et de curages qui, sur
cette espèce de canaux, ont lieu ordinairement

plus d'une fois par an. Néanmoins, si l'on puise dans une rivière sujette aux étiages, on ne doit pas craindre d'augmenter la longueur du tracé, en se donnant un canal d'amenée, qui établisse la prise d'eau de manière à éviter la pénurie, dans le moment le plus important pour l'irrigation.

C'est d'après ces données que l'on procède, tant sur le terrain que sur le papier, à un premier tracé, que l'on tâche d'établir de suite dans les meilleures conditions possibles. Cela donne lieu à un profil en long, accompagné d'un certain nombre de profils en travers, qui doivent toujours être suffisamment étendus pour que l'on puisse les faire servir aux déplacements de l'axe du tracé primitif, s'il arrive que l'on soit obligé de le modifier.

A l'aide de ces premières opérations, et au moyen des éléments que l'on a dû se procurer pour faire l'appréciation des dépenses de l'entreprise, ainsi que celle des produits qu'on peut en attendre, on rédige un avant-projet, qui puisse donner une idée, aussi exacte que possible, de la situation du canal projeté, notamment en ce qui concerne les terrains à traverser; car c'est cet avant-projet qui sert de base à l'ouverture des enquêtes, toujours nécessaires pour l'accomplissement des formalités relatives à l'expropriation, pour cause d'utilité publique, à laquelle on est ordinairement obligé de recourir, s'il s'agit de l'ouverture d'un canal un peu important.

Les avant-projets ne peuvent être rédigés avec

autant de détails et de précision que des projets définitifs. Cependant les ingénieurs doivent tenir à honneur de ne pas s'éloigner de la vérité ; car ce n'est pas seulement en France, mais partout, qu'on leur reproche de voir habituellement leurs estimations dépassées. Il est certain qu'un avant-projet ne peut pas tout prévoir, et tout embrasser, dans un vaste ensemble de travaux ; il s'agit donc, pour procéder sagement, d'y faire une très-large part aux chances imprévues et aux augmentations de dépenses de toute espèce.

CHAPITRE VINGT ET UNIÈME.

DÉTERMINATION DES PENTES ET DES SECTIONS CONVENABLES POUR LES DIVERS CANAUX DANS UN SYSTÈME D'ARROSAGE.

§ I. Des pentes.

Distinctions à faire sur les pentes. — La pente d'une eau courante, en un lieu déterminé, s'obtient en mesurant, à l'aide du nivellement, la distance verticale qui existe entre deux points donnés. Pour avoir la pente correspondante à l'unité de longueur, on divise celle que l'on a obtenue, entre deux points, par la distance qui les sépare; et l'on voit dès lors que cette unité de pente a la même expression que le cosinus de l'angle formé par l'inclinaison du cours d'eau avec la verticale. C'est donc avec raison que, dans la formule d'Eytelwein, la pente est désignée par l'expression de *cos.* φ. Les inclinaisons de la surface des cours d'eau étant généralement très-faibles, les pentes par mètre, ou les cosinus dont il s'agit, sont ordinairement exprimés en cent millièmes de mètre, avec cinq décimales, ce qui peut donner lieu à des erreurs. Il est donc préférable de désigner ces pentes par kilomètre; ou, en les rapportant à l'unité, de les exprimer en fractions ordinaires, comme cela se fait généralement en Italie. C'est pourquoi j'ai adopté concurremment ces deux dernières désignations. Il est vrai que l'expression qui doit entrer dans les formules est celle de la pente par mètre; mais, dans ce cas, on peut toujours facilement ajouter, à droite de la virgule, les trois zéros, qu'il est avantageux de supprimer dans la simple désignation des pentes. Ainsi celle que, dans le langage ordinaire, on indiquera comme étant de $0^m,24$ par kilomètre, devra, si l'on emploie lesdites formules, être désignée par cette expression équivalente : $0^m,00024$ par mètre.

Dans le tracé des canaux de navigation, les pentes étant presque entièrement rachetées par des écluses, celle qui reste, répartie sur le fond des biefs, est sensiblement nulle; et, en fait de pentes, on peut appeler ainsi toutes celles qui sont au-dessous de $0^m,10$ à $0^m,12$ par kilomètre. Une inclinaison plus forte, pour le fond des biefs, serait toujours nuisible sur les canaux de cette espèce; car le remplissage des sas d'écluse s'opère, sous l'influence d'une forte pression, par des buscs ou ventelles, qui ne débiteraient pas beaucoup plus d'eau, dans un temps donné, si le bief d'amont avait une certaine pente, tandis que celle-ci, occasionnant nécessairement un courant assez prononcé, nuirait à la remonte des bateaux.

Les choses ne se passent pas de même lorsqu'il s'agit de canaux spécialement destinés à l'arrosage. En effet, il s'y opère une consommation d'eau beaucoup plus forte que cela n'a lieu généralement

sur les voies navigables, et cette consommation
exige un débit continu, qui ne peut avoir lieu sans
le secours d'une pente et d'une vitesse déterminées.

Il y a beaucoup de distinctions à faire sur le
choix des pentes qu'il est le plus convenable d'a-
dopter pour un canal d'arrosage, placé dans des circonstances déterminées ; en général il est bon de
ménager ces pentes autant que possible ; d'abord
afin d'éviter de construire des revêtements coûteux,
pour prévenir la dégradation des berges, qui est
inévitable quand la vitesse est grande, à moins que
le terrain ne soit d'une résistance peu commune.
Un autre motif, d'après lequel il est important de
ménager les pentes, c'est l'utilité de racheter leur
excédant par des chutes, qui sont d'autant plus profitables à l'industrie manufacturière que celle-ci
profite toujours largement des accroissements de
production, d'activité et de richesse que la création d'un canal d'arrosage amène inévitablement
dans une localité qui en était privée. Cependant il
y a, dans la diminution des pentes non rachetées,
des limites au delà desquelles il ne faut pas aller.
Ainsi, pour un canal de simple arrosage, l'on ne
descendrait pas sans préjudice jusqu'aux pentes
très-faibles qui conviennent à un canal de navigation. Si les eaux dont on dispose sont habituellement troubles, la diminution des pentes devient
beaucoup plus difficile, par suite du danger de voir
doubler ou tripler les dépenses, toujours considéra-

bles, que nécessitent les curages, et de voir même
obstruer continuellement les biefs et les prises
d'eau, par des dépôts ou atterrissements. Ces inconvénients se présentent à un degré très-marqué dans
le département de Vaucluse, sur le canal de Cril-
lon, parce qu'on a voulu, à tout prix, y ménager
des chutes d'eau, à la vérité très-utiles, mais qui,
dans ce cas, ont porté un véritable préjudice à l'irrigation, qui était sa destination principale.

La première distinction à faire avant de déterminer les pentes qui conviennent à un canal d'arrosage, est donc d'examiner quelle est la nature des
eaux qui doivent l'alimenter. Car si elles sont habituellement troubles, on ne pourra combattre effi-
cacement que par la conservation d'une vitesse
suffisante la tendance que les eaux troubles ont toujours à déposer les matières étrangères qui y sont
suspendues, dès qu'il y a une diminution dans la
vitesse, sous l'influence de laquelle elles se sont
chargées de ces mêmes matières. Mais on est toujours obligé de tenir compte aussi de la résistance
du terrain. On voit donc qu'il y a à faire une appréciation fort délicate, puisqu'il s'agit de trouver
le juste milieu entre deux inconvénients opposés,
dont l'un consiste dans la grande quantité de dépôts et atterrissements qui se forment dans le canal,
si l'eau y coule trop lentement, et l'autre dans la
dégradation des berges, ou bien dans l'établissement de revêtements très-coûteux, qui sont la con-

séquence d'une vitesse considérable. La résistance
du sol doit donc être prise aussi en considération.
En un mot, du moment qu'on doit employer des
eaux qui sont habituellement ou fréquemment
troubles, le problème de la détermination des
pentes devient compliqué ; il s'agit d'obtenir celle
qui correspondra à un véritable *régime*, c'est-à-dire
à un état d'équilibre entre la tendance de l'eau à
corroder son lit, ce qui est ordinairement très-facile dans les terres fraîchement remuées, et la tendance que, dans le cas contraire, elle a d'y opérer
des dépôts. Examiner ce qui se passe dans des canaux
de même espèce, est en général ce qu'il y a de mieux
à faire pour s'éclairer en pareille circonstance.

Pentes convenables pour les canaux, soit d'ar-
rosage seul, soit d'arrosage et de navigation. —
Dans chaque localité il a été adopté, à cet égard,
des règles plus ou moins bonnes, que l'usage paraît
avoir anciennement consacrées. Dans le nord de
l'Italie, on donnait autrefois aux canaux d'arrosage
des pentes très-fortes que l'on n'admettrait plus
aujourd'hui. Vitruve indique, dans ses ouvrages,
qu'il faut donner aux conduites d'eau 2 pieds de
pente par chaque mille de longueur, ce qui corres-
pondrait à environ 0^m,55 par kilomètre. Scamozzi
et L.-B. Alberti indiquent un chiffre moitié moindre. Du seizième au dix-huitième siècle, les ingénieurs hydrauliciens de la Lombardie adoptaient
généralement des pentes analogues, c'est-à-dire

$\frac{1}{1800}$ à $\frac{1}{2000}$; mais comme dans ce pays les eaux sont extrêmement limpides, on y adopte de préférence aujourd'hui des inclinaisons plus faibles.

Il y a d'ailleurs d'autres distinctions à faire que celles de la nature des eaux. Ainsi sur les canaux qui sont destinés simultanément à la navigation et aux arrosages, on est obligé d'adopter des pentes un peu plus fortes que cela ne conviendrait pour la navigation seule, mais plus faibles aussi que ne les réclamerait le seul intérêt de l'agriculture. Si la navigation était principalement descendante, les pentes devraient être plus fortes; plus faibles, au contraire, si le mouvement des transports était surtout ascendant. Ces pentes peuvent donc varier, comme on le voit, dans des limites assez étendues.

Dans les montagnes et les vallons élevés, où l'on a de l'eau en abondance, où rien n'en limite ordinairement l'usage, et où l'on peut toujours la faire arriver facilement, sur des terrains très-inclinés, on ne s'occupe pas plus de ménager les pentes que de ménager les eaux; là, les rigoles, tracées toujours par de simples cultivateurs, serpentent librement sur la déclivité des coteaux, où elles conduisent de rapides courants, dont l'inclinaison serait excessive, dans toute autre situation.

Il n'en est plus de même dans les plaines qui doivent recevoir leur fertilité d'un canal d'arrosage. Là les pentes doivent être réglées avec le plus grand soin; surtout si l'on observe qu'on ne peut les por-

ter au delà du degré convenable sans retirer le béné-
ficé de l'irrigation à une certaine étendue de terrains, qui y auraient eu part si elles eussent été
mieux calculées. Je crois inutile de faire remarquer
que, dans cette obligation de ménager les pentes, se
trouve nécessairement comprise celle de ménager
les chutes. Car ce que l'on doit redouter, c'est l'a-
baissement du plan d'eau au-dessous des parties élevées du terrain irrigable, qui cessent alors forcé-
ment de pouvoir prendre part à l'arrosage, à moins
que l'on n'effectue, soit des terrassements, soit des
prises d'eau à une très-grande distance, ce qui augmente beaucoup les frais et les difficultés. Ainsi
donc, outre les points où il existe naturellement
des chutes, soit à côté des écluses, si le canal projeté doit être navigable, soit sur les points où il y a
eu nécessité de racheter des excédants réels de pente,
on doit être très-circonspect d'en comprendre dans
les projets de canaux, car alors on pourrait mettre
l'industrie manufacturière et l'agriculture dans une
regrettable concurrence ; tandis que, quand les
choses sont bien entendues, leurs intérêts peuvent
très-bien se concilier.

En résumé, le point principal dans l'art de tracer
les canaux d'irrigation consiste à faire une bonne
répartition des pentes, en partant d'ailleurs d'un
niveau suffisamment stable des eaux alimentaires.
Cette opération, qui est très-délicate, réclame plus
qu'aucune autre le concours d'un ingénieur habile et
expérimenté.

Pour faciliter les études de ce genre, je donne ici un tableau comparatif, contenant l'indication des pentes maxima, moyennes, et minima, des principaux canaux, soit d'irrigation seule, soit d'arrosage et de navigattion, existant dans le midi de la France et en Italie.

DÉSIGNATION DES CANAUX.	PENTES	
	par unité.	par kilom.
RIGOLES D'ARROSAGE EN PAYS DE MONTAGNES.		
Pentes habituelles des petites dérivations, qui existent en très-grande quantité dans les vallées supérieures des Alpes, notamment dans le Tyrol, la Suisse, la Savoie, ainsi que dans les montagnes du Dauphiné, du Vivarais et dans les Pyrénées.	$\frac{1}{500}$	2^m,00
	$\frac{1}{333}$	3^m,00
	$\frac{1}{166}$	6^m,00
PETITS ET MOYENS CANAUX D'ARROSAGE DANS LA RÉGION DES PYRÉNÉES FRANÇAISES.		
Canaux d'Alaric, de la Gespe, de Tarbes, et autres, du département des Hautes-Pyrénées.	$\frac{1}{495}$	2^m,22
	$\frac{1}{244}$	4^m,10
	$\frac{1}{200}$	5^m,00
Ruisseau de Las-Canals, ou canal de Perpignan, et autres du département des Pyrénées-Orientales.	$\frac{1}{470}$	2^m,12
	$\frac{1}{434}$	2^m,32
	$\frac{1}{188}$	5^m,30
Canal moderne du Bazer (Haute-Garonne.	$\frac{1}{4166}$	0^m,24
	$\frac{1}{3125}$	0^m,32
	$\frac{1}{2500}$	0^m,40

DÉSIGNATION DES CANAUX.	PENTES	
	par unité.	par kilom.
CANAUX D'ARROSAGE ET DE NAVIGATION DE LA LOMBARDIE, ET PRINCIPALEMENT DU MILANAIS.		
	$1°$ $\frac{1}{883}$	$0^m,72$ $1^m,13$ $1^m,55$
Naviglio-Grande (provinces de Milan et de Pavie).	$2°$ $\frac{1}{1470}$	$0^m,20$ $0^m,68$ $1^m,16$
	$3°$ $\frac{1}{1818}$	$0^m,30$ $0^m,55$ $0^m,80$
Canal de Berguado (id.).	$\frac{1}{5883}$	$0^m,17$
Canal de Pavie (id.).	$\frac{1}{3333}$	$0^m,18$ $0^m,30$ $0^m,41$
Canal de la Martesana (province de Milan).	$\frac{1}{2340}$	$0^m,40$ $0^m,47$ $0^m,58$
Canal de la Muzza (irrigation seule).	$\frac{1}{6666}$	$0^m,12$ $0^m,15$ $0^m,18$
Canaux du Crémonais (arrosage et petite navigation).	$\frac{1}{1133}$	$0^m,72$ $0^m,75$ $2^m,06$
Canaux particuliers, récemment exécutés dans les provinces de Milan, Pavie et Lodi.	$\frac{1}{3600}$ $\frac{1}{2222}$ $\frac{1}{1605}$	$0^m,277$ $0^m,450$ $0^m,625$

On voit, par la première partie du tableau qui précède, que les pentes des canaux ou rigoles d'arrosage, en pays de montagnes, n'ont en quelque sorte pas de limites. Mais du moment que la pente d'un cours d'eau dépasse $\frac{1}{333}$ ou 3 mètres par kilomètre, il faut que le surplus résulte plutôt de petites chutes, ou cascades, que d'une inclinaison continue; car bien peu de terrains sont capables de résister à l'action de l'eau coulant avec la vitesse qui y correspond, et dès lors il n'est pas de localité où l'on puisse en conseiller l'usage.

Les pentes les plus convenables pour les canaux analogues à ceux de la Provence, où l'on emploie des eaux assez troubles, paraissent devoir se tenir entre o^m,60 et o^m,90 par kilomètre.

Enfin l'on voit, dans la deuxième partie du tableau, que dans le nord de l'Italie, où les eaux sont généralement claires, et où l'on donnait anciennement aux canaux d'arrosage beaucoup d'inclinaison, on s'est arrêté à l'adoption de pentes faibles, qui sont reconnues être les plus avantageuses.

On conçoit bien, en effet, qu'outre l'avantage de ménager le plus possible ces pentes dans l'intérêt de la portion élevée des terrains arrosables, il n'est pas moins important de les ménager aussi dans l'intérêt des berges et du lit des canaux, qui sont promptement dégradés par l'effet des grandes vitesses; ce qui augmente, dans une très-forte proportion, les dépenses d'entretien et de curages, qui sont un objet majeur, pour cette sorte de canaux. Les ouvrages d'art eux-mêmes sont bien moins exposés aux affouillements et autres dégradations. Enfin, tout concourt à démontrer que, lorsque l'on n'est pas obligé de déroger à ce principe, c'est toujours à des pentes très-modérées qu'on doit donner la préférence dans les projets de canaux d'irrigation.

Erreurs dans quelques écrits. — D'après l'importance de ces considérations, on peut voir combien il serait funeste de propager, sur ce point, des notions inexactes. C'est cependant ce qui a lieu ; et en voici la preuve.

M. de Perthuis, ancien officier du génie, a publié, en 1806, un mémoire in-8° de 126 pages, intitulé : *De l'amélioration des prairies naturelles, et de leur irrigation.* Cet ouvrage ne manque pas de vues pratiques et de considérations justes. Mais, à l'article des pentes, l'auteur, après avoir dit qu'elles ne devraient être ni trop fortes ni trop faibles, ajoute, page 33, «que les plus favorables paraissent être entre 12 et 24 millimètres pour 2 mètres. Or, cela équivaut à 6 et 12 mètres par kilomètre, ou, en moyenne, à 9 mètres par kilomètre ! — et l'on voit que cette pente, triple de celle des rivières torrentielles, est encore dix fois plus forte que celle qui, dans les localités ordinaires, convient aux canaux d'irrigation, employant même des eaux troubles.

L'indication donnée par Bosc, dans l'article Irrigation, du *Nouveau cours complet d'agricul-*

ture, ouvrage justement estimé, qui fut publié pour la première fois il y a une trentaine d'années, n'est point aussi fautive ; mais néanmoins elle l'est encore beaucoup ; car, le chiffre qu'il indique est celui de 2 à 4 millimètres par mètre, ou de 2^m à 4^m par kilomètre. — Évidemment cette estimation, quoique trois fois plus faible que celle dont je viens de parler, est encore exagérée, puisque si, à la rigueur, elle peut trouver des applications dans les hautes vallées des chaînes de montagnes, l'irrigation des pays de plaines ne s'établit convenablement, sauf l'emploi des eaux troubles, qu'avec des pentes dix fois moindres.

Ces indications erronées ont été reproduites dans le petit nombre de mémoires qui ont été publiés sur l'irrigation, jusqu'à cette époque. On les retrouve notamment, d'une manière même exagérée, dans un article sur la pratique des arrosages, inséré, par M. Mathieu de Dombasle, dans le Calendrier du bon cultivateur, année 1838. Dans cet article on indique, pour les pentes convenables aux canaux de ce genre, des inclinaisons de $\frac{1}{360}$ à $\frac{1}{180}$ (2^m,77 à 5^m,54 par kilomètre), c'est-à-dire des inclinaisons de dix à vingt fois trop fortes.

Dans l'absence de bons ouvrages sur cette matière difficile, des erreurs aussi radicales, qui devaient s'accréditer d'après le nom de leurs auteurs, ne pouvaient manquer d'être funestes, comme elles l'ont été, à beaucoup de personnes qui ont essayé d'opérer sur ces données. Ces erreurs étaient donc de nature à faire un véritable tort à l'art des irrigations.

Résumé. — Pour tenir compte des nombreuses distinctions qui doivent faire varier les pentes des canaux, tout en les maintenant dans les limites convenables, qu'il est si essentiel d'observer, on pourra s'aider du tableau suivant, divisé en deux catégories, et présentant, pour chacune d'elles, des chiffres observés sur des portions de canaux, paraissant être, sous ce rapport, dans les meilleures conditions.

CANAUX D'ARROSAGE.		CANAUX D'ARROSAGE ET DE NAVIGATION.	
PENTES		PENTES	
par unité.	par kilom.	par unité.	par kilom.
$\frac{1}{1666}$	0^m,600	$\frac{1}{3333}$	0^m,300
$\frac{1}{1800}$	0^m,550	$\frac{1}{3600}$	0^m,277
$\frac{1}{2000}$	0^m,500	$\frac{1}{4000}$	0^m,250
$\frac{1}{2400}$	0^m,458	$\frac{1}{4545}$	0^m,220
$\frac{1}{2500}$	0^m,400	$\frac{1}{5000}$	0^m,200
$\frac{1}{3000}$	0^m,333	$\frac{1}{5555}$	0^m,180
$\frac{1}{3333}$	0^m,300	$\frac{1}{6000}$	0^m,166
$\frac{1}{3600}$	0^m,277	$\frac{1}{6666}$	0^m,130

Les pentes de o^m,277, de o^m,300, et même de o^m,333 par kilomètre, sont à la fois les pentes faibles des canaux d'arrosage, et les pentes fortes des canaux d'arrosage et de navigation, placés dans des circonstances ordinaires. Si le mouvement des bateaux avait lieu principalement vers l'amont, les seules pentes que l'on devrait admettre sont celles qui, à partir des derniers chiffres du deuxième tableau, iraient, au plus, jusqu'à o^m,25 inclusivement. Si, au contraire, la navigation était surtout descendante, on pourrait admettre, sans aucune réduction, les pentes moyennes de o^m,40 à o^m,45, les plus convenables aux canaux d'irrigation à eaux claires, et même les pentes de o^m,55 à 60, qui leur conviennent seules quand on emploie des eaux médiocrement troubles.

Pentes des autres canaux. — Les observations qui précèdent s'appliquent aux canaux d'irrigation proprement dits. Mais lorsqu'il s'agit des colateurs, fuyants, ou déchargeoirs, on leur donne, comme je l'ai dit, des pentes très-prononcées, jusqu'à concurrence toutefois de celles qui amèneraient la corrosion du terrain.

Quant aux canaux de colmatage, la condition de n'avoir que de très-fortes inclinaisons, leur est des plus indispensables, car ils sont destinés à conduire des eaux, fortement chargées de matières terreuses, dans les lieux où l'on veut en faire opérer le dépôt, au moyen d'un système d'ouvrages convenablement disposés. On conçoit donc que c'est seulement à la faveur d'une vitesse considérable et soutenue que l'on pourra éviter que les dépôts n'aient lieu dans le lit même du canal. De cette manière le colmatage se ferait par anticipation et d'une manière très-nuisible ; car, tandis que le lit s'encombrerait, les terrains bas ou marécageux, destinés à être exhaussés, ne recevraient que des eaux en partie dépouillées de ce qui faisait ici leur qualité et leur richesse. De sorte que les avantages à attendre de l'entreprise seraient doublement diminués.

Lorsqu'on aura plus d'expérience de l'opération du colmatage, on pourra établir des relations constantes entre la quantité de limon, ou de matières terreuses, contenues dans l'eau, destinée à cet usage, et la pente qu'il convient de donner aux canaux qui doivent la conduire. La Robine de Narbonne, qui est un canal de cette espèce, ayant une certaine importance, ne pourrait être prise pour règle, parce qu'il s'y produit beaucoup de dépôts, notamment aux abords des écluses. Mais aussi on conçoit difficilement l'association, dans un même canal, de la navigation et du colmatage, qui exigent, quant aux pentes, des conditions si différentes. La rivière d'Aude, qui alimente cette robine, contient parfois jusqu'à un quinzième de son volume de matières étrangères, et, dans de pareilles circonstances, il faudrait des pentes trois ou quatre fois plus fortes que celles du canal actuel. Il en serait de même pour les dérivations à faire sur plusieurs rivières troubles du midi de la France , telles que l'Isère , la Drôme , le Vidourle , etc. La Durance , qui ne contient en temps ordinaires qu'environ un deux-centième de matières terreuses , n'exige pas des pentes aussi considérables.

C'est dans les Maremmes de Toscane , et surtout dans le Val-de-Chiana , qu'il faut étudier les procédés les plus convenables pour arriver aux grands résultats que peut donner le colmatage. En présence de ces résultats, on est bientôt convaincu que de toutes les opérations basées sur un emploi intelligent des eaux , celle-là est une des plus fécondes ; attendu qu'elle offre, dans un assez grand nombre de localités , mal partagées sous plusieurs rapports , des ressources neuves et puissantes, pour des améliorations agricoles , à réaliser sur une grande échelle.

§ II. *Des sections.*

Importance et difficultés du choix de la section. — Si les canaux d'arrosage devaient s'établir avec une seule et même inclinaison, ou sous des pentes normales à peu près identiques, comme cela se voit sur les canaux de simple navigation , pour lesquels la pente des biefs est presque toujours à peu près nulle, alors la section convenable pour un canal d'irrigation , devant débiter un vo-

lume d'eau déterminé, s'établirait par la simple
observation de celle d'un certain nombre de canaux
analogues, placés dans de bonnes conditions, et
sur lesquels on calculerait quelle est la largeur correspondante à un certain volume, pris pour unité,
par exemple, à une once, à un hectolitre, à un
mètre cube d'eau.

Mais cela ne peut pas se faire ainsi, attendu qu'il
y a de grandes variations à admettre dans les pentes
des canaux d'arrosage; et l'on conçoit dès lors, qu'à
débit égal, la section diminue nécessairement à
mesure que la vitesse augmente. C'est pour cela
qu'on voit les simples rigoles d'arrosage des pays
de montagne, malgré leurs petites largeurs, débiter quelquefois autant d'eau qu'un canal de navigation.

On ne pourrait donc, pour l'objet dont il s'agit,
tirer utilement parti de la comparaison des canaux
existants, qu'autant que leurs pentes seraient précisément celles qui conviendraient au canal projeté.

Ne pouvant employer ce moyen, qui eût été
le plus simple, il faut, dans chaque cas, recourir à un calcul direct, au moyen des meilleures formules qui établissent la relation existante entre le
volume, la pente et la section d'une eau courante

La difficulté dont j'ai parlé ne provient pas de
ce qu'il faut manier des formules; tous les ingénieurs sont familiers avec l'emploi de cette sorte

d'instruments, mais elle résulte d'un grand nombre
de distinctions, essentielles et délicates, qu'il est indispensable de faire; à moins qu'on veuille agir
à peu près au hasard, ce qui n'est pas supposable.

Dans sa généralité, le problème est posé en ces
termes : Étant données la portée d'eau et la pente
d'un canal projeté, déterminer sa section. — Alors
la marche à suivre généralement consiste dans l'emploi de la formule d'Eytelwein, dont j'ai déjà
montré, chap. XIV, page 27, l'application à ce même
problème. Je dis, le même problème, quoique
dans le premier cas il ne fût question que de la
largeur, tandis qu'il s'agit ici de la section. Mais les
deux recherches se réduisent réellement à une seule,
qui est celle de la largeur moyenne du canal projeté. On doit entendre par là la largeur moyenne
du trapèze correspondant au périmètre mouillé.
Elle offre, sur la largeur au plafond, l'avantage de
laisser l'évaluation de la section indépendante de
l'inclinaison des talus, et de donner très-simplement cette section par son produit avec la hauteur.

Cette manière de réduire la recherche de la
section à celle de la largeur moyenne, en se donnant préalablement la hauteur, est d'autant plus
rationnelle que cette hauteur est effectivement
presque toujours fixée. Elle l'est d'abord toutes
les fois qu'il s'agit d'un canal d'arrosage et de navigation, d'après la corrélation nécessaire existant
entre ladite hauteur et le tirant d'eau des bateaux.

Enfin, sur les canaux de simple arrosage, elle se trouve aussi fixée, du moins à un minimum, d'après les conditions qu'il faut remplir pour l'établissement convenable des régulateurs.

On voit, page 24, que la formule (C), mise sous sa forme la plus simple, ne pourrait servir directement à la détermination de la section; d'abord, parce qu'elle contient la quantité u qui doit en être éliminée, et en second lieu, parce qu'elle ne donnerait, dans tous les cas, que le rapport D, dans lequel ladite section entre concurremment avec le périmètre, dont on n'a pas besoin. Il faut donc nécessairement procéder d'après la marche suivie dans le problème n° 1, pages 27 et 28, et introduire comme nouvelle donnée la hauteur h de l'eau, dans le canal projeté, en ne laissant à trouver que la largeur inconnue x.

La formule (D), qui se trouve à la page 29, étant une application, obtenue par l'introduction de coefficients numériques, n'est point celle qui sert dans le cas général. Voici l'expression de cette dernière, résultant de l'élimination, dans la formule d'Eytelwein, des valeurs

$$D = \frac{hx}{x+2h} \qquad \text{et} \qquad u = \frac{Q}{h.x}.$$

Elle devient :

$$\text{Cos. } \varphi \, hx^3 - \frac{bQ}{h^2} x^2 - \left(\frac{aQ'}{2gh^2} + \frac{16\, bQ}{h} \right) x - \frac{aQ^2}{gh} - 4\, bQ = 0.$$

Pour ne pas en compliquer l'expression, les quantités a et b y remplacent les deux coefficients numériques de la formule générale, donnée p. 24, qui valent :

$$a = 0,00717 \qquad b = 0,000024.$$

Cette équation n'étant pas d'un usage très-commode, on peut, si l'on veut, lui préférer la méthode des approximations successives, résultant de l'emploi de la formule

$$u - Q\frac{h-D}{2\,Dh} = 0$$

indiquée également à la page 29.

Mais il existe pour l'objet dont il s'agit une formule plus simple, et d'autant plus avantageuse qu'elle est basée sur soixante expériences, spécialement faites sur les principaux canaux d'arrosage du nord de l'Italie. C'est la formule de Tadini. Je l'ai trouvée dans une note de l'ouvrage du célèbre professeur Coconcelli, de Parme. Si je la reproduis avec une notation un peu différente, quant à la manière de désigner la pente, c'est pour lui conserver, le plus possible, son analogie avec celle d'Eytelwein, qui reste toujours la formule fondamentale, en ce qui touche le mouvement de l'eau dans les rivières. Voici cette nouvelle formule :

$$0,0004\,Q^2 = \cos. \varphi\, l^2\, h^3 \quad \text{ou} \quad Q = 50\,l h \sqrt{h\cos.\varphi}.$$

Cos. φ représente, comme précédemment, la pente par mètre du courant; l la largeur réduite; h la hauteur, et Q la portée d'eau. Ce qui distingue ladite formule, c'est que la section y est représentée très-simplement par le produit de ses deux dimensions, $l.h.$; cela n'est nullement inexact, puisque la section des canaux a toujours la forme d'un trapèze.

On a d'après cela :

$$S^* = lh = \frac{Q}{u} = \frac{Q}{50\sqrt{h\cos.\varphi}} \qquad \text{et} \qquad u = 50\sqrt{h\cos.\varphi}.$$

Ainsi, connaissant le volume, la pente et la hauteur d'eau d'un canal, on en déduira, d'une manière extrêmement simple, soit sa section, soit sa largeur, ou même sa vitesse moyenne, avec l'emploi de la formule de Tadini, qui est la plus avantageuse à employer dans cette recherche.

Voyons, comme première application de cette méthode, quelle serait la section, ou la largeur moyenne, d'un canal devant porter $2^{m.c.}$ par seconde, avec une pente de $0^m,40$ par kilomètre, ou de $0^m,0004$ par mètre, et une hauteur d'eau de $0^m,64$. — En désignant dans la formule précitée, la largeur cherchée par x, on aura

$$x = \frac{Q}{50\,h.\sqrt{h.\cos.\varphi}} = \frac{2}{50 \times 0,64 \times 0,8 \times 0,02}$$

d'où :

$$x = 3^m,90.$$

Soit que l'on calcule directement la section d'après l'expression

$$S = lh = \frac{Q}{50 \sqrt{h \cos \varphi}}$$

soit que l'on multiplie la largeur, ainsi obtenue par la hauteur donnée, on trouve que cette section est de $2^m,5o$.

Si, avec les mêmes données, on avait une pente plus forte, qui fût par exemple de $0^m,0009$ par mètre, la formule deviendrait :

$$S = \frac{2}{50 \times \frac{8}{10} \times \frac{3}{100}} = 1^m,66.$$

En divisant cette section par la hauteur donnée, on trouverait, pour la longueur cherchée, $x = 2^m,59$, au lieu de $3^m,90$, qui était la valeur correspondante à une pente de $0^m,0004$. Si c'était la hauteur que l'on fît varier, on trouverait avec la même facilité les valeurs correspondantes de ladite largeur. Enfin on pourrait également, quoique le cas soit moins pratique, se donner une largeur, et on trouverait, avec la même facilité, la hauteur d'eau correspondante.

Évaluation approximative des eaux perdues. — Voilà comment on trouvera, dans chaque cas particulier, les largeurs moyennes ou les sections convenables pour un canal d'arrosage dont la pente et le volume d'eau sont déterminés. Mais il est nécessaire d'entrer dans d'autres considérations. En

effet, la portée d'un canal ne consiste pas seulement dans le volume d'eau effectivement distribué
en arrosages; elle comprend encore une quantité
supplémentaire, ordinairement variable, d'un canal à un autre, et qui se compose : 1° de l'eau perdue en filtrations et enlevée par l'évaporation;
2° de celle qui se perd par les interstices des vannes
ou déchargeoirs; 3° enfin, de celle qui est consommée par l'excédant de débit des bouches non
réglées.

Il a été fait, sur les trois principaux canaux du
Milanais, des observations comparatives qui permettent d'avoir une approximation sur ce point
important.

On a procédé sur ces canaux à peu près comme
quand on veut connaître le coefficient de la contraction qui résulte de l'emploi d'un orifice; c'est-
à-dire que l'on a fait le jaugeage direct du volume
d'eau qui leur est livré à leur embouchure, et, en
comparant ce volume avec le débit légal des bouches, on en a déduit le déchet total, correspondant
aux différentes causes de déperdition sus-mention-
nées. Voici le résultat de ces expériences, qui n'ont
encore été faites que dans le Milanais. Les volumes
d'eau y sont calculés en onces de ce pays.

1° Naviglio-Grande,

Jaugeage direct. . . . . . . 1.234^{onc}
Dépense des bouches. . . . 1.075

Différence. . 159^{onc}

2° Canal de la Martesana,

Jaugeage direct. . . . . . 654 ^{onc}

Dépense des bouches. . . . 584

Différence. . 70 ^{one}

3° Canal de la Muzza,

Jaugeage direct. . . . . . 1.768 $^{onc.}$

Dépense des bouches. . . . 1.482

Différence. . 286 $^{ono.}$

Si, pour chaque cas, on divise les différences par les débits des bouches, on trouve les proportions suivantes :

Pour le Naviglio-Grande. 0,15

Pour le canal de la Martesana. . . 0,12

Pour le canal de la Muzza. . . . 0,19

Total. . . 0,46

Moyenne : 0,15.

Faire la distinction entre ces trois différentes causes des pertes d'eau, et attribuer à chacune d'elles une évaluation particulière, serait une chose presque impossible ; surtout si l'on considère que l'évaluation précédente doit se décomposer, d'un cas à un autre, d'une manière différente. Ainsi, le Naviglio-Grande, qui a maintenant plus de six siècles et demi d'existence, doit éprouver peu de filtrations, tandis qu'ayant conservé un assez grand nombre d'anciennes bouches, non réglées, les excédants de débit y sont encore considérables. Sur le canal de Pavie, au contraire, les bouches sont exactement modellées, mais les filtrations importantes.

Dans l'état actuel des choses, on doit donc s'en tenir à cette approximation, sans chercher à la détailler davantage. Il est bien entendu aussi que ce chiffre de 0,15 devra s'appliquer avec d'autant plus de confiance que l'on se trouvera dans une situation plus analogue à celle des canaux du Milanais, ouverts dans des terrains d'alluvion, reposant sur des bancs, plus ou moins épais, de gravier, sable, et galets. Dans les terres fortes et argileuses, on aura moins de filtrations; mais les autres causes de pertes pourront être plus influentes. En somme, on peut donc, jusqu'à ce qu'il ait été fait des observations plus complètes, s'en tenir à cette première approximation. En conséquence, étant donné le débit effectif des bouches d'un canal, ou la quantité d'eau qu'il devra distribuer, il conviendra de multiplier ce débit par 1,15, pour en déduire le volume total à introduire dans le canal.

Quant aux petits canaux, pour lesquels ou n'a pas fait d'observations analogues, je ne sais jusqu'à quel point il serait exact de leur appliquer ce résultat. C'est aux ingénieurs à voir, dans chaque cas particulier, le parti qu'ils jugeront convenable de prendre. Je ferai remarquer au surplus que, pour ces petits canaux, ayant par exemple une portée de 2 à

6 onces, on ne calcule pas aussi rigoureusement leur section, qu'on ne craint pas de prendre un peu forte. La règle, dans le Milanais, est d'établir leur largeur moyenne à raison de 1 pied, ou 0^m,44, par once, ce qui est bien dans ce cas; mais ce serait infiniment trop pour de grandes portées, comme celles qui ont fait l'objet des observations précédentes; car on voit que les largeurs moyennes des grandes dérivations, telles que la Muzza, le Naviglio–Grande, etc., ne correspondent qu'à 5 ou 6 centimètres par once.

La formule de Tadini, qui convient bien aux grands et aux moyens canaux, donnerait des sections ou des largeurs un peu trop fortes pour les très-petites dérivations.

Lorsqu'il ne s'agit que de canaux d'arrosage, placés dans des situations analogues et ayant à peu près les mêmes pentes, on peut, comme je l'ai fait remarquer au commencement de ce paragraphe, déduire la section convenable, pour un canal de même espèce, de la seule observation du rapport existant, sur plusieurs d'entre eux, entre l'unité de volume et l'unité de largeur correspondante.

Par exemple, sur les canaux du Piémont, alimentés par la rive gauche de la Doire, dans les provinces d'Ivrée et de Verceil, on voit que celui d'Ivrée, pour 17$^{m.c.}$ de portée d'eau, a, à son origine, une largeur moyenne de 8^m,40; ci, pour chaque mètre cube d'eau. . . . . . $2^m,02$

Celui de Cigliano, avec des pentes à peu près égales, a $16^{m. c.}$ de portée et 8^m de largeur ; ci , par mètre cube. . . . . $2^m,00$

Enfin, celui Del Rotto , pour $15^{m. c.}$ de portée, a $7^m,40$ de largeur; ci. . . . . $2^m,02$

On peut donc conclure de là que , pour les canaux susdits , ayant des pentes moyennes d'environ $0^m,80$, chaque mètre cube de portée correspond à 2 mètres de largeur de la section ; ce qui donne une règle bien simple pour la construction de canaux semblables. Mais du moment que la pente augmente, ce rapport devient moindre. Ainsi, nous voyons que, dans la même contrée, il n'est plus que de $1^m,90$, sur le canal de la Camera, et de $1^m,80$ sur celui de Caluso, dont les pentes sont encore plus fortes.

S'il s'agissait de pentes inférieures à celles des canaux de la Doire, alors on aurait, par la même raison, plus de 2 mètres de largeur moyenne pour chaque mètre cube de volume d'eau.

Plantes aquatiques. — Enfin, cette correction importante étant effectuée, il reste encore à opérer, sur le chiffre que l'on obtient, une autre augmentation, motivée par la nécessité de maintenir à la dérivation sa portée normale, malgré la croissance des plantes aquatiques, qui, dans les régions dont le climat est le plus favorable aux arrosages, végètent avec une rapidité désespérante.

Malgré l'obligation où l'on est de les faucher deux fois par été, il arrive toujours qu'aux approches des chômages, vers le terme de leur croissance, ces herbages occupent une portion notable de la section des canaux, ou plutôt qu'ils en ralentissent le débit, moins encore par leur volume réel, que par la gêne occasionnée au mouvement de l'eau, dans laquelle ils flottent en longs festons.

Cette diminution de section varie, à son maximum, sur les canaux de la Lombardie, entre le quart et le vingtième de la section réelle. C'est là un inconvénient majeur; car un égal volume d'eau étant généralement livré aux canaux d'arrosage bien organisés, ils subissent alors un exhaussement de niveau, qui peut avoir les plus fâcheuses conséquences. En effet, si les bouches n'étaient pas toutes rigoureusement pourvues de régulateurs, et, de plus, exactement surveillées, elles fonctionneraient alors sous un excédant de pression; ce qui augmenterait irrégulièrement leur dépense, et dérangerait toutes les prévisions que l'on aurait basées sur un débit normal. De sorte que, si le canal devait servir à l'arrosage et à la navigation, les bateaux s'y trouveraient fréquemment à sec, comme cela avait lieu sur le canal de Berguardo, avant que l'on eût pris les mesures nécessaires pour parer à cet inconvénient, qui s'y est fait vivement sentir.

Quant à indiquer une moyenne pour l'augmentation qu'il convient d'assigner à la section ou à la largeur d'un canal, en vue de la croissance des plantes aquatiques, on ne le peut guère, attendu que cet effet est très-variable, et qu'il dépend du climat, de la nature du sol et de celle des eaux, de leur vitesse, et d'autres circonstances encore.

Dans les localités où certains canaux sont envahis rapidement par ces plantes nuisibles, on en voit d'autres qui en sont presque entièrement exempts. On est donc obligé, à cet égard, de se guider par analógie, et d'après de simples probabilités, basées sur la nature du terrain et sur celle des eaux.

Pour montrer l'utilité de ces considérations, je vais en faire l'application, en vérifiant, d'après la marche qui vient d'être tracée, la largeur connue d'un des canaux du nord de l'Italie; du canal d'Ivrée. par exemple.

Son volume d'eau total, mesuré à son origine, a été trouvé de 50 roues de Piémont, qui correspondent à $17^{m.c.},10$. Il s'obtiendrait également, d'après la méthode indiquée ci-dessus, en opérant comme il suit :

Débit des bouches. . . . . . . $14^{m.c.},50$

Eaux perdues, ou déchet total, équivalant à peu près à 1,15 de ce débit. 2   60
                                        ―――――――――
Total pareil. . . $17^{m.c.},10$

Pour avoir la largeur, les données à introduire dans la formule de Tadini sont les suivantes :

$$Q = 17^m,10 \qquad h = 1^m,30 \qquad \text{et } \cos. \varphi = 0^m,0008$$

on a alors, d'après la table donnée plus loin :

$$\sqrt{h} = 1.14 \qquad h\sqrt{h} = 1.482 \qquad \text{et} \cos. \varphi = 0,283.$$

De là résulte, pour la valeur de x, exprimant la largeur moyenne :

$$x = \frac{17.1}{50 \times 1.482 \times 0,0283} \quad \text{ou } x = 8^m,15$$

ce qui est bien exactement la largeur moyenne du canal d'Ivrée, à sa partie supérieure; c'est-à-dire avant le point où cette largeur commence à décroître, par suite de la diminution du volume d'eau.

On peut voir, au moyen de cette formule, quelle est l'influence des variations de la hauteur sur celle de la largeur. Ainsi, dans l'hypothèse d'une hauteur d'eau de $1^m,40$, et avec la même pente de $0^m,80$, on trouverait $x = 6^m,53$. Dans l'hypothèse de $h = 1^m,60$, on aurait $x = 5^m,34$. Enfin, pour $h = 1^m,20$, on aurait $x = 9^m,70$, et pour $h = 1^m$, $x = 12^m$, etc.

On voit d'après cela que, pour une même section, proprement dite, on a toujours le choix de faire varier, comme il convient, ses dimensions. On doit se régler, pour cela, sur les convenances

locales. En augmentant trop la largeur on occupe
plus de terrain, et la hauteur d'eau étant alors
diminuée, pourrait se trouver au-dessous du minimum de $0^m,90$ à 1 mètre, que réclame l'établissement des régulateurs. En donnant à l'eau trop de
profondeur, elle tend davantage à dégrader le fond
et les berges. On s'en tient donc, dans le plus grand
nombre des cas, à une sorte de profil normal, dans
lequel la largeur moyenne varie entre une fois et
demie et deux fois la profondeur.

Sources éventuelles. — Enfin, ces diverser cor-
rections opérées, pour arriver à la connaissance de
la section réelle d'un canal d'arrosage, il reste encore à tenir compte d'une dernière considération,
qui est celle des sources que l'on a la chance de
découvrir, soit dans le cours même de l'exécution
des travaux, soit à proximité, si l'on en fait la
recherche. On verra, par les détails donnés dans
le chapitre XXV, que, dans le nord de l'Italie,
ces sources éventuelles sont d'une très-grande importance, et peuvent modifier d'une manière
notable, soit le volume de l'eau que l'on se pro-
posait de dériver des canaux principaux, soit la
section, qu'on aurait d'abord calculée pour ce seul
volume.

Mais, sur ce dernier article, plus encore que sur
les précédents, les données que l'on peut avoir sont
entièrement conjecturales ; et ce que l'on doit faire
de mieux, c'est de rechercher ce qui a eu lieu dans

des circonstances analogues à celle où l'on opère ;
car il y a des localités où l'on n'a aucune chance
de découvrir des sources, comme il y en a d'autres
où l'on est à peu près assuré d'en rencontrer en creusant. Je ne puis donc que renvoyer, sur ce point,
au chapitre spécial que je viens de citer.

Largeurs décroissantes. — Les calculs et les
indications qui précèdent portent sur la mesure de
la section, ou de la largeur des canaux, prise à leur
origine, ou en amont des premières bouches de
distribution. On conçoit bien que, si l'eau n'est
introduite dans les canaux de cette espèce que pour
y être distribuée, de proche en proche, sur les
terres riveraines, ce serait en pure perte qu'on y
maintiendrait une largeur constante, tandis que le
volume contenu diminuerait graduellement. Il est
donc de règle qu'on fasse toujours décroître cette
largeur, en raison de la diminution de l'eau, restant
dans la dérivation. On a vu, dans le tome Ier, page
251, qu'au canal d'Ivrée, ayant une longueur d'un
peu plus de 72 kilomètres, les largeurs successives
sont : 1° de 8^m,40 sur environ 33 kilomètres ; ensuite de 7^m,50 sur 27 kilom.; ensuite de 5^m,40 sur
12 kilom. 1/2. On voit également, dans le tome Ier,
page 225, que dans le projet de rétablissement du
canal de Pierrelatte, dérivé de la rive gauche du
Rhône, département de la Drôme, les largeurs
doivent être : de 8 mètres, depuis la prise d'eau
jusqu'à Douzère ; de 7 mètres, de là à Pierrelatte,

et décroître ainsi successivement jusqu'auprès de Montdragon.

Ce décroissement n'a pour ainsi dire pas de limites ; ou plutôt la largeur à l'extrémité d'un canal d'arrosage pourrait être réglée rigoureusement sur le débit des dernières bouches à desservir ; puisque, au moyen d'un simple barrage-déversoir, on peut faire, à volonté, passer dans ces bouches la totalité du volume d'eau dérivé. Mais l'inspection du plus grand nombre de canaux de ce genre prouve que l'on n'a pas calculé aussi juste, ou que toutes les eaux disponibles ne sont pas encore utilisées ; car la plupart d'entre eux versent un résidu assez considérable, soit aux cours d'eau naturels, soit aux canaux inférieurs dans lesquels ils ont leur débouché.

Section des canaux d'arrosage et de navigation. — Pour cette espèce de canaux, la section ne se détermine plus, généralement, de même que pour ceux qui ne doivent servir qu'au seul usage de l'irrigation. Mais il y a encore à faire ici d'importantes distinctions. Supposons, par exemple, que le canal dont il s'agit doive aboutir définitivement, comme font le Naviglio-Grande et celui de la Martesana, à une darse, on bassin fermé par un barrage, et dans lequel toutes les eaux dépensées par la navigation, sur les biefs supérieurs, trouvent à être distribuées pour les arrosages ou pour les usines. Alors la portée d'eau, basée sur la dépense qui en

sera faite pour ces derniers usages, n'a pas besoin
d'être modifiée, par la circonstance que la navigation en profitera aussi. Car, dès lors que la largeur et la hauteur d'eau du canal se maintien-
dront toujours au-dessus d'un minimum voulu,
l'adoption de pentes modérées et celle d'un nombre
convenable d'écluses à pertuis, seront les seules conditions à remplir, en ce qui touche le service des
transports. Et l'on procédera, quant au calcul du
volume d'eau et à celui de la section, comme on le
ferait pour un canal de simple arrosage.

Voici l'application de ces considérations, au canal
de la Martesana, qui se trouve dans ce cas. On a
$Q = 25^m,70$ et $Q \times (1,15) = 29^m,75$; cos. $\varphi = 0,0005$;
$\sqrt{} $ cos. $\varphi = 2,03$; $h = 1^m,60$; $\sqrt{h} = 1,27$; $h\sqrt{h} =$
$2,03$; d'où l'on déduit, avec la formule ordinaire,

$$x = 13^m,08$$

ce qui est bien la largeur moyenne du canal susdit.

Dans le cas, au contraire, où un canal d'arrosage et de navigation n'aboutit point ainsi à un port
ou bassin, fermé par un barrage; mais où, faisant
partie d'une ligne navigable plus ou moins étendue,
son débouché a lieu dans une rivière ou dans un
canal inférieur, il arrive presque toujours que l'on
continue de dépenser des éclusées, pour le passage
des bateaux, montants et descendants, au delà de
la limite inférieure des irrigations. Dès lors c'est là
un élément de plus, dans le calcul du débit total de

la dérivation dont il s'agit ; et ce débit spécial devra se calculer d'après l'activité présumée du mouvement des bateaux, comme cela se pratique pour les canaux simplement navigables. La section s'établit en conséquence.

Tel est le cas du canal de Pavie, et dans ses derniers projets on avait bien eu égard à ces diverses circonstances. Si donc il éprouve, au préjudice de l'arrosage, une insuffisance de section qui exclut en été environ 1/14° de sa portée d'eau, ce résultat fâcheux n'est dû qu'à la croissance trop rapide des plantes aquatiques, dont il aurait fallu qu'on pût tenir compte à l'avance.

Section des colateurs. — Les colateurs sont placés dans des conditions diamétralement opposées à celles où se trouvent les canaux d'irrigation proprement dits. Dès lors, les règles qui président, soit à leur tracé, soit au choix de leur section, ne peuvent être les mêmes. Les fossés et canaux de cette dernière espèce reçoivent l'égouttement des terres mouillées par l'arrosage, comme les ruisseaux naturels reçoivent celui des terrains mouillés par la pluie. Leur largeur doit donc aller en croissant à mesure que leur longueur augmente ; et lorsqu'ils viennent déboucher dans les cours d'eau inférieurs, ils ne différent en rien de leurs affluents naturels.

En un mot, l'écoulement s'opère ici tout à fait à l'état normal ; c'est-à-dire que, dans l'ensemble des

ramifications que présente un système de colateurs, aboutissant à un cours d'eau principal, la
circulation s'opère, des rameaux vers le tronc,
comme dans la nature.

Au contraire, dans un système d'arrosage, tout
est inverse, puisque la circulation se fait du tronc
vers les extrémités, et que, si l'on pouvait s'exprimer ainsi, les canaux d'irrigation seraient appelés,
avec raison les effluents du cours d'eau dont ils
dérivent. Dans l'ensemble des mouvements de terrain que réclame l'établissement d'un système d'arrosage, ces derniers canaux sont placés sur des faites, tandis que les colateurs occupent nécessairement les thalwegs. En un mot, dans leur situation
respective, tout est opposé; de telle sorte que si
l'on renversait le relief de la superficie d'un terrain,
disposé comme il vient d'être dit, les colateurs de-
viendraient les canaux et rigoles d'arrosages, et *vice
versâ.*

De cette situation naturelle des colateurs de différents ordres, il résulte un fait important, pour la
détermination de leur section; c'est qu'on doit la
calculer de manière qu'ils reçoivent non-seulement
l'égouttement des irrigations de la contrée, mais
encore le produit des eaux pluviales d'une région
quelquefois plus étendue encore. On pourrait objecter qu'en temps de pluie on n'arrose pas; mais
cela est indifférent, puisque si les eaux livrées au
canal principal, ne trouvent pas leur débouché ac-

coutumé dans les canaux secondaires et les rigoles,
il faut bien qu'on le leur procure par les fuyants
ou déchargeoirs, qui aboutissent toujours dans les
colateurs.

Observations diverses sur les sections. — Les
méthodes précédentes ne s'appliquent pas en
bloc à toute la ligne d'un canal projeté. Il arrive
presque toujours, au contraire, que soit pour les
convenances du tracé, soit pour d'autres motifs, on
trouve de l'avantage à faire varier les pentes entre
certaines limites, et conséquemment aussi les sections ; afin de conserver l'uniformité désirable dans
le débit des eaux. Il y a, à cela, un avantage assez
grand, qui est de pouvoir proportionner ces pentes
à la résistance, ordinairement variable, des terrains à traverser. S'il arrive, par exemple, que le
canal projeté se trouve avoir une certaine partie de
son trajet ouvert dans un déblai de rocher, on ne
manque jamais de profiter de cette circonstance
pour lui donner, en cet endroit, le maximum de
pente et le minimum de section, attendu que celle-
ci devient beaucoup moins coûteuse à établir, et
cet excédant de pente se trouve racheté par une
diminution équivalente, à la traversée des terrains
les moins résistants. La pente des aqueducs, ponts-
aqueducs et siphons doit aussi se régler d'après
cette même considération, puisque le cube des maçonneries diminue ordinairement dans un rapport
considérable avec la diminution du débouché, et

que l'augmentation de vitesse de l'eau y est au contraire sans inconvénient.

Dès que l'eau est mise en mouvement dans un canal nouvellement ouvert, les sections qui y ont été établies, en rapport avec telle ou telle nature du sol, tendent toujours à se modifier, plus ou moins, par le régime, et par la nature, de l'eau qui y coule. Avec des eaux claires et beaucoup de vitesse, le lit se dégrade, et cet effet se manifeste principalement sur les parties les moins résistantes; avec des eaux troubles et peu de vitesse, on n'aurait à attendre que des dépôts, et peu ou point de corrosions. L'un et l'autre de ces inconvénients sont à éviter. Le premier serait encore le plus grave en ce que l'enlèvement continuel des matières provenant des dégradations du lit tendrait à l'élargir indéfiniment; ce qui pourrait finir par modifier d'une manière notable les conditions de son établissement, relativement aux propriétés riveraines.

C'est dans ce cas surtout qu'il est très-important de conserver, de distance en distance, la section normale de la dérivation, au moyen d'un certain nombre de profils en maçonnerie, plus ou moins rapprochés, et qui étant à l'abri des corrosions, servent à rétablir cette section dans les parties où, lors des curages, on aurait souvent de la peine à en reconnaître les dimensions primitives. Dans les canaux qui ont peu de hauteur d'eau, relativement à leur largeur, ce sont les berges qui se dégradent; dans le cas in-

verse, c'est principalement le fond. On peut avoir
égard à cette circonstance dans la manière de
placer les revêtements partiels dont je parlerai au chapitre XXIV, et dont il n'a été question ici que comme moyen conservateur de la
section.

Les considérations contenues dans ce chapitre,
relativement au choix des pentes et des sections,
sont à la fois ce qu'il y a de plus important,
de plus spécial, et de plus difficile, dans l'art d'établir les canaux d'arrosage. J'ai donc dû traiter cet
objet fondamental avec les details qu'il réclamait. Le
choix le plus convenable du système de pentes, et
celui des sections correspondantes, demande beaucoup de tâtonnements, de comparaisons, et d'é-
preuves successives. L'extraction des racines carrées, que comporte la formule indiquée pour cet
usage, exigeant des calculs un peu longs, je donne
ici, dans le but d'épargner le temps des ingénieurs,
une table des valeurs successives des quantités h,
$\sqrt{h}$, et $h\sqrt{h}$, depuis 1 jusqu'à 200, ce qui comprend tous les cas usuels pour les hauteurs d'eau des
canaux qui atteignent bien rarement $2^m,00$. Quant
aux fractions décimales, on observera qu'on ne
peut chercher des carrés que parmi celles qui ont
un nombre pair de chiffres après la virgule, et
c'est surtout ce qui rend utile l'emploi de la
table suivante, dans les limites où elle est présentée.

Par exemple, si l'on a $h = 1^m,40$, on observera que $h = \frac{140}{100}$; que $\sqrt{h} = \sqrt{\frac{140}{10}}$; et que $h\sqrt{h} = \frac{140.\sqrt{140}}{1000}$. Dès lors on trouvera immédiatement, sans aucun calcul, à l'aide de la table suivante, $\sqrt{h} = 1,1832$, et $h\sqrt{h} = 1,6565$.

Ladite table servira aussi à trouver, pour le même usage, la valeur de $\sqrt{\cos.\varphi}$, qui entre également dans l'expression de la largeur moyenne des canaux, dont on a préalablement fixé la portée d'eau et la pente. La valeur de cos. φ ne peut guère varier qu'entre les limites suivantes :

$$\text{Cos. } \varphi = 0,0002 \quad \text{et} \quad \cos. \varphi = 0,0016.$$

Enfin cette même table aura encore une autre utilité pour les études relatives à la mesure et à la distribution des eaux, puisque le produit $h\sqrt{h}$, qu'elle donne sans calcul, entre aussi, avec l'emploi de coefficients variables, dans l'expression de la dépense théorique, qui a lieu, soit par un orifice, soit par un déversoir.

Voici cette table ; elle n'est qu'un abrégé de celle qui a été calculée par De Regi.

h	$\sqrt{h}$	$h.\sqrt{h}$	h	$\sqrt{h}$	$h.\sqrt{h}$
1	1,00000	1,00000	51	7,14143	364,21293
2	1,41421	2,82842	52	7,21110	374,97720
3	1,73205	5,19615	53	7,28011	385,84583
4	2,00000	8,00000	54	7,34847	396,81738
5	2,23607	11,18035	55	7,41620	407,89100
6	2,44949	14,69694	56	7,48331	419,06536
7	2,64575	18,52025	57	7,54983	430,34031
8	2,82843	22,62744	58	7,61577	441,71466
9	3,00000	27,00000	59	7,68114	453,18726
10	3,16228	31,62280	60	7,74597	464,75820
11	3,31662	36,48282	61	7,81025	476,42525
12	3,46410	41,56920	62	7,87401	488,18862
13	3,60555	46,87215	63	7,93725	500,04675
14	3,74166	52,38324	64	8,00000	512,00000
15	3,87298	58,09470	65	8,06226	524,04690
16	4,00000	64,00000	66	8,12404	536,18664
17	4,12310	70,09270	67	8,18535	548,41845
18	4,24264	76,36752	68	8,24621	560,74228
19	4,35890	82,81910	69	8,30662	573,15678
20	4,47213	89,44260	70	8,36660	585,66200
21	4,58257	96,23397	71	8,42615	598,25665
22	4,69041	103,18902	72	8,48528	610,94016
23	4,79583	110,30409	73	8,54400	623,71200
24	4,89898	117,57552	74	8,60232	636,57168
25	5,00000	125,00000	75	8,66025	649,51875
26	5,09902	132,57452	76	8,71780	662,55280
27	5,19615	140,29605	77	8,77496	675,67192
28	5,29150	148,16200	78	8,83176	688,87728
29	5,38516	156,16974	79	8,88819	702,16701
30	5,47722	164,31660	80	8,94427	715,54160
31	5,56776	172,60056	81	9,00000	729,00000
32	5,65685	181,01920	82	9,05538	742,54116
33	5,74456	189,57048	83	9,11043	756,16569
34	5,83095	198,25230	84	9,16515	769,87260
35	5,91603	207,06280	85	9,21954	783,66090
36	6,00000	216,00000	86	9,27362	797,53132
37	6,08276	225,06212	87	9,32738	811,48206
38	6,16441	234,24758	88	9,38683	825,51304
39	6,24500	243,55500	89	9,43398	839,62422
40	6,32455	252,98200	90	9,48683	853,81470
41	6,40312	262,52792	91	9,53939	868,08449
42	6,48074	272,19108	92	9,59166	882,43272
43	6,55744	281,96992	93	9,64365	896,85945
44	6,63325	291,86300	94	9,69536	911,36384
45	6,70820	301,80900	95	9,74679	925,94505
46	6,78233	311,98718	96	9,79796	940,60416
47	6,85565	322,21555	97	9,84886	955,33942
48	6,92820	332,55360	98	9,89949	970,15002
49	7,00000	343,00000	99	9,94987	985,03713
50	7,07107	353,55350	100	10,00000	1000,00000

h	$\sqrt{h}$	$h.\sqrt{h}$	h	$\sqrt{h}$	$h.\sqrt{h}$
101	10,04987	1015,03687	151	12,28820	1855,51820
102	10,09950	1030,14900	152	12,32883	1873,98216
103	10,14889	1045,33567	153	12,36932	1892,50596
104	10,19804	1060,59616	154	12,40967	1911,08918
105	10,24695	1075,92975	155	12,44990	1929,73450
106	10,29563	1091,33678	156	12,49000	1948,44000
107	10,34408	1106,81656	157	12,52996	1967,20372
108	10,39230	1122,36840	158	12,56980	1986,02840
109	10,44031	1137,99379	159	12,60952	2004,91368
110	10,48809	1153,68990	160	12,64911	2023,85760
111	10,53565	1169,45715	161	12,68858	2042,86138
112	10,58300	1185,29600	162	12,72792	2061,92304
113	10,63014	1201,20582	163	12,76714	2081,04382
114	10,67708	1217,18712	164	12,80625	2100,22500
115	10,72380	1233,23700	165	12,84523	2119,46295
116	10,77033	1249,35828	166	12,88410	2138,76060
117	10,81665	1265,54805	167	12,92285	2158,11595
118	10,86278	1281,80804	168	12,96148	2177,52864
119	10,90871	1298,13649	169	13,00000	2197,00000
120	10,95445	1314,53400	170	13,03840	2216,52800
121	11,00000	1331,00000	171	13,07670	2236,11570
122	11,04536	1347,53392	172	13,11488	2255,75936
123	11,09054	1364,13642	173	13,15295	2275,46035
124	11,13553	1380,80572	174	13,19090	2295,21660
125	11,18034	1397,54250	175	13,22876	2315,03300
126	11,22497	1414,34622	176	13,26650	2334,90400
127	11,26943	1431,21761	177	13,30413	2354,83101
128	11,31371	1448,15488	178	13,34166	2374,81548
129	11,35782	1465,15878	179	13,37909	2394,85711
130	11,40175	1482,22750	180	13,41641	2414,95380
131	11,44552	1499,36312	181	13,45362	2435,10522
132	11,48912	1516,56384	182	13,49074	2455,31468
133	11,53256	1533,83048	183	13,52775	2475,57825
134	11,57584	1551,16256	184	13,56466	2495,89744
135	11,61895	1568,55825	185	13,60147	2516,27195
136	11,66190	1586,01840	186	13,63818	2536,70148
137	11,70470	1603,54390	187	13,67479	2557,18573
138	11,74734	1621,13292	188	13,71131	2577,72628
139	11,78983	1638,78637	189	13,74773	2598,32097
140	11,83216	1656,50240	190	13,78405	2618,96950
141	11,87434	1674,28194	191	13,82027	2639,67157
142	11,91637	1692,12454	192	13,85641	2660,43072
143	11,95826	1710,03118	193	13,89244	2681,24092
144	12,00000	1728,00000	194	13,92839	2702,10766
145	12,04159	1746,03055	195	13,96424	2723,02680
146	12,08305	1764,12530	196	14,00000	2744,00000
147	12,12435	1782,27945	197	14,03567	2765,02699
148	12,16552	1800,49696	198	14,07125	2786,10750
149	12,20655	1818,77595	199	14,10673	2807,23927
150	12,24745	1837,11750	200	14,14213	2828,42600

CHAPITRE VINGT-DEUXIÈME.

TRACÉ DÉFINITIF.—PROJETS.

§ 1. *Tracé et profil du canal.*

Tracé définitif. — J'ai cherché à faire ressortir, dans le chapitre précédent, l'importance, ainsi que la difficulté, du choix des pentes et des sections, dans le projet d'un canal d'arrosage. Tout cela n'existe pas pour les canaux de simple navigation, où il n'y a pas de courant proprement dit, et où les volumes d'eau à dépenser, pour le service des bateaux, se puisent dans des biefs à niveau mort. Les seuls points où elle soit en mouvement, dans les canaux de cette espèce, se trouvent dans l'emplacement des écluses, qui sont bien garnies de murs et de radiers ; de sorte que l'on n'a à s'occuper ni des difficultés relatives à la résistance du terrain, qui met des limites à la vitesse de l'eau, ni de la détermination correspondante des sections, qui doivent varier ici, soit avec les modifications de la pente, soit d'après la diminution progressive du volume d'eau.

En raison de ces circonstances, le tracé des canaux d'arrosage est, comme je l'ai dit au commencement de ce livre, une des plus difficiles de toutes les opérations qui réclament le concours d'ingénieurs habiles et spéciaux. J'ai donc dû, dans le chapitre précité, traiter cet objet avec les détails nécessaires ; et si les bornes de cet ouvrage m'eussent permis de donner quelques développements de plus sur la matière du livre V, c'est encore là qu'ils auraient dû se placer.

Le tracé définitif d'un canal d'arrosage, comme les tracés provisoires dont il a été question plus haut, est entièrement gouverné par la détermination préalable et fondamentale des pentes qui peuvent convenir dans une localité donnée; c'est donc sur ces pentes elles-mêmes, ou plutôt sur des inclinaisons un peu plus faibles, que l'on doit baser l'opération du tracé, qui peut se faire, soit au niveau de pente, soit au niveau horizontal, pourvu que l'un et l'autre de ces instruments, parfaitement vérifiés, soient d'une rigoureuse précision.

Quant à la manière de faire ce tracé, on ne saurait indiquer de règle invariable, qui puisse convenir à toutes les localités; car suivant la déclivité naturelle et les mouvements du terrain, le mode d'opération varie nécessairement d'un lieu à un autre. Je ne puis donc que me renfermer ici dans quelques préceptes généraux, qui doivent toujours servir de guide dans les opérations de cette espèce, quelles que soient d'ailleurs les circonstances locales.

Encore bien que les opérations, tendant à l'éta-

vertes ou à grand rayon, plus elles seront convenables. On peut regarder 150 à 100 mètres comme un minimum qu'il ne faudrait pas dépasser.

Dès que l'on a ainsi bien arrêté la ligne du tracé qui doit être regardé comme définitif, on procède sur sa direction à un dernier nivellement très-exact qui donne le profil longitudinal du projet sur lequel on établit la ligne d'eau et la ligne du fond du canal. Ce tracé définitif doit être indiqué exactement sur le terrain, tant dans les parties rectilignes que dans les courbes, par des bornes solidement établies ; et de plus tous les brisements de pente doivent l'être par des repères invariables, que l'on puisse toujours retrouver, même au bout de plusieurs années, si des retards survenaient entre la rédaction du projet et l'exécution des ouvrages. Un sillon de 0^m,20 à 0^m,30 de profondeur, tracé à la charrue, indique sur le terrain l'emplacement réel de l'axe du canal, et enfin il est essentiel que deux sillons semblables, un peu moins profonds, puissent indiquer latéralement le périmètre des terrains à occuper pour l'établissement, soit du canal seul, soit du canal accompagné de ses francs bords.

Telles sont les observations qu'il était utile de faire, sur le tracé des canaux d'arrosage. Si celui dont on fait l'étude doit servir en outre à la navigation, on devra tenir compte, comme je l'ai fait remarquer dans le chapitre précédent, du sens dans lequel aura lieu le principal mouvement des bateaux chargés. Dans le cas général, on observera, quant à cette dernière destination, les conditions d'usage en ce qui touche le minimum de longueur des biefs et l'égalité, qu'il serait désirable d'obtenir, dans les chutes des écluses. Je ferai remarquer que ce dernier point, qui est très-essentiel pour l'économie de l'eau sur les canaux de simple navigation, est moins indispensable à remplir sur ceux de navigation et d'arrosage, attendu que, dans ce dernier cas, la présence du pertuis spécial qui accompagne chaque écluse, permet toujours de transmettre, d'un bief à un autre, tel volume d'eau que l'on juge convenable pour en égaliser la répartition.

Établissement du profil. — Je n'ai parlé, dans le chapitre précédent, de la section des canaux d'arrosage que comme capacité strictement nécessaire pour contenir le volume d'eau qu'il s'agit de conduire. Mais cette section, qui est représentée par le trapèze compris entre le plan d'eau et le fond du canal, n'est qu'une partie du profil transversal. Celui-ci comprend encore des berges, et des talus, tant pour les déblais que pour les remblais. C'est sur ce dernier point qu'il me reste à donner quelques renseignements.

La hauteur des berges, qui se mesure entre le niveau normal de l'eau et le couronnement des remblais, ou banquettes, doit être minime dans les canaux d'arrosage, surtout s'ils sont régulièrement

ÉTABLISSEMENT DES CANAUX.

alimentés. A la rigueur $0^m,15$ à $0^m,20$ suffiraient ;
mais ne serait-ce qu'à cause des exhaussements
que peut amener périodiquement la croissance des
plantes aquatiques, on est obligé d'admettre plus
de latitude; et l'on prend, dans les cas les plus favorables, à peu près le double du chiffre ci-dessus,
c'est-à-dire de 0,40 à 0,45, comme cela est indiqué dans les figures 12 et 16 de la pl. xi, représentant des profils de divers canaux particuliers de
la Lombardie. Si le canal doit être navigable ou
augmente, d'une certaine quantité, cette hauteur
de berge, à cause de l'exhaussement produit par le
volume d'eau déplacé par les bateaux, et à cause des
mouvements ondulatoires que leur circulation occasionne.

Quant aux talus, soit en déblai, soit en remblai,
leur inclinaison varie toujours suivant la nature du
terrain sur lequel on opère.

Le double but qu'il s'agit de remplir est de concilier l'économie des frais de terrassements, dans
l'exécution du canal, avec l'économie des frais ulté-
rieurs de curage, qui sont excessivement aug-
mentés quand les talus se dégradent.

Il est clair que si une portion de canal est à
ouvrir dans le rocher ou doit lui donner la section
correspondante au minimum de déblai; elle est
d'une forme rectangulaire; c'est-à-dire avec des talus nuls.

Dans les cas ordinaires, si l'on creuse dans des

terrains solides, on adopte, pour les talus en déblai,
des inclinaisons variables depuis ÷ jusqu'à 1 de
base pour 1 de hauteur. Tout dépend, en un mot,
du plus ou moins de stabilité du terrain, qui doit
se dégrader le moins possible, sous les influences
combinées de l'humidité et de la sécheresse, des
pluies, de la gelée, etc.

Quand le plafond du canal ne se trouve qu'à
une profondeur de 4 à 5 mètres au-dessous du niveau du sol, les talus en déblai se dressent toujours
en un seul plan, sous l'inclinaison convenable à la
nature du terrain, comme cela est représenté par les
profils que donnent les fig. 8....12 de la pl. x, où ces
inclinaisons ont pour base environ 0^m,75 de la
hauteur. Au delà de cette profondeur, les déblais
deviennent de véritables tranchées, et leur profil,
tout en conservant le même talus, se dispose, par
retraites successives, ou avec des banquettes, ainsi
que le représentent les fig. 13, 14, pl. x; 13, 15
et 16, pl. xi.

Quelle que soit la destination du canal, il est utile
d'établir inférieurement ces banquettes, avec une
largeur convenable, à une très-petite distance au
dessus du plan d'eau, ainsi qu'on le voit dans les
profils de la pl. xi, sauf à les reproduire dans la
partie moyenne de la tranchée (fig. 13 et 15). S'il
y a une navigation, ces banquettes inférieures sont
indispensables pour le halage; s'il n'y en a pas,
elles sont presque aussi utiles, comme franc bord,

notamment dans le temps des curages. Ce système,
qui donne à la section des canaux, dans les tranchées, la figure résultant de la superposition de
plusieurs trapèzes, a surtout l'avantage qu'on doit
le plus rechercher ici, celui de recevoir sur les
banquettes, où on les enlève facilement, les terres provenant de la dégradation des talus supérieurs; car sans cela elles tomberaient dans le
canal.

Les remblais que l'on peut avoir à former avec
des déblais de roche prennent le talus qu'on veut
leur donner, attendu que ces mêmes remblais
approchent plus ou moins d'une maçonnerie gros-
sière; on peut donc dresser leurs talus sous des inclinaisons inférieures à 45°, ce qui n'est pas possible avec toute autre nature de terrain. Pour
les terres ordinaires, on est presque toujours au
delà de ce chiffre; et si, pour économiser l'espace, on juge convenable d'adopter moins de $1\frac{1}{2}$,
on ne peut guère rester au-dessous de $1\frac{1}{3}$.

Les grands remblais sont assez communs sur les
canaux d'arrosage; et j'en ai dit les raisons. On leur
donne ordinairement pour profil un seul trapèze
(fig. 14, pl. xi). La disposition par retraites (fig. 12)
a été quelquefois adoptée, mais on ne s'y est pas
arrêté, et l'on conçoit bien qu'elle n'a plus la même
utilité que dans les tranchées.

Le cas où il y aurait, au pied du talus extérieur,
un contre-fossé habituellement plein d'eau, est

donc à peu près le seul dans lequel on puisse re-
commander cette disposition.

§ II. *Rédaction des projets.*

Les avant-projets que l'on dresse, en premier
lieu, soit pour se rendre compte de la possibilité
des entreprises d'irrigation, soit pour soumettre
ces mêmes entreprises aux enquêtes d'usage et
à la sanction de l'autorité supérieure, sont ordinairement composés : 1° d'un mémoire explicatif
du projet ; 2° d'un tableau général de tous les ouvrages à exécuter; 3° de plans d'ensemble ou de
cartes indicatives du tracé général, dans une ou
plusieurs suppositions ; 4° d'un ou plusieurs profils
en long, accompagnés d'un nombre suffisant de
profils en travers, correspondant aux diverses directions proposées; 5° d'une estimation des dépenses ; 6° des documents particuliers que l'on jugerait
utile de joindre aux pièces précédentes.

Les projets définitifs demandent à être rédigés
avec beaucoup de soin et avec tous les détails nécessaires. J'ai eu sous les yeux, soit en France, soit
en Italie, beaucoup de projets de cette espèce, et
j'ai remarqué qu'ils manquaient surtout d'uniformi-
mité. Tantôt, pour des ouvrages d'intérêt minime,
ils étaient présentés avec une étendue et des développements trop considérables. Dans d'autres cas,
pour des travaux d'intérêt majeur, entraînant de

grandes dépenses, on se bornait à des appréciations non détaillées, telles qu'elles pourraient, tout
au plus, convenir pour un avant-projet.

Cependant, soit comme garantie de la bonne
exécution des ouvrages, soit pour faciliter l'examen
des nombreux projets qui sont soumis journellement
à la sanction du ministère des travaux publics,
il est utile que ces projets soient tous rattachés à un
modèle uniforme. Celui qui est adopté en France,
pour les travaux dépendant de l'administration des
ponts et chaussées, est tout à fait convenable; on ne
peut mieux faire que d'en suivre les dispositions.
Une des principales de celles qui ont été l'objet de
cette mesure, dont le besoin s'est fait longtemps
sentir, a été de séparer entièrement les unes des
autres les pièces ayant un objet différent.

Ainsi tout projet, régulièrement présenté, doit
contenir d'une manière distincte : 1° un rapport ou
mémoire explicatif; 2° un plan terrier ou parcellaire,
avec un tableau indicatif des superficies de terrain
à occuper; 3° le devis et le cahier des charges; 4° l'a-
vant-métré des travaux ; 5° l'analyse des prix ; 6° le
détail estimatif desdits travaux. Plus tout le travail
graphique spécialement relatif à l'exécution des
ouvrages, et comprenant : 7° une carte topographique, ou plan général qui doit s'étendre à toute
la région arrosable des territoires qui sont compris
dans le projet; 8° le plan particulier du tracé de
l'axe du canal, avec l'indication des alignements

droits ou courbes et de leurs repères; 9° le profil longitudinal présentant le système complet des pentes, avec leurs repères et leurs longueurs, tant partielles que cumulées, ainsi que la coupe exacte des surfaces en déblai et en remblai ; 10° l'ensemble des profils en travers; 11° les dessins d'ouvrages d'art, avec plans, coupes et élévations ; 12° enfin le résultat des observations particulières que l'on aurait jugé utile de faire sur le régime particulier et notamment sur les étiages, de la rivière, dans laquelle s'alimente le canal projeté ; ou bien des variantes que l'on pourrait être dans le cas d'admettre, soit dans le tracé de certaines parties du canal, soit dans la disposition de ses ouvrages d'art. Ce dernier document est ordinairement supprimé après l'approbation définitive.

Tel est l'ensemble des pièces qui doivent composer le projet complet d'un canal d'arrosage. Je dirai sommairement quelques mots sur chacune d'elles.

Le rapport à l'appui du projet n'est qu'un résumé succinct des principales dispositions qui y sont adoptées. Il doit porter principalement sur celles de ces dispositions qui sortiraient plus ou moins des règles ordinaires, aller au devant des objections, et justifier toutes les dispositions adoptées. On y discute les avantages et les inconvénients de l'entreprise ; on y établit l'emploi utile du volume d'eau dont on dispose, relativement à la superficie du terrain qui est apte à profiter du bénéfice de l'irrigation; ne rien laisser, en un mot, de vague ou d'incomplet dans l'ensemble des dispositions qui doivent être soumises tant à la sanction de l'autorité compétente, qu'à l'appréciation des personnes intéressées à l'entreprise.

Le plan parcellaire, accompagné du tableau général des surfaces à acquérir, doit être dressé sur une échelle assez grande, pour présenter la situation et les contenances exactes de toutes les parcelles de terrain qui doivent être traversées, entamées, ou seulement endommagées, par le canal et ses dépendances; on doit donc y figurer, en rouge, non-seulement l'axe du tracé, mais la projection réelle des talus, mesurés à l'extrémité supérieure, pour les déblais, et à l'extrémité inférieure, pour les remblais. On doit aussi s'occuper des francs-bords, dont la largeur, pour un petit canal de simple irrigation, est au minimum de $0^m,60$ à $1^m,00$. Il est même d'usage d'acquérir, en sus de ce qui est strictement nécessaire pour l'établissement des talus, une petite zone de terrain de $0^m,40$ à $0^m,50$ de largeur; soit pour prévoir le cas où il est nécessaire de donner à ces talus un peu plus d'inclinaison qu'on ne le pensait, soit pour éviter, de la part des riverains, les plaintes qui seraient fondées sur le glissement ou l'éboulement des terres.

Les numéros du plan terrier sont reportés sur un tableau général, qui, pour être complet, doit con-

II.   17

tenir les dix colonnes répondant aux titres suivants :
Numéros du plan ; — noms des propriétaires sur
la matrice cadastrale ; — noms des propriétaires
actuels ; — numéros et sections de chaque parcelle
sur la matrice cadastrale ; — nature et qualité des
terrains ; — contenances totales ; — superficies occupées ; — prix de l'unité ; — sommes dues ; —
observations.

On doit faire aussi le relevé préalable des terrains qui seront seulement occupés temporairement, ou endommagés, par l'exécution des travaux,
et qui donnent lieu, dès lors, à des indemnités
différentes de celles qu'on doit payer pour l'occu-
pation définitive.

Les ingénieurs milanais présentent ordinairement, pour cet objet, deux tableaux distincts et
très-détaillés, dans lesquels les superficies à occuper, par le canal et ses dépendances, sont établies
d'après les dimensions réelles de chaque partie.
Le premier tableau a dix-huit colonnes, qui portent
les intitulés suivants : Numéros d'ordre ; — noms
des propriétaires ; — nature et qualité du fonds ; —
territoire communal ; — numéros du plan ; — profondeur du canal, — 1° à l'origine, — 2° à la fin ;
— largeur, — 1" à l'origine, — 2° à la fin ; —
superficie réduite du canal et de ses francs-bords ;
— longueur de chaque portion ; — largeur ou base
des talus, — 1° à l'origine, — 2° à la fin, — 3° réduite : — superficies occupées, — 1° par le canal

et ses francs-bords, — 2° par les talus extérieurs ;
— largeur moyenne de chaque portion de canal ;
— cube des déblais.

Le deuxième tableau, comprenant l'évaluation détaillée de chaque parcelle à occuper ou à
endommager par les travaux du canal, contient
les treize colonnes suivantes : — Numéros d'ordre ; — noms des propriétaires ; — nature et qualité du fonds ; — territoire communal ; — numéros
du plan ; — superficies occupées par le canal et ses
francs-bords, — 1° en nature de pré, — 2° en nature de champ ; — superficies occupées par les
terres en dépôt, — 1° en nature de pré, — 2° en
nature de champ ; — prix de l'unité, pour les terrains occupés par le canal et ses francs-bords ; —
dépenses à faire ; — prix de l'unité pour les superficies occupées temporairement par le dépôt des
terres ; — dépenses ; — montant total.

Ce n'est qu'à l'aide de tableaux semblables que
l'on pourra se rendre un compte bien exact de la
classe de dépenses relatives, tant aux dommages
temporaires qu'aux terrains à acquérir, soit à l'a-
miable, soit par expropriation, soit d'après un
système intermédiaire entre ces deux modes.

Le devis, comprenant le cahier des charges,
doit être divisé en six chapitres. Le premier contient la description du tracé, par ses points principaux ; l'indication des alignements, tant rectilignes que curvilignes, avec celle de leurs longueurs

respectives, de leurs repères sur le terrain, des
angles formés par les alignements adjacents, des
rayons des courbes de raccordement, etc. Il présente ordinairement plusieurs tableaux. L'un des
plus importants est celui du système complet des
pentes, dressé d'après le profil en long du projet.
Il a six colonnes, qui répondent aux titres suivants:
Désignation des pentes et de leurs repères sur le
terrain ; — comprises entre les profils; — numéros
d'ordre des ouvrages d'art; — longueur; — pente
par mètre ; — abaissement. — Le chiffre auquel on
arrive, à la fin du tableau, par la somme des
abaissements partiels ainsi calculés, doit être sensiblement le même que celui qui est fourni
immédiatement par la différence entre la cote d'arrivée et la cote de départ du nivellement général.

Ce même chapitre donne la description des profils transversaux du canal, ou des sections proprement dites; elles doivent varier, soit avec le volume
décroissant de l'eau dérivée, soit avec les pentes,
qui se modifient elles-mêmes d'après la nature du
terrain. Chacune de ces différentes sections est
l'objet d'un dessin particulier, auquel est jointe
l'indication précise des points du tracé entre lesquels elle est applicable. On indique aussi l'inclinaison des talus, soit en déblai, soit en remblai, tant
pour le canal que pour les contre-fossés, s'il doit en
avoir; les dispositions spéciales adoptées pour le
profil transversal, dans les tranchées ainsi que dans

les grands remblais; en un mot, tout ce qui concerne les terrassements.

Le chapitre II du devis général a pour but de donner la désignation exacte des ouvrages d'art faisant partie du projet. On y décrit leurs dimensions respectives et leur système de construction. Il est plusieurs de ces ouvrages, tels que les revêtements de berge, murs de soutènement, petits aqueducs, vannes et empèlements de décharge, etc., qui peuvent être compris dans un ou plusieurs tableaux, et évalués en bloc, ou au mètre courant; mais, pour les ouvrages plus importants, tels que les grands déversoirs, les ponts ou ponts-canaux, siphons, et écluses de navigation, il est d'usage d'en faire l'objet de projets séparés.

Le chapitre III est destiné à faire connaître les lieux d'extraction, la qualité, la préparation et l'emploi des matériaux. Il renferme principalement un tableau à six colonnes, portant les titres suivants : Indication des parties de canal; — numéros d'ordre des lieux d'extraction; — nature des matériaux; — indication des lieux d'extraction; — distance de ces lieux au canal; — distances réduites des transports.

Le chapitre IV s'applique au mode d'exécution des terrassements. Il règle de quelle manière sera fait le piquetage et le tracé définitif des alignements droits ou courbes; comment seront exécutés et dressés les terrassements, dans les différentes natures de terrain à fouiller ; comment seront employés les déblais et remblais, notamment en ce qui concerne les emprunts et dépôts, que l'on peut être dans la nécessité d'effectuer. Les délais exigés pour le tassement complet des remblais, avant qu'on puisse mettre l'eau dans le canal, sont une des prescriptions essentielles à insérer ici.

Le cinquième chapitre du devis détermine le mode d'exécution des ouvrages d'art, et en particulier celui de leurs fondations. Il prescrit la qualité et le choix des matériaux à y employer ; le mode d'extinction de la chaux ; le dosage et la fabrication des mortiers ; les conditions requises pour les briques, moellons et pierres de taille ; la marche à suivre dans l'exécution des maçonneries ; le détail de l'appareil des ponts, droits ou biais ; celui des siphons et écluses ; en donnant tous les détails et éclaircissements qui se rattachent à ces objets importants.

Le chapitre sixième et dernier règle les conditions générales et particulières auxquelles doit être assujetti l'entrepreneur ; le mode d'évaluation des ouvrages ; les délais de garantie pour ceux de diverses natures ; les charges d'entretien pendant ces délais ; en un mot, toutes les clauses qui forment les dispositions essentielles et spéciales du contrat passé entre le propriétaire du canal et les adjudicataires des travaux qui s'y rapportent. Dans les

États d'Italie, comme en France, les conditions générales forment un cahier à part, qui ne se reproduit pas dans les devis, dont le dernier chapitre renferme seulement les conditions particulières applicables à telle ou telle entreprise. Quelle que soit l'importance d'un canal d'irrigation, à exécuter par des particuliers, il est utile que l'entrepreneur, ou que les soumissionnaires qui s'offrent pour l'exécuter, soient liés par les mêmes conditions que les adjudicataires de travaux publics.

L'avant-métré des travaux est une pièce très-importante, qui se divise naturellement en deux sections principales, dont l'une concerne les terrassements, l'autre les ouvrages d'art. Dans la première, on établit d'abord le cube des déblais et des remblais, qui sont calculés le plus ordinairement par la méthode des sections moyennes, c'est-à-dire en multipliant la demi-somme des surfaces de déblai et de remblai de deux profils consécutifs par la distance qui les sépare, ou, ce qui revient au même, en multipliant les surfaces de déblai et de remblai d'un même profil par la demi-somme de ses distances aux deux profils entre lesquels il se trouve. Lorsqu'un profil tout en déblai se trouve précédé ou suivi d'un autre profil tout en remblai, il est nécessaire alors d'établir, d'après la règle ordinaire, le point de passage, partageant l'intervalle des deux profils, proportionnellement à leurs surfaces.

Pour les canaux, comme pour les routes, on trouve, suivant telle ou telle disposition du terrain, des méthodes abréviatives de calculer les terrassements, quand on a à le faire sur une longueur considérable.

Dans tous les cas, comme il arrive presque toujours qu'il y a plusieurs natures différentes de déblais, on doit les faire ressortir séparément, dans des colonnes distinctes, afin de pouvoir appliquer à leurs totaux partiels les prix du sous-détail correspondant.

Une des parties les plus essentielles de la première section de l'avant-métré est le paragraphe qui a pour objet le mouvement des terres; c'est-à-dire l'emploi des déblais en remblai, avec dépôt de l'excédant, ou emprunt de ce qui manque.

Dans les modèles adoptés par l'administration des ponts et chaussées, ce paragraphe comprend un tableau en dix-neuf colonnes, répondant aux titres suivants : Numéros des profils; — cubes des déblais pour chaque profil; — foisonnement;— cube définitif des déblais; — cube des remblais pour chaque profil; — cubes à employer dans la longueur répondant à chaque profil; — excès des cubes de déblai sur les remblais, — 1° par profil, — 2° par série non interrompue de profils; — excès des cubes de remblai sur les déblais, — 1° par profil, — 2° par série non interrompue de profils;

— déblais en excès, à employer en remblais ; — *id.*, à porter en dépôt, ou réservés pour un autre usage ; — emprunts pour remblais ; — indication des lieux d'emploi ou de dépôt des déblais en excès ; — distance des transports ; — transports à la brouette, — 1° cubes, — 2° produits des cubes par les distances ; — transports au tombereau, — 1° cubes, — 2° produits des cubes par les distances.

Au moyen des dernières colonnes on obtient les distances réduites pour chaque mode de transport, soit pour toute la ligne du canal, s'il n'était pas d'une grande longueur, soit pour les diverses sections, dans lesquelles on juge ordinairement convenable de la diviser, pour l'établissement des prix de transport.

Le tableau mentionné ci-dessus indique, dans un cadre général, l'ensemble de toutes les circonstances dont il faut tenir compte, pour bien établir le mouvement des terres, dans un projet de terrassements considérables ; mais son emploi n'est pas obligatoire, et l'administration supérieure approuve également les projets dans lesquels les ingénieurs se bornent à établir d'une manière exacte : 1° les cubes en déblai et en remblai ; 2° les distances réduites des transports ; 3° la manière d'employer les excédants de déblai, ou de se procurer les excédants de remblai.

J'ai une observation importante à faire sur

l'article foisonnement, qui figure dans les indications du tableau précité. Je pense qu'on doit ne l'envisager, dans la balance du mouvement des terres,
que comme une chance éventuelle, et dont l'importance est toujours minime; plutôt que de l'appliquer en thèse générale. On ne doit pas perdre de
vue que les natures de déblai qui donnent, immédiatement après la fouille, le plus grand foisonnement, sont celles aussi qui éprouvent le tassement ou
le retrait le plus considérable. Et, comme il est toujours d'usage, qu'après les délais de garantie, dont
diverses circonstances prolongent quelquefois la
durée à plusieurs années, on exige des entrepreneurs que tous les remblais aient exactement leurs
dimensions normales, il arrive fréquemment que
si l'on a fait figurer le foisonnement des déblais pour
une quantité notable, en déduction sur le cube
des remblais, on se trouve en déficit de la même
quantité, attendu que ce foisonnement, quelque
réel qu'il ait pu être d'abord, se trouve intégrale-
ment absorbé pour combler les flaches et subvenir
aux tassements éprouvés par les remblais. Plus
ceux-ci sont considérables, plus cet effet est
marqué.

Cette observation, dont j'ai eu plusieurs fois
l'expérience, est très-essentielle à faire en matière
de canaux, puisque les remblais y sont de véritables
digues, dont les terres doivent être généralement
battues et pilonées, de manière à occuper, au plus,

le même espace qu'elles tenaient dans leur gisement naturel.

La seconde section de l'avant-métré est consacrée aux ouvrages d'art. On peut grouper ensemble les cubes d'une même nature, qui sont susceptibles de recevoir l'application d'un même sous-détail. Mais il est bon néanmoins qu'on voie ressortir au détail estimatif les prix réels de chaque ouvrage d'art, même peu important.

L'analyse des prix est partagée en sections correspondantes à celles de l'avant-métré. La première comprend les terrassements et donne les sous-détails applicables aux diverses natures de déblais; le prix des fouilles, y compris le régalage et le dressement de ces différentes sortes de déblais; le jet à la pelle, là où ils peuvent être employés sur place; enfin le transport, soit à la brouette, soit au tombereau, de tous les déblais qui ne sont pas dans ce cas. La seconde section renferme les sous-détails plus nombreux qui s'appliquent à la construction des ouvrages d'art.

Les prix des transports sont ordinairement établis, au préalable, pour l'usage des travaux publics, par des tableaux déduits de formules qui ont été calculées de manière que les prix varient, aussi exactement que possible, en raison des distances réellement parcourues; mais aussi en ayant égard au temps du chargement et du déchargement, aux facilités ou aux difficultés des chemins, aux pentes et rampes rapides. Enfin, en dehors de ces formules, on peut tenir compte des ressources plus ou moins grandes que présente, pour ce genre d'industrie, la localité où l'on opère.

Les formules indiquées pour cet usage, dans les cahiers-modèles de l'administration centrale des ponts et chaussées de France sont les suivantes :

$$(A)\ldots\ x = \frac{2\,p\mathrm{D}}{1000} \qquad\qquad (B)\ldots\ x = \frac{\mathrm{P}\,(2\,\mathrm{D} + d)}{\mathrm{L} \times \mathrm{C}}$$

Dans la première, qui est relative au prix du transport des terres à la brouette, p représente le prix de la journée d'ouvrier, D la distance du transport. Dans la seconde, qui a le même objet pour les transports à la voiture, de différentes espèces de matières, P représente le prix de la journée et de la voiture, conducteur compris; D la distance du transport; d la distance répondant au temps employé pour le chargement et le déchargement; L le parcours journalier de la voiture quand elle marche sans interruption; C le cube du chargement.

On peut déterminer par le calcul quelles sont les limites d'application des deux modes de transport qui sont l'objet de ces deux formules; on peut fixer de la même manière les distances pour lesquelles il y aura avantage à employer des voitures, soit à un cheval, soit à deux ou à trois chevaux, etc.

Le détail estimatif, après l'observation de toutes

les formalités ci-dessus, n'est plus qu'une application des prix des sous-détails aux articles correspondants de l'avant-métré. Il fait connaître le montant total des dépenses, en mentionnant, dans des articles séparés : 1° la somme nécessaire à l'acquisition des terrains et au payement des indemnités de toute nature ; 2° une somme à valoir, calculée approximativement, et destinée à faire face, 1° aux dépenses des ouvrages, tels que les épuisements et étanchements, qu'à défaut d'entrepreneurs on est obligé d'exécuter par voie de régie ; 2° aux chances imprévues d'augmentation.

Le travail graphique, joint aux projets de canaux d'arrosage, doit être présenté avec soin. Sur la carte, ou sur le plan général, on doit indiquer par une teinte, ou au moins par un périmètre, l'étendue totale des terrains qui peuvent prendre part à l'irrigation, soit de suite, soit ultérieurement. Si le plan sur lequel est arrêté le tracé proprement dit, n'a pu être levé comme plan topographique, sur lequel le relief du terrain est exactement représenté par des tranches horizontales, on doit, au moins, y indiquer les principaux de ces mouvements par des teintes d'ombre au bistre ou à la sépia. Enfin, les plans parcellaires, ayant pour objet de faire connaître exactement la situation et la superficie des héritages et portions de terrain à occuper, ou à endommager, par les travaux projetés, doit lui-même être dressé avec tous les détails nécessaires, pour présenter à l'œil la situation exacte de ces propriétés, quant à leur nature et à leur mode de culture.

Dans les gouvernements d'Italie on attache avec raison de l'importance à ces détails, qui ont pour objet de donner, par les plans, une connaissance très-complète des localités intéressées aux projets de travaux publics. Le soin à y mettre est même prescrit comme une des conditions essentielles de la bonne direction de ces travaux. En Lombardie on observe exactement les dispositions d'une circulaire de l'administration française, sous le gouvernement du prince Eugène; elle date du 30 mars 1808, et prescrit l'adoption de modèles uniformes, qu'elle détermine, pour la désignation de toutes les natures de terrains, divisés en seize classes, comme il suit : 1° terres incultes ; — 2° champs ; — 3° champs avec plantations ; — 4° champs avec clôtures ;— 5° près, arrosés, ou non arrosés ; — 6° pâturages ; — 7° pâturages marécageux; — 8° marais ou étangs ; — 9° friches ou broussailles; — 10° collines avec vergers ; — 11° pâturages en montagnes ; — 12° montagnes nues; — 13° rizières, à rotation, ou perpétuelles ; — 14° bois, taillis, ou futaie ;— 15° jardins, maraîchers, ou d'agrément; — 16° terrains bâtis.

Quant aux échelles à adopter, pour ces divers plans et nivellements, faisant partie des projets de canaux, leur choix est important, et elles varient

généralement avec l'étendue de ces plans et nivellements. En France, ainsi que dans les divers gouvernements d'Italie, des circulaires de l'administration supérieure ont statué sur cet objet. Les
échelles prescrites pour les projets à exécuter par
l'État, sont aussi celles qu'il est convenable d'adopter pour les canaux qui se font aux frais des com-
pagnies ou des particuliers.

CHAPITRE VINGT-TROISIÈME.

EXÉCUTION DES TERRASSEMENTS. — ENTRETIEN ET CURAGES.

§ 1. *Considérations sur les divers modes d'exécution des travaux.*

Le mode le plus avantageux, pour l'exécution de tous les travaux en général, surtout lorsqu'ils sont considérables, est l'adjudication, avec publicité et concurrence. Il y a cependant des cas où l'on est forcé de recourir à l'exécution par voie de régie, ou d'économie. Cela a lieu d'abord pour toutes les natures d'ouvrage qui ne sont pas susceptibles d'être mises à l'entreprise; tels sont les épuisements, les étanchements, et en général les travaux à exécuter, soit souterrainement, soit dans l'eau, avec des chances plus ou moins incertaines, qui ne peuvent permettre d'avoir, avec exactitude, des évaluations préalables. Quand, pour des travaux placés dans des conditions d'urgence, on n'a pu trouver d'entrepreneur; quand, enfin, ceux qu'on avait cru offrir les garanties nécessaires, sont reconnus plus tard ne pas avoir les conditions voulues, sous le rapport de la capacité, ou de la solvabilité, il y a encore lieu à la mise en régie; seulement, dans ce dernier cas, elle a lieu, ordinairement, aux frais, risques et périls de l'entrepreneur, à qui elle est imposée comme une mesure pénale, en cas d'infraction des clauses principales de son marché.

Les travaux d'un canal d'arrosage comportent ces deux modes d'exécution. Tout ce qui est terrassements et ouvrages d'art ordinaires, doit, préférablement à aucun autre moyen, être donné à l'entreprise. Quant aux épuisements, aux fondations à exécuter sous l'eau, aux travaux d'étanchement, et en général à ceux dont la bonne qualité et la durée ne pourraient guère se concilier avec la célérité de la main-d'œuvre, on doit toujours en prescrire l'exécution par voie de régie. D'ailleurs, quand un ingénieur est secondé par des conducteurs zélés et capables, les ateliers qu'il emploie directement sont mieux surveillés que ceux que dirige l'entrepreneur.

Les adjudicataires à gros cautionnement ne sont, la plupart du temps, que des spéculateurs, pour qui une soumission est un acte purement aléatoire. Leur seul titre est d'avoir des fonds ou du crédit, et ils veulent, avec cela, gagner le plus possible; peu importe comment. De sorte qu'à leurs yeux, une entreprise de travaux publics ne diffère pas beaucoup d'une opération de bourse. Quant aux travaux eux-mêmes, ils n'y entendent absolument rien; aussi sont-ils servis en conséquence, par les sous-traitants et par les travailleurs. C'est avec cette classe d'entrepreneurs que l'on a le plus de risques à courir. Avec eux on doit ordinairement s'attendre aux conséquences onéreuses des résiliations ou annulations de marchés, des mises en régie, des procès, et autres inconvénients pareils, qui font toujours le plus grand tort aux travaux.

Je suis loin de prétendre qu'il faille craindre d'avoir des entrepreneurs riches; on doit au contraire les désirer et les rechercher. J'ai seulement en vue d'appeler l'attention des ingénieurs et celle des administrateurs sur l'importante distinction qu'on doit faire d'un entrepreneur véritable, ayant à la fois des capitaux et des connaissances pratiques, d'avec un homme qui n'a pour but que de tenter une spéculation quelconque. C'est surtout en matière de grands travaux qu'on voit journellement l'application de cette sage maxime : que pour savoir bien commander, il faut d'abord savoir bien faire.

Ceci me conduit à parler d'une classe d'hommes fort intéressante, pour l'exécution des travaux du genre de ceux dont il s'agit ici ; c'est celle des petits entrepreneurs, ou des simples tâcherons, menant avec eux des ateliers, à la tête desquels ils travaillent, et auxquels on peut avantageusement marchander à forfait des ouvrages considérables, surtout en matière de terrassements.

Les travaux d'un canal d'arrosage, s'il est un peu important, s'il a par exemple une largeur de 7 à 8 mètres, et qu'il puisse, dès lors, servir à

une petite navigation, sont du nombre de ceux qui,
pour être bien exécutés, demandent à l'être avec
promptitude, ou du moins sans lenteurs ; ce qui
exige la concentration d'un grand nombre d'ouvriers sur les mêmes points. Les ressources locales
n'étant ordinairement pas suffisantes, on est obligé
de faire appel aux ouvriers du dehors, et l'on s'a-
dresse de préférence dans les pays populeux et
pauvres, tels que la Savoie, la Lorraine alle-
mande, etc. On y trouve, il est vrai, la main-
d'œuvre à bon marché, mais on ne ramène souvent
de là que des hommes sans vigueur, qui, s'ils se
contentent d'un faible salaire, font aussi très-peu
de bon ouvrage. Il y a un autre système, dont j'ai
toujours reconnu la supériorité ; c'est celui qui consiste à employer des hommes gagnant beaucoup,
mais travaillant de même.

Il n'est pas un ingénieur qui ne doive être d'accord avec moi sur ce point. Il en est même qui
pourraient dire que dans certains résultats satis-
faisants, obtenus par différentes causes, celle-là a
toujours été la principale.

Depuis un temps presque immémorial, les provinces piémontaises d'Ivrée, Bielle, Varallo et
autres, mais surtout le haut pays, voisin des lacs, et
comprenant les cantons d'Arona et Bellizona, sont
en possession d'envoyer, chaque année, à l'étranger
un nombre considérable d'hommes actifs et indus-
trieux, qui représentent précisement cette classe

de petits entrepreneurs dont l'intervention a ordinairement les meilleurs résultats. Beaucoup d'entre
eux, à la vérité, sont peintres, vitriers, fumistes, dé-
corateurs; mais leur spécialité la plus remarquable
est sans contredit celle des terrassiers; aussi sont-ils
recherchés comme tels, à de très-grandes distances;
et ils le seront toujours, partout où l'on aura pu
les apprécier.

Dans ces régions salubres le paysan jouit, depuis
un grand nombre de générations, d'une nourriture
substantielle; comme cela a lieu dans tous les
pays d'arrosage, où le bétail abonde. C'est sans
doute pour cela que le terrassier piémontais est
infatigable et exempt des maladies qui atteignent
trop souvent les classes ouvrières. J'en ai vu qui,
sans être même incommodés, pouvaient rester
pendant douze heures, la tête nue, dans des tranchées profondes, où la réverbération du soleil
d'Italie eût été intolérable pour des hommes d'une
autre trempe. Ce qu'il y a surtout à remarquer,
c'est qu'ils exécutent vite et bien tout ce qu'ils font.
A les voir dresser un talus ou débiter un rocher,
soit au pic, soit à la poudre, on se demande si ce
ne sont pas là plutôt des artistes que des ouvriers.
Car ils ont le secret de concilier une célérité extraordinaire dans le travail dont ils se chargent, avec
sa parfaite exécution; et c'est là le secret de leurs
grands bénéfices. Ils n'accepteraient pas d'être
employés à la journée, car il est hors de leurs habi-

tudes de travailler mollement ; et parmi les salaires usuels, même les plus élevés, il n'en est pas qui pourraient rémunérer leur travail.

Les plus habiles de ces ouvriers, ceux qui ont déjà, par devers eux, d'assez grandes avances, se font, comme je l'ai dit, tâcherons, ou entrepreneurs. Ils ont avec eux des ateliers de choix, avec lesquels, depuis 25 ou 30 hommes, jusqu'à 100 ou 150, ils se transportent partout où on les demande, et entreprennent, à forfait, des travaux de telle importance qu'on le désire. S'il faut plus d'ouvriers qu'ils n'en ont à leur disposition, ils s'en procurent. Ils savent à quels pays l'on peut s'adresser en cas de presse. Ils connaissent certaines foires d'Allemagne dans lesquelles les directeurs de travaux peuvent aller, en remonte de leurs ateliers, comme les officiers de l'armée y vont pour la cavalerie. En un mot ils ont essentiellement les qualités de leur emploi.

Cette classe d'hommes très-utiles nous manque tout à fait en France, et l'on devrait chercher à l'y encourager.

§ II. *Exécution des terrassements.*

Lorsqu'on a réglé, soit à l'amiable, soit par les voies légales, l'importante affaire de l'acquisition des terrains, à occuper par le canal, on procède immédiatement à son exécution. Je passerai rapidement sur ce qui concerne les terrassements, afin d'arriver de suite aux travaux d'art, qui donnent lieu à des considérations plus importantes.

Tranchées. — Les tranchées proprement dites sont assez rares sur les canaux d'irrigation, et si elles s'y rencontrent ce n'est généralement que vers leur origine et dans le voisinage des prises d'eau, là où ils ne jouent encore que le rôle de canal d'amenée.

La présence des eaux de source, que l'on rencontre très-fréquemment dans l'ouverture des tranchées, lorsque surtout elles sont profondes, peut être avantageuse comme tendant à augmenter la portée d'eau du canal; et lorsqu'elles sont assez abondantes on ne manque jamais de les recueillir soigneusement; mais quelquefois l'eau ne se manifeste qu'à l'état de suintements et de filtrations, qui détruisent la solidité des talus et obligent de leur donner plus de base qu'on ne l'aurait fait sans cette circonstance. Car c'est surtout sur les terrains de cette espèce que les gelées et les intempéries de l'air ont une action funeste, en y causant beaucoup de dégradations, qu'on doit toujours chercher à éviter, le plus possible, le long des canaux.

Quels que soient les secours que puissent fournir les connaissances géologiques, et même des puits d'épreuve, on ne sait jamais complétement, à l'avance, quelle sera la nature du terrain, et surtout quels accidents il pourra présenter sur toute la lon-

gueur d'une tranchée, si elle doit être considérable.
Il est donc sage de n'arrêter définitivement l'inclinaison des talus et même la forme du profil transversal qui y correspond, qu'après que les déblais
ont été ébauchés sur une profondeur suffisante,
pour que l'on sache exactement à quoi s'en tenir,
sur la nature du sol et sur les pentes avec lesquelles
on obtiendra la stabilité convenable dans les surfaces déblayées.

Les perrés et murs de soutènement auxquels on
a recours quelquefois pour fixer des talus, sujets
aux glissements et aux éboulements, sont un
moyen coûteux, qui ne réussit pas toujours. Je
crois que, dans tous les cas, on devrait restreindre
leur emploi aux parties inférieures, et adopter,
pour les parties supérieures des talus, l'usage
beaucoup plus économique, et souvent bien préférable, des clayonnages et des plantations. Ces dernières surtout, lorsqu'elles sont faites en essences
convenables, c'est-à-dire principalement avec celles
qui ont des racines traçantes, comme l'acacia,
le saule osier, la vigne, etc., sont presque toujours
le meilleur de tous les procédés pour fixer les terres
des tranchées, quelque rapides que soient leurs
talus. Au bout de cinq ou six années ces plantations,
au lieu d'exiger des frais d'entretien et de grosses
réparations, comme feraient des ouvrages d'art,
donnent elles-mêmes un certain produit; elles sont
donc doublement à préférer.

Les tranchées étant toujours coûteuses et souvent difficiles à exécuter, c'est ordinairement dans leur emplacement que l'on prend le parti de réduire à son minimum la section du canal, moyennant une augmentation convenable de la pente; si toutefois cela peut se faire sans inconvénient d'après la résistance du terrain. Par la même raison d'économie, si le canal doit servir en même temps à l'arrosage et à la navigation, on réduit sa section, dans les tranchées, au passage d'un seul bateau, avec une banquette unique de halage, au lieu de deux, qu'il est avantageux d'avoir dans tous les autres cas.

Je ne répéterai pas ce que j'ai dit, au chapitre précédent, en parlant de la détermination du profil transversal des canaux, sur la forme la plus convenable des tranchées, qui doivent présenter, suivant leur profondeur, un ou plusieurs rangs de banquettes, ainsi que le représentent les fig. 13 et 15 de la planche XI.

Grands remblais. — Les grands remblais sont plus fréquents sur les canaux d'arrosage que les tranchées; j'en ai dit précédemment les motifs. Si ces deux genres d'ouvrages se trouvaient à exécuter dans le voisinage l'un de l'autre, ce serait un avantage très-grand pour l'économie du mouvement des terres ; mais cela n'a lieu que très-rarement ; et dans le cas général, d'après les limites de la distance des transports, on est obligé de former des dépôts, ou cavaliers, avec l'excédant de déblais, fourni par les tranchées, tandis que, pour la confection des remblais importants, il faut presque toujours recourir à des emprunts.

L'exécution des grands remblais exige plusieurs précautions. On doit d'abord faire beaucoup d'attention à la qualité des terres qui doivent y être employées. Car si toutes sont à peu près également bonnes pour former la base de ces remblais, il n'en est pas de même pour celles qui doivent servir à la partie supérieure, là où doit être située la cuvette du canal. Pour ne pas être obligé de recourir à des moyens spéciaux d'étanchement, toujours très-coûteux, on doit tâcher de trouver, à peu de distance, des terres fortes ou argileuses qui, étant suffisamment battues, sont de nature à retenir l'eau.

Un autre soin qu'on doit avoir dans la confection des grands remblais, c'est de les exécuter expéditivement, afin de ne pas y revenir à plusieurs reprises; ce qui aurait l'inconvénient de rendre le tassement inégal et moins complet. Avant de commencer les travaux, on doit donc toujours être en mesure de concentrer une quantité de main-d'œuvre considérable sur les points où ils doivent s'exécuter.

Un exemple remarquable de remblais de cette espèce, sur les canaux d'arrosage, est celui que présente le canal Marocco (branche de Vilanterio), sur la commune de ce nom, dans la province de

Milan. Ce remblai, de 4 à 7 mètres de hauteur au-
dessus du niveau de la plaine, règne sur près de
9 kilomètres ou plus de 2 lieues de longueur; il
présente l'une et l'autre des formes indiquées par
les profils, fig. 13 et 14 de la pl. xi. Cet em-
branchement du canal Marocco a 4 mètres de largeur au niveau de l'eau, 0^m,90 de profondeur, plus
environ 0^m,40 de hauteur de berge.

Les talus, dont le couronnement forme deux
banquettes de 1^m,60 à 2^m de largeur, sont revêtus
extérieurement de gazon, et, à la partie inférieure,
il y règne, de chaque côté, une plantation d'aunes,
dont le jeune bois est utile pour la fabrication
des fascines, qui sont très en usage en Italie, dans
la plupart des ouvrages hydrauliques.

Ce travail fut exécuté, il y a une vingtaine
d'années, avec une célérité remarquable, par
M. l'ingénieur A. Calvi, de Milan. Les travaux du
canal dont il s'agit, qui est une des plus importantes dérivations particulières du Milanais, étaient
restés en souffrance, par suite de ce qu'une première
compagnie l'avait mal administré; et lorsque
M. l'avocat Marocco en devint seul propriétaire, il
y avait urgence d'en hâter l'achèvement, attendu
que la concession allait être périmée; et, ce qui n'é-
tait pas moins grave, des engagements de livrer
l'eau à jour fixe ayant été souscrits, envers beaucoup
de propriétaires, il s'agissait de payer des dom-
mages-intérêts considérables; cependant l'étude

et la rédaction du projet de la branche de Vilanterio n'étaient pas même commencées.

L'habile ingénieur auquel le nouveau propriétaire fit part de cette situation difficile, se transporta immédiatement sur les lieux avec du papier et des instruments, et au bout de quatre mois il revint, ayant accompli sa mission; c'est-à-dire après que l'eau, introduite dans le canal, était mise à la disposition des usagers, sans que l'on ait eu à solliciter du gouvernement aucune prorogation de délai, et sans que le propriétaire du canal ait été passible de dommages et intérêts.

Ce n'était point là une tâche ordinaire, car il s'agissait de transformer, en si peu de temps, deux lieues de terrain naturel en deux lieues de canal, d'un profil exceptionnel; quand aucune des opérations ou formalités préalables n'avait encore eu lieu. Cependant cela se fit ainsi; et dans ce court délai de cent à cent vingt jours, rédaction du projet, tracés sur le papier et sur le terrain, acquisitions à l'amiable et expropriations légales, exécution de 400,000 mètre cubes de remblais, avec sujétions, confection et emploi de plus d'un million de briques pour l'établissement de sept grands siphons, compliqués d'ouvrages accessoires, comme on le voit par les dessins fig. 1 et 4 de la planche XXIV, tout fut amené à bien.

Voilà pourquoi cette portion de canal, que l'on remarquerait peu si elle eût été exécutée dans des

circonstances ordinaires, mérite un intérêt tout
particulier. Pour atteindre ce résultat, il a fallu
2000 ouvriers, travaillant sans désemparer, à peu
près jour et nuit; il a fallu surtout le talent d'un
homme très-remarquable, auquel de pareils tours
de force sont familiers (1).

En visitant, l'année dernière, ce beau travail,
accompagné de son trop modeste auteur, je m'éton-
nais de ne voir que peu ou point de chambres
d'emprunt, aux abords de cet immense remblai,
qui semblait avoir été posé là par une fée. M. Calvi
m'expliqua alors, comme la chose du monde la
plus naturelle, qu'ici il avait eu recours à un moyen
particulier, et qu'il s'était entendu avec les propriétaires riverains, de manière à combiner la confection du remblai de Vilanterio avec l'abaissement
des parties trop élevées des terrains, qui devaient
profiter de l'arrosage.

De cette manière les mares d'eau, sans usage et
sans valeur, qui envahissent inévitablement les
chambres d'emprunt, dans les pays de plaines, se
sont trouvées remplacées par une superficie au
moins égale de terrains arrosés, devenus dès lors
de première qualité, de médiocres qu'ils étaient.
Heureuse combinaison, qui conciliait tout à la fois

(1) M. l'ingénieur Calvi, qui est encore dans toute la force de
l'âge, jouit en Italie d'une haute réputation, parfaitement méritée. Il vient, tout récemment, d'être appelé dans les États ro
mains, pour un travail d'une grande importance.

les intérêts généraux de l'agriculture, ceux des propriétaires riverains, et ceux du fondateur du canal. On ne saurait donc suivre une meilleure marche que de chercher à la réaliser de même, en pareille circonstance.

§ III. *Entretien et curages.*

L'entretien d'un canal d'irrigation consiste dans les réparations ordinaires des digues et des ouvrages d'art; mais surtout dans les curages qu'il est indispensable d'y opérer fréquemment. On doit concevoir l'importance de cette opération, puisque des dépôts ou atterrissements ne peuvent exister dans une dérivation de cette espèce sans que ce soit aux dépens de sa section, qui n'a ordinairement que la capacité nécessaire pour débiter le volume d'eau dont l'emploi est assuré. Dès lors, si on les laissait s'accumuler d'une manière trop notable, il faudrait qu'on renonçât à introduire dans le canal toute l'eau qui devait y trouver place, ou qu'on la laissât franchir ses bords, ce qui n'est pas admissible.

Les atterrissements et dépôts auxquels sont exposés les canaux, sont d'autant plus préjudiciables, qu'étant formés ordinairement de terres meubles et de bonne nature, ils y favorisent encore la croissance des herbes et des plantes aquatiques, déjà si nuisibles par elles-mêmes.

Il est donc d'une nécessité urgente de pourvoir,

toutes les fois que la nécessité s'en fait sentir, à l'enlèvement des herbages, et dépôts de toute nature qui peuvent exister dans le lit des canaux. La première de ces deux opérations est le faucardement; la seconde est le curage proprement dit.

Dans la Lombardie, ou du moins dans le Milanais, malgré la limpidité des eaux, ces deux opérations s'exécutent simultanément, deux fois chaque année; savoir, en avril et en septembre, par la mise à sec des canaux; ce qui occasionne des chômages, sur lesquels j'aurai lieu de revenir plus tard, comme mesure administrative; car je ne parle ici des curages que sous le rapport des travaux à exécuter.

Quoique le printemps et l'automne soient les deux saisons où l'on puisse, avec le moins d'inconvénients, interrompre pendant douze ou quinze jours les irrigations, il est certain qu'il vaudrait encore mieux que cette interruption n'eût pas lieu; car si l'on avait de l'eau continuellement on trouverait à l'utiliser de même. On avait donc cherché à opérer les curages et faucardements sans mettre les canaux en chômage. Pour cela on se contentait de crocheter les herbes, ou de les couper incomplétement sous l'eau; et quant aux dépôts de vase existant dans le lit de ces canaux, on les enlevait, comme cela se fait journellement dans les rivières, au moyen de rabots, dragues à hotte, ou à cuiller; enfin, par les divers procédés convenables à cet objet.

Mais on a remarqué qu'il n'y avait à cela que peu
d'avantages et beaucoup d'inconvénients ; les dépôts
étaient incomplétement enlevés, et les terres mises
en suspension dans l'eau agitée, allaient se déposer
un peu plus loin, les herbes mal coupées repous—
saient avec plus de force. On reconnut enfin par
expérience que, dans le même temps, on faisait à
peu près trois fois autant d'ouvrage, le canal étant à
sec, que lorsqu'on y laissait l'eau. On a donc,
depuis très-longtemps abandonné, dans le nord
de l'Italie, le système de curages sans mise à sec,
et l'on s'en est tenu, partout, au moyen économique
et facile qui consiste à opérer cette mise à sec des
canaux, ou portions de canaux, soumis au chômage,
au moyen d'un batardeau, formé de simples chevalets, que l'on garnit d'abord de fascines, puis
d'une grosse toile. Et ce procédé, tout simple qu'il
est, suffit pour étancher une masse d'eau ayant
jusqu'à $1^m,5o$ ou $1^m,6o$ de hauteur, et pour l'empêcher complétement de s'introduire dans le canal.

La disposition de cet appareil, représenté de
face et de profil, dans les figures 1 et 2 de la
planche xxvi, est tellement facile à saisir, qu'on
pourrait se dispenser d'aucune explication. Je n'en
dirai donc que quelques mots.

Les chevalets sont formés d'une charpente légère
en bois de chêne ; ils sont reliés et maintenus dans
la position convenable, au moyen du système de
liens pendants, et de moises horizontales que re-

présentent complétement les dessins précités. Ces
chevalets,·occupant la largeur totale du canal à barrer, sont garnis du côté d'amont, suivant les circonstances, de simples fascines (*fascine*), ou de
fascinons (*fascinoni*), qui sont les uns et les autres
extrêmement usités, dans le nord de l'Italie, pour
la défense des terrains, contre l'action des fleuves
et torrents. Les fascines sont de petits faisceaux de 0^m,15 de diamètre, formés par des baguettes d'aune vert, de l'âge de six à sept ans; leur
longueur varie, suivant la hauteur d'eau à soutenir,
depuis 1^m,50 jusqu'à 2^m,35. Ces faisceaux sont
fortement serrés avec des liens d'osier flexible, qui
sont au nombre de cinq, depuis 1^m,50 de longueur
jusqu'à 1^m,85 inclusivement, et au nombre de six
depuis 2^m jusqu'à 2^m,35. Les fascinons sont des
faisceaux de même diamètre, dont la longueur est
moindre et varie depuis 0^m,40 jusqu'à 1^m,50. Ils
sont formés de baguettes de chêne, ou d'autre bois
dur, de l'âge de quatre ans au plus. Ce qui les
distingue des simples fascines, c'est que l'intérieur
est rempli de graviers ou de cailloux, donnant
au fascinon une masse suffisante pour le faire aller
au fond de l'eau, où il peut servir de fondation à
divers ouvrages, notamment à des revêtements de
berges. Dans le cas actuel, lorsque l'eau à barrer
a beaucoup de hauteur et une certaine vitesse, on
emploie ces fascinons à la partie inférieure du revêtement du batardeau, ou en forme d'enroche-

ment, au lieu et place des galets, qui sont représentés fig. 1, dans le cas où l'on aurait de la peine
à s'en procurer.

Pour donner plus de stabilité à tout ce système,
on a soin d'établir, à la partie moyenne, qui est hors
de l'eau, une tablette ou planche, régnant sur toute
sa largeur, et que l'on charge de sable ou de terre,
et mieux encore, si on le peut, de pierres ou cailloux, comme le représente la figure 1. La toile que
l'on emploie comme dernier revêtement, par-dessus la garniture en fascines, est la plus serrée et la
plus solide que l'on puisse se procurer ; comme elle
peut servir à cet usage pendant fort longtemps,
il est utile à sa durée qu'elle soit goudronnée, et
alors l'étanchement est parfait. Ce moyen simple
et ingénieux remonte, en Italie, à une très-grande
ancienneté. Je crois même qu'on en peut suivre
l'usage jusqu'au delà du XV⁰ siècle. Il se pratique,
très-anciennement aussi, quelque chose d'analogue
sur nos canaux de Provence ; mais ce n'est pas tout
à fait le même système, et l'on n'en retire pas le
même avantage.

Les frais de ce batardeau, en usage sur les canaux
du nord de l'Italie, et dont la construction ne se
modifie plus, sont proportionnés à la poussée de
l'eau qu'il faut retenir. Ils varient donc comme la
largeur du canal à barrer, et à peu près comme le
carré de la hauteur de l'eau. On en établit sur les

canaux du Milanais, qui coûtent depuis 3oo francs
jusqu'à 3ooo francs.

Aux embouchures des canaux modernes on construit généralement soit des martellières, soit un système de portes busquées, qui sont le moyen le plus
expéditif d'opérer les mises à sec, réclamées par le
curage et le faucardement. Mais sur les anciennes
dérivations, pour lesquelles cette précaution n'a
pas été prise, ou même sur les nouvelles, lorsqu'on
veut opérer la mise à sec partiellement, on ne peut
mieux faire que de recourir à l'emploi du batardeau qui vient d'être décrit; car il a le grand avantage de pouvoir être établi très-expéditivement,
ce qui est essentiel, vu l'importance qu'il y a de
réduire au minimum la durée des chômages.

J'ai dit tout à l'heure que les moyens mécani-
ques pour opérer le curage sans recourir à la mise
à sec des canaux, n'étaient point employés en Italie, parce qu'on en avait reconnu les inconvénients.
Il existe cependant quelques localités pour lesquelles il y a exception à cette règle. J'en cite ici
un exemple remarquable, en faisant connaître ce
qui se pratique, depuis une époque extrêmement
ancienne, dans l'intérieur même de la capitale de la
Lombardie.

Le canal de la Martesana reçoit une très-grande
quantité de graviers et de matières terreuses, qui y
sont introduites par la communication directe qu'on
a malheureusement opérée entre ses eaux et celles

de deux rivières torrentielles, le Lambro et le Se-
veso. Depuis la jonction, opérée par Léonard de
Vinci, entre les eaux de ce canal et celles du Naviglio-Interno, au moyen de cinq écluses construites
en 1490, dans le même emplacement qu'elles occupent encore aujourd'hui, ces dépôts sont en
grande partie entraînés dans le canal intérieur, et
séjournent dans ses différents biefs, au grand préjudice de la régularité des arrosages et de la navigation elle-même. Mais ce n'est pas là le seul inconvénient. Toutes les immondices de la ville
aboutissent aussi dans le même récipient. Les
hôpitaux, les boucheries, les latrines, les ateliers
de toutes espèces y versent leurs produits. On conçoit dès lors à quel degré d'infection doit être la vase
qui a croupi longtemps dans un pareil réservoir.

Autrefois, quand on était obligé d'employer le
moyen ordinaire du détournement des eaux, on
n'avait rien imaginé de mieux pour obvier aux immenses inconvénients que présentait ce curage ainsi
effectué au milieu d'une ville populeuse, que d'en
éloigner le plus possible le retour, en ne l'entre-
prenant qu'à la dernière nécessité. C'est d'après
cela que, vers 1680, on avait établi pour règle
qu'il ne se ferait plus que tous les neuf ans.

Mais qu'arrivait-il de là ? Que le chômage était
beaucoup plus long, et l'opération elle-même infiniment plus dispendieuse, de sorte que les usagers
et surtout les riverains en souffraient bien davan-

tage. Pendant cette odieuse opération, le manie-
ment des matières fétides, leur dépôt obligé sur les
bords du canal, et leur transport dans les rues de la
ville, produisaient des exhalaisons tellement pesti-
lentielles que des fièvres endémiques envahissaient
régulièrement tous les quartiers circonvoisins, et
que ceux des habitants qui voulaient se soustraire
à cette funeste influence, n'avaient d'autre parti à
prendre que de déserter leurs demeures. En outre
c'était aux frais des riverains que s'exécutait ce
malencontreux travail. On rendit donc un éminent
service à la population milanaise en le supprimant,
pour lui substituer un procédé tout différent, qui
remplit bien mieux son but, sans causer de préjudice à personne.

Ce fut en 1763 que le comte Litta (1), devenu,
après de longues et consciencieuses études, un très-
habile hydraulicien, à l'école des Lecchi et des
Guglielmini, proposa, pour la première fois, d'ex-
pulser ces matières nuisibles des biefs du Naviglio-
Interno, au moyen de chasses successives, opérées
soit au moyen des buses et ventelles des écluses de
navigation, soit au moyen d'un système de barrages
à poutrelles, plus efficace encore. L'essai de cette
méthode, aussi simple qu'ingénieuse, fut cou-
ronné d'un plein succès, et les curages très-importants du Naviglio-Interno n'ont pas cessé depuis

_____

(1) La famille de ce nom est propriétaire d'un beau canal d'irrigation dans le Milanais.

d'être exécutés de cette manière, au grand avantage des usagers et des établissements, qui n'éprouvent plus d'interruption dans l'emploi des eaux; mais au grand avantage surtout de la santé publique.

L'emploi des chasses est surtout utile aux embouchures des canaux dans les rivières, où il se forme fréquemment des atterrissements très-considérables, sur lesquels les moyens ordinaires de dragage n'auraient pas une action suffisante. Ces chasses, procurées au moyen d'un barrage à poutrelles, ont été et sont encore employées avec succès sur plusieurs canaux de France, notamment sur celui de Beaucaire.

En résumé, le curage des canaux d'arrosage est une opération coûteuse et importante, surtout par la raison qu'elle se renouvelle très-fréquemment. Dans les localités où quelques circonstances particulières permettent d'employer convenablement la drague, ou mieux encore les chasses d'eau, on ne doit pas hésiter de recourir à ces moyens; mais comme ils ne sont que rarement praticables avec avantage, on préfère généralement la mise à sec, qui est le procédé le plus sûr.

Pour les canaux nouveaux, le meilleur moyen d'atténuer les dépenses importantes du curage, c'est d'établir ces canaux d'une manière parfaitement conforme aux principes, et aux règles de l'art, d'en bien proportionner les pentes et les sections à la nature des eaux et aux résistances variables du terrain, d'éviter les changements brusques de pentes et de vitesses, ainsi que les coudes et les tournants trop courts; de n'admettre, pour les berges et talus, que des inclinaisons assez douces pour que l'on n'ait point à craindre les éboulements ou les dégradations successives, qui sont le principal aliment des dépôts nécessitant le curage; enfin, d'éviter absolument l'introduction, toujours funeste, des eaux torrentielles dans le lit de ces canaux.

C'est à toutes ces précautions observées, en un mot, c'est à un canal bien conçu et bien exécuté que l'on sera redevable du grand avantage de voir réduits à leur minimum les frais de curage, qui sont une des plus lourdes charges de l'irrigation.

CHAPITRE VINGT-QUATRIÈME.

DÉTAIL ET EXÉCUTION DES OUVRAGES D'ART.

Les ouvrages d'art relatifs aux canaux d'irrigation peuvent être divisés en douze classes, ainsi qu'il suit : 1° fondations en général ; — 2° étanchements ; — 3° murs de soutènement et canaux en maçonnerie ; — 4° radiers et revêtements de berges ; — 5° vannes , clapets et déversoirs ; — 6° prises d'eau ; — 7° barrages ; — 8° modules ; — 9° partiteurs ; — 10° ponts ; — 11° aqueducs, ponts-aqueducs, siphons; — 12° écluses.

Je ne donnerai, sur chacune de ces diverses espèces d'ouvrages , que des détails succincts, attendu que les documents les plus essentiels à cet égard se trouvent dans les planches de mon atlas , qui sont toutes des planches d'exécution , en ce sens que les dessins qu'elles présentent sont pris sur les meilleurs ouvrages d'art des canaux, domaniaux ou particuliers , existant dans la Lombardie et le Piémont. Ils ont, de plus, été choisis de manière à donner l'exemple des cas particuliers qui se présentent, dans les pays de grandes irrigations, par suite du croisement, sur un même point, ou sur des points voisins , de plusieurs dérivations existant à des niveaux différents.

Fondations. — Tous les systèmes de fondation
d'ouvrages hydrauliques conviennent aux canaux
d'arrosage, pourvu qu'ils soient bien appropriés
aux localités où on les emploie, tant sous le rapport
de la solidité et de la durée des ouvrages, que sous
celui de l'économie, qui est aussi un point fort important. La préférence à donner à tel ou tel mode
doit donc dépendre de plusieurs circonstances. Autrefois les bois de construction étaient très-abondants et dès lors à bas prix ; la connaissance des précieuses ressources offertes par les bétons et mortiers
hydrauliques était au contraire peu avancée. C'est
ce qui explique pourquoi les anciens constructeurs
avaient une grande prédilection pour les fondations
sur pilotis. Sans doute ce moyen est très-bon,
puisqu'il permet de bâtir solidement sur les plus
mauvais fonds. Mais aujourd'hui, par la rareté des
bois, qui tend à devenir générale, on est obligé
d'en restreindre beaucoup l'emploi, souvent même
d'y renoncer tout à fait. Si, par exemple, la ville
de Venise, au lieu d'avoir été fondée dans ce système,
il y a huit ou neuf siècles, n'avait dû l'être que de
nos jours, il est probable que l'eau des lagunes
n'aurait jamais baigné le pied de ses palais.

En jetant les yeux sur l'ensemble des ouvrages
d'art représentés dans l'atlas ci-joint, notamment
sur ceux qui font le sujet des planches XIII, XIV, XV,
XX, XXIII, XXIV et XXV, on voit que le système des
pilotis y domine presque exclusivement. Il est vrai

que parmi ces ouvrages il en est quelques-uns qui
datent d'une époque ancienne, mais la plupart
d'entre eux sont très-modernes, puisque leur construction ne remonte qu'à dix, quinze ou vingt
ans.

Cependant, aujourd'hui, dans la Lombardie,
comme dans la plupart des pays d'une situation
analogue, les bois sont devenus fort rares, et un
pilot de chêne, mis en place, qui, il y a seulement
cinquante ans, ne serait revenu, en ancienne mon-
naie, qu'à un prix équivalant au plus à 3 fr. 50 c.,
ou 4 fr., y coûte aujourd'hui trois ou quatre fois
autant.

Il faut bien admettre qu'il y a un avantage réel
dans l'emploi de ce mode de fondations, puisque la
plupart des ouvrages précités ont été construits sur
les projets d'ingénieurs habiles et expérimentés.
Néanmoins j'ai peine à croire que les belles dalles
granitiques que l'on exploite aujourd'hui à très-bas
prix, et qui sont un objet de commerce important
pour le Milanais, ne rempliraient pas le même
but, d'une manière plus économique, surtout en
considérant que ces fondations ont lieu, presque
sans exception, sur un terrain de gravier naturellement incompressible. On pourrait objecter peut-
être que les terrains de cette nature ont besoin
d'un encaissement, afin d'être préservés des dégradations que l'eau pourrait y occasionner latéralement; mais dans tous les cas il résulterait de là que

l'emploi des bois, en fondations, devrait être restreint
à des enceintes jointives de pieux et palplanches,
qui sont infiniment plus économiques qu'un pilotis
complet. Des ponts et autres ouvrages hydrauliques,
que j'ai eu l'occasion de fonder dans ce dernier
système, soit à nu sur le gravier et la glaise, soit
sur ces mêmes terrains, avec addition d'une plate-
forme de béton, ont parfaitement réussi et jouissent
d'une stabilité parfaite. Il est à présumer qu'à mesure qu'on s'éclairera davantage sur les systèmes
modernes de fondations sans épuisements, on
restreindra de plus en plus l'emploi dispendieux
des pilotis. Par suite de l'adoption des anciens
modes de fondation, et sans doute aussi d'après
l'abondance des sources que l'on rencontre en
ouvrant des canaux dans le territoire milanais, les
ingénieurs de ce pays sont dans l'usage de comprendre dans leurs devis des sommes élevées pour
épuisements ; et, après l'exécution, cette nature de
travaux s'élève souvent au dixième de la dépense
totale. Ce chiffre a été atteint, au nouveau canal
de la famille Taverna, qui s'achève en ce moment
sur les projets et sous la direction de M. Brioschi,
ingénieur milanais de beaucoup de mérite.

Il est constaté aujourd'hui, par les recherches
de M. Vicat, que les pierres calcaires, capables de
donner des chaux hydrauliques, sont bien plus répandues qu'on ne l'avait d'abord pensé ; et que là
où ces chaux n'existent pas naturellement, on peut

en composer d'artificielles. Je ferai remarquer en outre que l'usage de la pouzzolane, qui est l'objet d'un grand commerce dans le midi de l'Italie, s'est extrêmement étendu, en même temps que son prix a baissé. Aujourd'hui on peut s'en servir presque partout, avec avantage, puisque l'on a toutes les facilités désirables pour s'en procurer, d'après sa valeur modique de 40 à 45 francs le mètre cube, dans les ports de Livourne, Civita-Vecchia, Gênes, et autres lieux.

Étanchements. — C'est particulièrement dans les parties en remblais que les canaux artificiels sont exposés aux filtrations et aux pertes d'eau. Ceux qui ne servent qu'à la navigation, et qui peuvent être placés dans des terrains bas, où ils avoisinent, et même où ils rencontrent quelquefois, les nappes d'eau souterraines existant alors à peu de profondeur, ne sont que faiblement exposés à cet inconvénient, en comparaison des canaux d'arrosage, qui doivent occuper une situation élevée au-dessus des terrains environnants, et qui, de plus, sont à eau courante. On peut encore ajouter que les filtrations y sont plus défavorables que partout ailleurs, puisque l'eau que renferment ces canaux a une valeur vénale fort élevée ; on doit donc chercher à les en préserver avec le plus grand soin. Si les travaux étaient toujours exécutés avec les précautions voulues, si les digues, construites exclusivement en terres de qualité convenable, étaient exactement damées, si l'on n'était pas souvent obligé d'y introduire l'eau un peu plus tôt qu'il ne conviendrait, les chances de filtration pourraient être bien diminuées. L'expérience prouve cependant qu'on ne peut jamais les éviter complétement, et j'ai donné, dans le chapitre XXI, d'après l'observation faite sur les grands canaux du Milanais, une évaluation du chiffre auquel s'arrête, en moyenne, l'effet des filtrations et autres pertes d'eau, sur ces canaux d'une construction ancienne. Celles-là ne pourraient pas être facilement combattues par des moyens de précaution, parce qu'étant ordinairement disséminées sur toute la ligne d'un canal, on ignore le point précis sur lequel elles ont lieu.

Au contraire, dans les premiers temps qui suivent l'achèvement d'un ouvrage de cette nature, il y a toujours des veines perméables de terrain qui se trouvent mises à nu, toujours quelque remblai imparfaitement comprimé, et alors on éprouve, lors de la mise en eau, et souvent pendant un temps plus ou moins long, au delà de cette époque, des pertes ou filtrations temporaires, occasionnées par des imperfections locales, dans l'exécution des terrassements ou dans celle des maçonneries. Ces pertes-là sont souvent très-considérables, ou, pour mieux dire, elles n'ont pas de limites. Lorsqu'on aperçoit, à la base d'une digue ou remblai d'un canal nouveau, un simple suintement, par lequel l'eau commence à se faire jour, si l'on n'y porte pas immédiatement remède, le mal s'accroîtra avec rapidité, et il aboutira inévitablement à une brèche, dont la réparation sera toujours grave. C'est donc surtout ici qu'on doit prendre pour règle cette sage maxime : *Principiis obsta.*

Le meilleur de tous les moyens de remédier aux pertes d'eau par filtration, est l'étanchement naturel, au moyen des eaux troubles, et, dans tout état de choses, on ne saurait mieux faire que d'introduire de pareilles eaux dans un canal d'irrigation récemment achevé, en les y retenant au moyen de batardeaux, et en les agitant, au besoin, avec des rateaux ou rabots, pour faire resservir les dépôts qui se seraient déjà formés. L'eau tenant en suspension du sable très-fin, n'est pas moins bonne pour cette opération que celle qui est chargée de matières terreuses. Ce procédé simple et économique a pour lui la sanction de l'expérience, et un assez grand nombre de canaux qui éprouvaient des pertes considérables ont été étanchés ainsi. Mais il convient principalement contre les pertes qui ont lieu dans des bancs de terres maigres, ou dans des graviers fins. Quand ces pertes se font dans des fissures de rochers, dans des galets ou des graviers d'un gros volume, il faut recourir à d'autres moyens.

L'étanchement à l'aide de corrois de glaise est le meilleur de tous, à moins qu'on ne soit obligé d'aller chercher cette terre à une trop grande dis-

tance. Les corrois peuvent s'employer à nu,
en enlevant des talus intérieurs et du fond du
canal une épaisseur convenable du terrain perméable, que l'on remplace par une épaisseur semblable de glaise, bien corroyée, et battue avec soin.
Mais en général il vaut mieux employer ces corrois
à l'intérieur même des digues, où ils se conservent
mieux, n'étant point exposés aux alternatives de
sécheresse et d'humidité. Les taupes, qui sont naturellement attirées vers les lieux humides, pour y
ouvrir leurs galeries, sont les plus grands ennemis
des corrois de glaise; on doit donc chercher ou à
leur en empêcher l'accès, ou même à les détruire
entièrement, à proximité de ces ouvrages. Quoiqu'il
ne s'agisse ici que d'un emploi de terre, j'ai compris les corrois dans les ouvrages d'art, parce que la
main-d'œuvre en fait la principale valeur.

L'étanchement des pertes qui ont lieu dans des
fissures de rocher, ou dans des fondations d'ouvrages d'art, partout enfin où il y a de la pierre,
ne peuvent se faire qu'avec l'emploi des ciments
hydrauliques. Les plus avantageux sont ceux qui
durent le plus longtemps.

*Murs de soutenement et canaux en maçon-
nerie.* — Quand le terrain sur lequel doit être
établi un canal d'arrosage, surtout d'une dimension médiocre, est trop incliné, ou trop perméable,
on ne doit pas hésiter à remplacer, par des murs en
maçonnerie hydraulique, les terres rapportées qui

seraient exposées à glisser sur les plans inclinés du sol naturel. Alors on forme toute la section du canal en maçonnerie, avec un rejointoiement intérieur en ciment hydraulique de la meilleure qualité. Quand ces ciments sont excellents, comme ceux que donne la pouzzolane, leur emploi dans les maçonneries de briques ou de moellons suffit souvent pour empêcher toute perte d'eau, sans le secours d'aucun rejointoiement.

Pour peu qu'un terrain soit incliné au delà de huit ou dix pour cent, ou qu'il soit défavorable par d'autres circonstances, et à moins que la maçonnerie hydraulique ne soit, par exception, dans le pays, à un prix excessivement élevé, on ne doit pas hésiter de préférer cette disposition à l'emploi des terrassements de mauvaise nature, dans lesquels on ne peut maintenir l'eau qu'avec des dépenses consécutives, qui finissent par dépasser beaucoup celles de premier établissement.

Les planches x et xi, représentant les principaux profils en travers d'un canal d'arrosage, projeté en Piémont, par M. l'ingénieur Calvi, dans des terrains de gravier, de schiste, et de rochers fendillés, indiquent les situations dans lesquelles ce système doit toujours être adopté.

Souterrains. — Les canaux de navigation à point de partage ont généralement un souterrain d'une longueur notable. L'inconvénient de la dépense qu'il nécessite est compensé par plusieurs

avantages, dont les principaux sont : 1° de diminuer la hauteur du seuil ou du col à franchir, en
réduisant le nombre des écluses ; 2° de pouvoir placer les réservoirs alimentaires de ces sortes de canaux dans une situation plus basse, où ils reçoivent
l'eau d'une superficie plus étendue, et où ils la
retiennent plus facilement.

Sur les canaux d'arrosage, les souterrains
n'existent qu'accidentellement ; cependant il y a
des cas où ils y sont indispensables. On ne pourrait prendre pour règle la situation exceptionnelle
du canal de Marseille, qui, sur une longueur totale
de 92 kilomètres, compte 41 souterrains, dont
deux ont 3500 mètres, et dont les longueurs réunies sont de plus 16 kilomètres. Ainsi que je l'ai
fait remarquer, tome Ier, page 214, ce canal, destiné principalement à satisfaire, au point de vue de
la salubrité et de l'agrément, les besoins d'une opu-
lente cité, ne serait pas un emploi de fonds avantageux, pour une entreprise qui n'aurait que l'arrosage
pour objet ; et s'il eût été ouvert pour cette seule
destination, son tracé aurait dû être différent.

On voit cependant quelques souterrains sur les
canaux de cette espèce. Il y en a deux petits sur
les dérivations appartenant aux communes de Miramas et de Saint-Chamas, alimentées par les eaux
de Crapone et de Boisgelin, département des
Bouches-du-Rhône. On remarque, dans le même
département, à l'origine de la branche septentrio-

nale du canal des Alpines, le percé d'Orgon, ayant
400 mètres de longueur sur 7 à 8 mètres d'ouverture. Je n'en connais point sur les canaux de la
Lombardie; mais en Piémont, on remarque, sur le
canal de Caluso, les deux galeries de Saint-Georges,
ayant ensemble 1416 mètres de longueur, sur un
peu plus de 3 mètres d'ouverture. J'en ai déjà parlé
en donnant précédemment la description de ce
canal; leur section se trouve représentée pl. xi,
fig. 17. La fig. 7 indique une galerie à ouvrir dans
le rocher, sur un canal projeté dans la province
d'Alexandrie. L'emploi de la maçonnerie y est
restreint à la cuvette du canal.

Les plus petits souterrains, ceux de 2^m,50 à 3^m
de largeur, ne peuvent guère coûter moins de 150 à
200 francs le mètre courant; les plus grands, ceux
qui ont de 8^m à 9^m d'ouverture, comme cela a lieu
aux points de partage des canaux de navigation,
coûtent, dans des circonstances ordinaires, de
1200 à 1500 francs le mètre courant. Mais il y a
des souterrains de cette dimension dont le prix
dépasse 2000 francs; pour d'autres il va bien au delà.

On trouve, sur les divers modes de construction
des souterrains, des détails très-complets dans l'ouvrage de M. l'inspecteur Minard, qui a consacré
deux chapitres à cet objet important.

Radiers; revêtements de talus.—Des radiers ou
pavés en cailloutage, maintenus au besoin par des
dalles, pieux ou piquets, sont établis sur le fond

des canaux, dans les endroits où, d'après la vitesse
du courant, la qualité du sol naturel ne serait pas
de nature à résister aux corrosions. Le Naviglio-
Grande, dont les pentes sont très-fortes, a exigé
de semblables radiers, qui occupent aujourd'hui
plusieurs lieues de longueur; et cette longueur sera
probablement encore augmentée. Indépendamment de ces radiers et des sections tout en maçonnerie dont je viens de parler précédemment, il y a,
pour les berges et talus, des revêtements proprement dits, qui sont d'une grande utilité; car si,
sur les canaux de seule navigation, les talus
éprouvent toujours une dégradation notable à la
ligne d'eau, par suite du mouvement ondulatoire
occasionné au passage des bateaux, les canaux à
eau courante sont encore plus exposés à cet inconvénient, surtout s'ils sont rendus aptes à la navigation ascendante, puisque alors les remous ont une action bien plus offensive sur les berges non défen-
dues.

Les revêtements en usage sur les canaux du nord
de l'Italie, sont de différentes espèces. On y voit
quelques perrés, à sec, ou à mortier. Dans le voisinage des embouchures, là où les pentes et la vitesse
sont considérables, ces revêtements sont ordinairement formés en blocs, dalles ou libages, d'un gros
volume; mais dans le plus grand nombre de cas ils
sont de véritables murs en brique et à mortier,
ayant une épaisseur suffisante pour être murs de

soutenement. La face antérieure de ces revêtements est en outre ordinairement garantie contre le choc des bateaux par des pieux de rive, couronnés de moises horizontales, et dont l'espacement varie de 1^m,50 à 2^m, au plus. Leur parement extérieur présente un fruit ou inclinaison assez considérable, tandis que le parement du côté des terres est vertical, et accompagné d'éperons, ou contreforts intérieurs, qui pénètrent, plus ou moins, avant dans les terres. L'épaisseur et l'espacement de ces contreforts sont variables, suivant la nature et la hauteur des terres à soutenir. Quand le fonds est mauvais, ces murs sont fondés sur pilotis. La fig. 15, pl. xi, et les fig. 5, 6, 7, pl. xxiii, représentent ces diverses dispositions.

On conçoit que c'est là un accessoire assez dispendieux dans la construction des canaux. Il est très à désirer que les dépenses de cette nature soient prévues et évaluées dans les projets, plutôt que d'être faites ultérieurement à titre d'augmentations; d'autant plus que quand les ouvrages de cette espèce deviennent nécessaires, c'est ordinairement sur de grandes longueurs, à cause du développement des deux rives. Sur les principaux canaux du Milanais, l'étendue de ces revêtements, dont la nécessité est bien reconnue, a été continuellement augmentée et s'accroîtra encore. Pour trois seulement de ces canaux, la longueur des revêtements dans ce système est aujourd'hui répartie ainsi :

Naviglio-Interno. . . . . . . 64^k.200

Naviglio-Martesana (y compris le

    canal intérieur). . . . . . 58 .000

Canal de Pavie. . . . . . . 49 .800
                                    ————

                Ensemble. . . 172^k.000

ou 43 lieues.

Un aperçu de la dépense de cet ouvrage accessoire donnera l'idée de son importance.

Supposons que l'épaisseur des revêtements dont
il s'agit ne soit que de 0^m,70, eu égard aux contreforts, et leur hauteur de 1^m,50. y compris fondations ; le cube, par 2 mètres courants, sera de 2^m,10.
Dans le pays , le mètre cube de maçonnerie de briques, revient à 15 ou 16 francs, dans les cas ordinaires, et à 24 francs, pour peu qu'il y ait d'épuisements; adoptant le prix minimum de 16 francs,
on trouve pour la dépense de cette maçonnerie
33 fr. 60 c. ; et en supposant qu'il n'y ait que de 2^m
en 2^m, un pieu, coûtant, mis en place et moisé, le
prix minime de 10 fr. 40 c., on trouve que la dépense des revêtements dont il s'agit revient moyennement à 44 fr. les 2 mètres, ou à 22 fr. le mètre
courant. Ci pour 172.000^m. . . 3.784.000 fr.

Dans les pays où l'on aura un mètre cube de
maçonnerie, de qualité convenable, pour moins de
16 fr., et un pilot, mis en place et moisé, pour moins
de 10 fr. 40 c., on pourra peut-être n'estimer cette
dépense qu'à 20.000 francs par kilomètre, ou à

80.000 francs par lieue. Mais, dans tous les cas, c'est là un des éléments notables de la dépense des canaux de navigation et d'arrosage.

Martellières; vannes; clapets; déversoirs. — J'ai déjà parlé précédemment d'un système de vannes à clapet qui peuvent se placer à l'extrémité des colateurs ou des canaux de décharge quand ceux-ci aboutissent à un cours d'eau sujet à de grandes crues, et pourvu de digues. Il existe un système de vannes analogues, ayant aussi leurs tourillons placés dans un axe horizontal, et que l'on a employées quelquefois aux embouchures des canaux d'arrosage, en les disposant de manière que, tout en laissant passer les eaux jusqu'à un niveau moyen, elles s'opposent à leur entrée lorsqu'il arrive une crue subite ayant l'inconvénient de les rendre troubles ou chargées de graviers. Sans doute ces moyens sont ingénieux, mais ils sont peu pratiques, et l'on fera toujours mieux d'adopter, pour le même objet, de simples vannes ou martellières, surveillées et manœuvrées par des eygadiers bien soigneux.

Les vannes qui servent à l'établissement des déchargeoirs sont faites, dans le système connu de tout le monde, avec seuil, jouées, potilles et chapeau; et, quand on en a la facilité, ces parties fixes s'établissent tout en pierre, préférablement au bois, qui est périssable. La seule observation que j'aie à faire ici porte sur leur dimension et sur leur manœuvre.

Les vannes de fond sont le principal et pour ainsi

dire le seul ouvrage régulateur du niveau des eaux
dans les canaux ; car l'écoulement spontané qui
s'opère superficiellement par les déversoirs est ré-
servé pour les moments des crues, dans le but surtout d'éviter des dommages. Plus les eaux sont précieuses, plus leur distribution et leur partage demandent à être faits avec exactitude ; plus par conséquent les vannes, servant à opérer cette répartition, ont besoin d'être manœuvrées avec célérité.
Cette observation est tout à fait confirmée par la
pratique du Milanais, où l'on remarque que les
vannes des déchargeoirs ont une disposition normale, constamment observée.

Dans les autres pays les vannes de cette espèce
ont des largeurs variables, qui vont quelquefois
jusqu'à 1^m,5o, ou même 2^m, et plus. Leur manœuvre
s'effectue au moyen d'engrenages, ou au moyen de
grands leviers, entrant dans des trous pratiqués le
long du montant des vannes ; ou enfin, à l'aide de
vis à écrous, soit en fer (fig. 12, pl. VIII), soit en bois
(fig. 14). Dans le Milanais, les vannes de distribution, ou de décharge, établies sur les canaux d'irrigation, ont, pour les hauteurs d'eau habituelles de
1^m,5o à 1^m,8o, une largeur à peu près uniforme,
qui n'excède jamais 0^m,87. Quand il y a plus de
profondeur, leur partie supérieure, sur une hauteur
qui varie de 0^m,35 à 0^m,44, est mobile séparément,
et s'enlève tout à fait, à l'aide de deux petits montants verticaux (fig. 14). Par cette manœuvre très-

expéditive, les martellières fonctionnent à volonté comme des déversoirs, et quand elle est suffisante on n'a pas besoin de recourir à celle des vannes elles-mêmes. Mais dans les localités où les divers usages de l'eau ont atteint un extrême développement, comme cela se voit au sud de Milan, où il se fait un échange continuel entre les eaux de sept ou huit canaux différents, le déversement superficiel ne suffit pas, et les vannes elles-mêmes sont presque constamment en mouvement.

C'est sur ces points-là que l'on peut être certain de rencontrer les dispositions que l'expérience a consacrées comme les plus avantageuses, pour obtenir la manœuvre, à la fois simple et facile, des ouvrages servant à la transmission des eaux ; c'est en effet ce que j'ai remarqué sur les canaux du Milanais.

Les vannes de fond, réduites toujours, comme on vient de le voir, à une largeur limitée de $0^m,87$, ont leur queue pourvue d'une crémaillère en fer, qui y est incrustée et fixée ; et c'est avec un levier court, également en fer, du poids de 15 à 20 kilogrammes, appuyé, soit sur un morceau de bois, soit sur une saillie quelconque, que l'eygadier obtient, avec toute la célérité désirable, la manœuvre des vannes, qu'il n'opère que d'après l'inspection des hydromètres.

Entre les mains d'un homme robuste, comme doivent toujours l'être les agents de cette classe, trois secondes et trois coups de levier suffisent pour

procurer à l'eau, par ces vannes de fond, un débouché de 0^m,5o de hauteur, qui, sous l'influence
de la pression supérieure, agit immédiatement avec
une grande puissance sur le volume d'eau. Cette
promptitude, qui, dans le cas actuel, constitue la
perfection des appareils de distribution, sera jugée
également nécessaire partout où l'eau courante sera
devenue, comme dans le Milanais, une marchan-
dise précieuse.

Quant aux déversoirs, qui complètent le système
des ouvrages régulateurs des eaux dans les canaux
d'arrosage, il n'y a rien de particulier à en dire,
attendu qu'ils ne diffèrent en rien de ceux que l'on
établit sur les biefs d'usines, ou partout ailleurs. Je
me bornerai donc à remarquer qu'ils sont un des
plus sûrs moyens de remédier aux dommages que
les crues d'eau occasionnent toujours dans les canaux artificiels, quand ils n'ont pu en être entièrement préservés. Avant l'établissement des six grands
déversoirs qui existent aujourd'hui sur le Naviglio-
Grande, cet important canal éprouvait à chaque
crue du Tessin de véritables désastres. Depuis leur
construction, il est presque entièrement à l'abri de
ce danger. On ne doit donc jamais épargner ce
genre d'ouvrage sur les nouveaux canaux, pour peu
que l'utilité s'en fasse sentir.

Prises d'eau, ou embouchures des canaux.—
Les prises d'eau des canaux secondaires dans un
canal principal doivent toujours se faire au moyen

de modules régulateurs, parce qu'il s'agit d'obtenir une distribution en quantité exactement déterminée. Mais les embouchures des canaux principaux dans les fleuves et rivières ne sont pas assujetties à une limitation aussi rigoureuse. Vu la nécessité où l'on est partout d'encourager l'agriculture, c'est ordinairement par concession gratuite que la faculté de dériver l'eau nécessaire, des rivières, même domaniales, est attribuée aux fondateurs de canaux d'irrigation. D'un autre côté, comme l'administration publique, chargée de cette importante attribution, ne pourrait, sans les plus graves inconvénients, accorder des concessions illimitées, ainsi que cela se faisait autrefois, c'est par les procédés ordinaires de jaugeage qu'on détermine les dérivations de cette espèce.

La meilleure marche à suivre consiste à prescrire que leur section, régularisée à l'origine sur une longueur suffisante, et bien arrêtée par des perrés ou par des profils en maconnerie, devra satisfaire à la formule déjà citée plus haut, page 220, et qui est spécialement relative à l'écoulement de l'eau dans les canaux. Si l'on a la pente et la hauteur d'eau, l'expression de la largeur moyenne sera donnée, comme on l'a vu, par cette expression très-simple :

$$x = \frac{Q}{50\,h.\sqrt{h.\cos.\varphi.}}$$

Il est un autre moyen, d'une application moins générale, qui consiste à régler l'introduction de l'eau, dans le canal de dérivation, au moyen d'un déversoir, et alors on peut en calculer le débit d'après la formule indiquée plus haut à l'article des jaugeages. Cette formule, calculée par d'Aubuisson comme un cas particulier de l'écoulement par les orifices, est présentée de cette manière très-simple :

$$Q = 1,80 \, l \, h \sqrt{h}$$

d'où :

$$h = 0,676 \sqrt[3]{\left(\frac{Q}{l}\right)^2}$$

Elle peut donc servir à résoudre toutes les questions dans lesquelles, étant données deux des trois quantités, Q, l, et h, il s'agit de trouver la troisième. Si l'on se demande, par exemple, de quelle hauteur l'eau doit passer sur un déversoir de 1 mètre de largeur, pour débiter 1 mètre cube par seconde, on trouve : $h = 1^m,68$. Si la largeur devait être de $1^m,08$, on aurait, pour le même débit : $h = 0^m,64$, et ainsi de suite.

Mais il y a de nombreuses distinctions à faire ; 1° suivant que, en amont du déversoir, l'eau est en repos, ou qu'elle y arrive avec une certaine vitesse ; 2° suivant que cette vitesse a une direction plus ou moins oblique ; 3° suivant le rapport qui

existe entre les largeurs respectives du déversoir, et
de la rivière en amont; car dans les expériences qui
ont servi à établir la formule ci-dessus, ce rapport n'a
jamais dépassé 1/10° ou 1/12°. De plus il est évident
que l'écoulement sur un déversoir n'étant ici qu'un
cas particulier de celui qui s'opère par des orifices,
est modifié, par les effets variables de la contraction, d'une manière analogue à ce qui a lieu dans
le cas général. De sorte que, à hauteur égale, les
débits augmentent nécessairement dans un rapport
plus grand que les accroissements de largeur, ainsi
que je l'ai démontré, et vérifié par expérience, à
l'occasion des modules.

Cette formule, et l'expression plus générale de
l'écoulement par un orifice, au lieu d'indiquer un
débit exactement proportionnel à la largeur du
pertuis ou du déversoir, devraient donc être complétées, d'après une expérience spéciale, par une
certaine fonction de l, qui pût accuser ces excédants
de débit, sur lesquels j'ai donné précédemment des
explications suffisantes. J'ajouterai encore que rien
n'est plus incertain que la justesse de la même
formule, pour le cas où il faut tenir compte d'une
vitesse préalable de l'eau arrivant sur le déversoir,
et donner comme équivalant de cette vitesse une
certaine hauteur génératrice, qui s'ajoute à la hauteur représentative de la vitesse d'écoulement,
quand le liquide, en amont du déversoir, est à
l'état de repos.

Par tous ces motifs il est donc préférable de régler la section , ou la portée d'eau , des canaux de dérivation au moyen de la formule de Tadini, basée sur soixante expériences spéciales, faites sur ce mode particulier d'écoulement. Son emploi est d'ailleurs tout aussi simple que celui de la formule des déversoirs dont je viens de signaler les imperfections.

Les dispositions à adopter pour la nature, l'emplacement et la direction des ouvrages accessoires que réclame toujours l'établissement d'une dérivation, ne peuvent être l'objet d'aucune règle générale ; parce que tout, à cet égard, est subordonné au régime de la rivière, à ses pentes, à l'état habituel de ses eaux, suivant qu'elles sont claires ou troubles, aux modifications qui peuvent être à craindre dans sa direction , etc.

A moins de rares exceptions, fondées sur la nature torrentielle, et surtout sur l'instabilité du lit du cours d'eau dans lequel on établit l'embouchure d'un canal, le système à préférer pour les prises d'eau est celui qui est à peu près universellement adopté , sur les canaux du nord de l'Italie, tant dans la Lombardie que dans le Piémont. Les planches vi, vii, et viii, et l'explication qui y est jointe, donnent d'une manière complète le détail des ouvrages de cette catégorie.

On voit d'après cela que les prises d'eau sont toujours établies à l'aide d'un barrage-déversoir, qui est généralement d'une grande longueur, et placé dans une direction très-oblique au courant. Celui qui est situé en tête du Naviglio-Grande (pl. vi , fig. 1), ne forme qu'un barrage incomplet, d'après l'existence, à son extrémité d'amont, de la grande ouverture de 65 mètres de largeur, qu'on nomme *la bouche de Pavie*; ou plutôt d'après la direction de ce barrage , dans le bras principal du Tessin , on pourrait dire qu'il fait principalement fonction d'un simple partiteur entre le canal et le cours inférieur de la rivière.

Au canal de la Martesana, dont la prise d'eau est représentée pl. vii, fig. 2 , le barrage-déversoir s'étend depuis l'origine de la dérivation jusqu'à la rive opposée. Mais il est muni de quatre grands pertuis, toujours ouverts, qui offrent un puissant moyen de décharge aux eaux de l'Adda , dont elles régularisent le niveau , aux abords de cette embouchure.

Une semblable précaution n'a point été observée au barrage de prise d'eau du canal de Paderno (fig. 1). Ce barrage , quoiqu'il aille comme le précédent d'une rive à l'autre , n'offre cependant, aux grandes eaux de l'impétueux Adda , qu'un débouché superficiel. Il est hors de doute que cet état de choses contribue beaucoup à la violence des crues que ce canal éprouve dans toute leur force, et qui mettent fréquemment son existence en question. Les nombreux déchargeoirs que l'on a établis successivement sur sa rive gauche, ne remédient que très-incomplétement à cet inconvénient; tandis que deux ou trois pertuis de grande dimension, ouverts dans le massif du déversoir, atténueraient beaucoup l'effet funeste de ces crues.

Un déversoir semblable sert à la vérité à l'établissement de la nouvelle prise d'eau du canal de Parella (fig. 3), dérivé du torrent de Chiuselle, dans la province d'Ivrée, en Piémont; mais on peut remarquer qu'il ne barre ainsi qu'un des bras de ce torrent, et que la prise d'eau, placée presque d'équerre sur le bras principal, s'opère par un aqueduc ou pertuis couvert, dans lequel l'introduction de l'eau est toujours très-limitée; tandis que ce déversoir lui-même, placé dans une direction peu oblique sur le courant, est franchi très-facilement par les grandes eaux.

Même en conservant le barrage tel qu'il est, l'établissement d'une semblable embouchure couverte, faite en matériaux suffisamment résistants, serait peut-être un des moyens de conjurer les dangers qui menacent le canal de Paderno.

Sauf un très-petit nombre d'exceptions, tous les canaux de la Lombardie, dérivés du Sério, de l'Oglio, de la Mella, de la Chiese, etc., et tous les canaux du Piémont, dérivés de la Doire-Baltée, de l'Orco, de la Chiusella, de la Sesia et du Tessin, ont leurs prises d'eau établies dans ce système; c'est-à-dire ont pour ouvrage principal un barrage-déversoir plus ou moins oblique à la direction de la rivière ou du torrent dont ils dérivent, et des ouvrages accessoires, tels que murs de jouée, déchargeoirs, revêtements et défenses de rives, pilotis et pieux d'enceinte, grillages en charpente avec enrochements, etc.

Dans la plupart des anciens canaux ces embouchures sont libres, et il faut des batardeaux temporaires pour les mettre en chômage. Dans ceux que l'on établit actuellement, il est toujours utile que lesdites embouchures soient pourvues de portes ou martellières, qui permettent, 1° de régler, comme cela est convenable, l'introduction du volume d'eau qui doit rester, autant que possible, invariable en tout temps; 2° d'isoler entièrement le canal de la rivière, pour le temps des réparations et des curages annuels.

Barrages. — A très-peu d'exceptions près, tous les cours d'eau du nord de l'Italie qui alimentent des canaux d'arrosage n'ont leurs basses eaux qu'en hiver, et conservent en été le maximum de leur débit; de sorte que si les embouchures des canaux de cette espèce pouvaient exister convenablement sans le secours de barrages, c'est là qu'on devrait les rencontrer. Cependant nous venons de voir que cette construction est regardée comme indispensable, et même comme fondamentale, parmi les ouvrages constitutifs des prises d'eau.

Cela est facile à concevoir, puisqu'il faut nécessairement un ouvrage de main d'homme pour assurer la continuité de l'écoulement de l'eau, dans une direction qui n'est jamais aussi favorablement placée pour la recevoir que le lit naturel.

Cependant, lorsqu'il s'agit de rivières torrentielles et à fond très-mobile, comme cela a lieu pour la Durance, il est presque impossible d'opérer dans ce système ; car tout barrage fixe y détermine de suite d'énormes ensablements, dont les conséquences ne peuvent être que funestes aux abords d'une prise d'eau. Cela est doublement regrettable sur cette rivière qui, placée de manière à alimenter toutes les irrigations de la Provence, est encore sujette au grave inconvénient des étiages d'automne. Ces deux circonstances, qui s'aggravent l'une par l'autre, font que l'alimentation des canaux de ce pays manque de régularité, et que dès lors ils ne rendent qu'une partie des services que l'on aurait pu en attendre, s'ils avaient fonctionné comme les canaux de l'Italie, sous l'utile influence de barrages fixes, qui améliorent toujours d'une manière notable le régime des dérivations.

Le choix du système de barrage qui convient le mieux dans telle ou telle contrée, exige une étude approfondie des ressources locales en fait de matériaux, de la nature du fond, et du régime particulier de la rivière que l'on doit barrer. Les matériaux les plus économiques sont souvent ceux qui résistent le mieux à l'action continuelle des eaux ;

mais l'expérience est, dans tous les cas, le meilleur guide à suivre.

Sur des rivières impétueuses et d'un grand volume, comme sont le Tessin et l'Adda, aux abords desquels on se procure aisément des blocs et libages, le système des barrages, représentés dans les planches VI, VII et VIII, est toujours celui qui offre le plus de garanties.

Dans d'autres localités on recourt avec avantage aux barrages construits seulement en bois et fascines, rarement aux barrages en terre et gazon, qui ne conviennent que sur les eaux sans vitesse, ce qui n'est jamais le cas près des embouchures de canaux d'arrosage.

Les ouvrages de ce genre les plus remarquables que j'aie vus dans la Lombardie, d'après leur durée et la grande économie de leur construction, sont des barrages construits en pieux, palplanches, graviers et fascines. C'est-à-dire que le corps de ces barrages est tout en graviers, qui sont seulement encaissés, par gradins, entre des pieux, et maintenus par des fascinages. Leur pesanteur spécifique suffit pour leur donner une forte résistance contre l'eau. Ces barrages sont en usage sur plusieurs des nombreuses dérivations de la Muzza, dans les provinces de Milan et de Lodi. Je crois même que le grand canal de l'Addetta est barré plusieurs fois dans ce système.

Quel que soit le mode de construction que l'on

adopte pour un barrage, ses fondations, et la nécessité de les préserver des affouillements, sont toujours la chose principale. On ne doit jamais perdre
de vue que l'action perpétuelle d'un courant d'eau
a une influence bien destructive.

Je pense qu'on doit attribuer à l'intention de
ménager les radiers et fondations, à l'aval des barrages, la direction, généralement très-oblique, de
tous ceux de ces ouvrages qui existent aux abords
des prises d'eau des canaux d'arrosage, dans le nord
de l'Italie. Car, indépendamment de ce que le
choc du courant a moins d'effet sur eux, dans cette
situation, la nappe d'eau qui déverse par-dessus a
d'autant moins de hauteur et d'action, sur le fond
en aval, qu'elle est répartie sur une plus grande
longueur. Sans cela il y aurait de l'économie à
établir les barrages suivant la ligne la plus courte,
qui est la direction normale.

Modules. — Les nombreux détails donnés dans
le livre IV, sur la construction de tous les appareils
régulateurs, usités dans les états et provinces du nord
de l'Italie, et sur le module milanais en particulier, me dispensent d'y revenir ici. Je me borne
donc à renvoyer aux planches XII, XIII et XIV, dans
lesquelles se trouvent les plans, coupes et élévations,
de plusieurs de ces appareils. La première de ces
planches retrace la disposition adoptée pour cet
ouvrage, dans les provinces du Piémont ; elle est
caractérisée par l'évasement du sas qui se remarque

toujours aux abords de la bouche régulatrice ; moyen utile de corriger l'effet de la vitesse centrale de l'eau. Les deux autres planches représentent des constructions analogues, dans le système milanais, sur lequel, dans les développements qui précèdent, je crois n'avoir rien omis d'essentiel.

Partiteurs. — Le seul moyen bien exact de partager un volume d'eau courante, suivant des proportions données, entre deux ou plusieurs intéressés, consiste à le jauger d'abord, notamment au moyen d'un module, ainsi que cela est indiqué par la méthode n° VI, relatée ci-dessus, p. 44; puis à opérer, dans les proportions voulues, entre les copartageants, une distribution exacte du même volume d'eau, au moyen des subdivisions de ce module, que je suppose avoir été amené à une précision rigoureuse. Mais il faut, pour cela, pouvoir disposer d'une chute d'environ un mètre, ce qui n'est pas toujours facile, et établir en outre plusieurs appareils régulateurs. La fig. 5, pl. XVII, qui représente un double module dans le système piémontais, peut donner l'idée de cette disposition.

Cependant dans le plus grand nombre de cas les usagers sont disposés à se contenter d'une répartition approximative du volume d'eau total, auquel ils avaient droit en commun. C'est alors que l'on renonce à l'emploi des modules pour recourir à l'usage plus simple d'un partiteur, qui n'exige aucune manœuvre et presque pas de surveillance.

Les partiteurs ont donc pour objet de diviser entre divers usagers et dans des proportions définies, tout le volume d'eau courante que fournit un canal, sans recourir à l'emploi des modules; c'est-à-dire sans que l'on ait besoin de se rendre compte de la quantité d'eau effectivement débitée par ce canal. En Italie, le cas général des partiteurs est celui où ils sont établis sur le courant à partager, sans le secours d'un barrage.

Si, comme je l'ai déjà supposé dans les considérations élémentaires placées au commencement de ce volume, un courant d'eau, placé dans les meilleures conditions de régularité, pouvait n'admettre qu'une seule vitesse, en d'autres termes, si la vitesse était constante, soit au milieu, soit aux bords du canal, rien ne serait plus simple que de partager son débit dans des rapports quelconques; car tous les filets d'eau étant animés de cette vitesse unique, la figure qui représenterait l'ensemble de leurs produits, pendant un temps donné, aurait la forme d'un rectangle, dont la largeur serait celle du courant à partager, et dont la longueur serait proportionnelle au temps pendant lequel on voudrait en mesurer l'écoulement.

Il est certain qu'alors les produits partiels seraient exactement dans le même rapport que les subdivisions de la largeur, en quelque nombre qu'elles fussent. Mais cette hypothèse ne saurait se réaliser, puisque l'on ne pourra jamais empêcher que la vitesse des tranches longitudinales du liquide à partager ne soit à son maximum au milieu, et à son minimum vers les bords du courant. Dès lors la figure représentative des produits partiels de ces tranches, tout en restant comprise, comme il vient d'être dit, entre deux lignes parallèles, espacées selon la largeur du canal, sera terminée, vers l'aval, par une ligne brisée, dont la description particulière pourrait se faire d'une manière très-approximative, à l'aide d'un nombre suffisant de flotteurs du système de ceux que j'ai précédemment décrits en traitant des jaugeages. Mais la seule chose essentielle à remarquer ici, c'est que cette courbe approchera toujours plus ou moins d'un angle saillant ordinaire.

Cette assimilation géométrique me semble devoir faciliter beaucoup les moyens d'apprécier, tout à la fois, les ressources et l'insuffisance des partiteurs. En effet, puisque par leur emploi on se trouve à peu près dans le même cas que s'il s'agissait de partager un angle, on voit d'abord que si le partage doit avoir lieu en deux portions égales, la difficulté ne sera pas réelle, puisqu'un angle se partage très-exactement ainsi, au moyen de la perpendiculaire abaissée sur la base du triangle isocèle dont il est le sommet. Il s'agira donc simplement, dans ce cas, d'établir le plan de séparation exactement au milieu de la largeur du courant, qui, bien entendu, aura été convenablement encaissé et régularisé entre des

plans bien parallèles, sur une longueur suffisante,
de manière que le fil de l'eau, ou la ligne de plus
grande vitesse, qui est ici la chose essentielle, occupe nécessairement le milieu du courant. Dans la
pratique, cette ligne de séparation est formée par
l'arête d'une pile aiguë en pierre de taille, ainsi
qu'on le voit par les fig. 3 et 5, planche xv. Seulement, le partiteur proprement dit n'est pas réduit
à cette seule construction; il se compose encore des
ouvrages accessoires dont il va être parlé plus loin,
et qui ont pour but de régulariser l'écoulement
de l'eau, en amont et en aval.

Dans le cas d'égalité dont il s'agit, le partage
peut être réputé parfait, attendu que les deux
branches du partiteur, placées dans des conditions
identiques relativement à la vitesse maximum,
recevront symétriquement un pareil nombre de
filets fluides, ayant des vitesses égales. En un mot,
l'opération faite de cette manière échappe entièrement à la critique. Et comme rien n'empêche de
subdiviser elles-mêmes les premières branches ainsi
établies, on peut regarder qu'on est en possession
d'obtenir exactement, par ce procédé, la moitié,
le quart, le huitième, etc., du volume d'eau coulant dans un canal.

Mais du moment que l'on demande à partager la
portée d'un canal, soit en deux branches inégales,
soit en trois ou plusieurs branches, égales ou non,
alors si l'on n'a pas recours aux modules, on ne peut

plus avoir aucune certitude, et l'on rentre dans la classe des approximations obtenues par voie de simple tâtonnement. Si, par exemple, pour partager un volume d'eau dans le rapport de 1 à 2, on se contentait de prendre, sans autre précaution, les largeurs respectives des deux branches du partiteur dans ce même rapport, le fil de l'eau ou la vitesse maximum du courant se trouvant naturellement dans la plus grande, y donnerait un excédant notable de débit au préjudice de la plus petite. Si le partage devait avoir lieu en trois portions égales, cet excédant de débit aurait toujours lieu au profit de la branche du milieu ; enfin tous les autres cas que l'on pourrait citer rentreraient plus ou moins dans les deux précédents.

Cet inconvénient grave, inhérent à la nature même des partiteurs, n'a point suffi pour en faire abandonner l'emploi. Car ce genre d'édifice étant simple et d'un usage extrêmement commode, on a cherché divers moyens d'en corriger l'inexactitude, afin de pouvoir toujours y chercher les résultats approximatifs, qui suffisent dans le plus grand nombre de cas.

Avant d'indiquer ces moyens, je dirai d'abord que l'inconvénient dont il s'agit n'existe dans toute son étendue que pour les partiteurs simples, c'est-à-dire établis dans l'eau courante, sans emploi d'aucun barrage. Car du moment que l'on peut établir 1° une retenue avec déversoir ; 2° un évasement

considérable du canal aux abords de ce déversoir,
les chances d'inexactitude d'un partage quelconque
se trouvent considérablement atténuées; mais,
comme je l'ai déjà remarqué, on ne peut pas établir
partout des partiteurs avec déversoir.

Quant à ceux qui sont établis dans l'eau courante,
le but des précautions à prendre est de faire en
sorte que la vitesse moyenne de l'eau reste sensiblement la même dans les différentes branches, de manière que les produits puissent être regardés comme
proportionnels aux largeurs. Pour arriver à ce but,
les moyens varient avec les circonstances locales;
tantôt on se contente de placer les branches les plus
larges dans une direction plus oblique sur la direction du canal principal; tantôt on obtient le même
effet en faisant varier la hauteur des seuils qu'il est
de règle d'établir à l'origine de chaque branche et
à une certaine distance en aval du point de partage,
pour régler les pentes de l'eau dans la longueur de
l'édifice; tantôt on établit, en amont et en face des
branches centrales qui seraient trop favorablement
situées, une petite pile avancée, ayant pour objet
de diviser le fil de l'eau au profit des branches latérales. Enfin il y a encore plusieurs autres moyens
de remplir le même but. C'est à la sagacité de l'ingénieur à savoir, dans telle ou telle situation, choisir
les plus convenables.

Soit pour le cas de la division en deux parties
égales, dans lequel on peut prétendre à une exacti-

tude complète; soit pour les cas d'un partage inégal,
ou multiple, dans lesquels on ne peut plus obtenir
qu'une approximation, les précautions d'usage que
l'on observe dans la construction des partiteurs
sont : 1° de ne les établir jamais que sur des portions rectilignes des canaux; 2° à régulariser la
section de ceux-ci, entre des plans bien parallèles,
sur une longueur de 140 à 150 mètres au moins,
et dans un profil tout en maçonnerie, sur au moins
12 à 15 mètres en amont du point de partage;
3° d'éviter soigneusement les arêtes saillantes des
murs, voûtes, etc., qui donneraient lieu à des con-
tractions inégales de l'eau introduite dans les diverses branches; 4° d'éviter également pour ces
branches l'emploi des aqueducs couverts et tuyaux
de conduite, dans lesquels l'écoulement ne s'opère
plus dans les mêmes circonstances que dans les
canaux et aqueducs découverts.

Si les partiteurs ordinaires sont inférieurs, sur
certains points, à ceux qui empruntent le secours
d'un barrage, ils ont aussi leurs avantages particuliers; notamment s'il s'agit d'un canal recevant des
eaux troubles ou sujettes à des dépôts et atterrissements. Car on n'évite cet inconvénient, qui est des
plus graves dans le cas dont il s'agit, qu'en conservant soigneusement, tant en amont qu'en aval de
l'édifice, une pente notable et continue, qui ne peut
guère être au-dessous de $0^m,0008$ à $0^m,001$ par
mètre.

Il est arrivé, pour les piles de partiteurs, le contraire de ce qui a eu lieu pour les piles de pont. Autrefois celles-ci se faisaient prismatiques et très-aiguës ; et actuellement on a adopté la forme circulaire, qui est effectivement préférable. Pour les partiteurs, on avait commencé par établir les piles suivant le contour arrondi, indiqué en *b*, fig. 6, pl. xv ; mais comme on a reconnu qu'il s'y arrêtait des herbes et autres corps flottants, on a renoncé tout à fait à cette forme, pour adopter celle qui a pour base un angle très-aigu, indiqué au point *a* de la même figure.

Les partiteurs sont des ouvrages d'une origine extrêmement ancienne, ou du moins cette origine semble coïncider avec celle de l'irrigation elle-même. Il y en a en France qui peuvent justifier cette opinion. Ainsi, des titres remontant jusqu'à 1204, établissent que les eaux de Vaucluse doivent, en sortant de la branche de Védennes, se partager *également* entre celles d'Avignon et de Sorgues, et un partiteur a été établi en cet endroit. Sur divers points, les eaux de Crapone et de Boisgelin se partagent, entre les communes de Miramas et de Saint-Chamas, dans la proportion de 1 à 2 ; et c'est encore à l'aide de partiteurs que cette division est opérée. Sur les canaux d'Italie, les partiteurs très-anciens sont extrêmement nombreux.

Ponts. — Les ponts et pontceaux destinés au

rétablissement des communications interrompues
par les canaux d'irrigation et leurs dépendances,
n'ont rien qui leur soit particulier. Dans les pays où
l'arrosage a acquis un grand développement, ces
ponts finissent par exister en très-grand nombre,
sur les voies de communication de toute espèce ;
et comme les réparations qu'ils exigent tendent
toujours à gêner la circulation, il est d'une bonne
police d'obliger les propriétaires de canaux à établir
ces ponts en maçonnerie, et non en bois. C'est ce
qui a lieu en Piémont ; et quant aux anciens ponts
dans ce système, on les tolère jusqu'à l'époque où
leur reconstruction devient nécessaire ; alors ils
rentrent dans la prescription générale.

La planche xvii, fig. 1 et 2, et les diverses figures
de la planche xviii, donnent le détail de divers
ponts et pontceaux de cette espèce, établis sur des
routes de différentes largeurs. On voit par plusieurs
de ces dessins qu'on ne craint pas en Italie d'établir
ces ponts biais, toutes les fois que cette disposition
est réclamée par la situation naturelle des abords
de la voie de communication qui se trouve interrompue par le canal. Un très-grand nombre de
ponts, existant sur les canaux d'arrosage, domaniaux ou particuliers, dans le Piémont et le Milanais, se trouvent dans ce cas.

Quand le canal d'arrosage doit servir aussi à la
navigation, on rentre, sous ce rapport, dans l'observation des conditions d'usage, en ce qui concerne

la hauteur sous clef, ou aux naissances, les banquettes de halage, les ponts à tablier mobile, etc.

Aqueducs; ponts-aqueducs; siphons. — On donne indistinctement le nom d'aqueduc à l'ouvrage d'art qui sert à faire traverser un canal par un courant d'eau, soit au-dessous, soit au-dessus. Cependant, comme il est essentiel de distinguer ces deux situations, très-différentes, il est bon de réserver le nom d'aqueduc pour les conduites souterraines, et celui de pont-aqueduc pour celles qui occupent une position élevée, au-dessus d'un cours d'eau, d'un canal, d'un chemin, ou d'un vallon.

Il y a des aqueducs couverts en dalles et des aqueducs voûtés. On doit faire sur ces derniers une observation qui leur est commune avec les ponts en maçonnerie, savoir que l'eau courante éprouve généralement une forte contraction en s'introduisant dans un ouvrage d'art de cette espèce, et que par conséquent on doit prendre, si cela est possible, des précautions pour atténuer cet inconvénient, soit en arrondissant les arêtes, soit en adoptant, pour le cintre des voûtes, les courbes, et la position, qui correspondent à la moindre contraction.

Dans une contrée où l'irrigation est très-active, les aqueducs conduisant des canaux et rigoles de tous les ordres, se traversent sur un grand nombre de points. Il est à remarquer que leurs directions dans ces croisements sont biaises, plus souvent encore que cela ne se remarque dans les ponts. Cela ré-

suite de l'importance que l'on attache à ménager à
ces dérivations toute leur vitesse, tout leur débit,
qui pourraient être altérés par les contours qu'on
serait obligé de leur faire suivre, pour obtenir dans
leur croisement des directions normales.

La plupart de ces observations s'appliquent également aux siphons, dont j'ai donné la définition dans
le tome Ier, page 127. Ils appartiennent à la classe des
aqueducs souterrains ; seulement leur construction
et le mode d'écoulement de l'eau sont plus compliqués. L'utilité d'y atténuer autant que possible les
effets de la contraction, ne s'y fait pas moins sentir
que pour les simples aqueducs.

Mais ce but est beaucoup plus difficile à remplir ;
car, indépendamment des circonstances accessoires,
indiquées plus loin, la seule nécessité d'obliger une
eau courante à descendre et à remonter, sous l'effet
de sa propre pression, et à s'infléchir, dans ce mouvement anormal, suivant les différents contours
d'un ouvrage d'art, suffit toujours pour faire naître
des frottements et des causes retardatrices assez
puissantes. On peut même remarquer, par la seule
inspection des coupes longitudinales de ces ouvrages, représentés en assez grand nombre, pl. xxi—
xxiv, qu'avec les formes actuellement en usage,
l'effet nuisible, dû particulièrement à la contraction, au passage des siphons, doit être extrêmement
notable. Pour l'atténuer, il faudrait pouvoir adopter
des formes curvilignes, qui s'obtiennent facilement

dans les ouvrages en fonte ou en fer. Mais jusqu'à présent, malgré leurs avantages incontestables, on a dû renoncer à ces formes, qui entraîneraient de trop grandes difficultés dans l'appareil des voûtes en maçonnerie, ou des défauts de liaison qui seraient plus fâcheux encore.

Si l'on projette des siphons, avec les plans inclinés et les arêtes saillantes qui s'y remarquent jusqu'à présent, on doit donc tenir un compte suffisant des diverses circonstances qui viennent d'être mentionnées. Aucune expérience, à cet égard, ne permet d'établir, comme indication préalable, un chiffre quelconque. C'est aux ingénieurs, d'après leurs connaissances en hydraulique, à bien apprécier, dans chaque cas particulier, par quelles modifications de la pente ou de la section ils pourront compenser l'influence des siphons.

Il y a encore une autre observation bien essentielle à faire ; c'est que si la résistance des voûtes est très-grande pour supporter une pression extérieure, elle est généralement faible contre une poussée intérieure ; et c'est le cas des siphons. Il est vrai que souvent la charge qu'ils supportent est très-considérable, et fait plus que compensation à la poussée verticale ou latérale exercée dans l'intérieur de ces ouvrages d'art. Mais cela n'a pas toujours lieu ainsi, et alors on ne doit pas hésiter de recourir à un système de liens ou armatures en fer, comme cela a été fait pour plusieurs des siphons traversant le canal de Pavie, notamment dans celui qui est représenté planche XXIII, fig. 1.

Les ouvrages d'art de cette espèce sont, plus encore que les ponts-canaux, exposés à de graves avaries. On doit donc n'y employer que les meilleurs matériaux, les meilleurs ciments, et ne rien épargner pour que la mise en œuvre en soit aussi parfaite que possible.

Les simples aqueducs ayant pour objet de faire passer une conduite d'eau sous le remblai d'une route ou d'un canal, sont toujours d'une longueur restreinte. Il n'en est pas de même des ponts-aqueducs ou ponts-canaux, qui, tout en n'étant établis que pour le service d'une médiocre, ou même d'une petite dérivation, sont souvent assujettis, par l'obligation de traverser une grande rivière ou un vallon, à atteindre de très-grandes dimensions, entraînant des dépenses proportionnées. Ces ouvrages sont donc principalement ceux dont les dépenses doivent avoir été prises en ligne de compte, dans les avant-projets, ainsi que dans les mémoires où l'on développe les avantages d'un canal projeté.

Les constructions de cette espèce ont besoin d'être établies avec d'excellents matériaux, et avec les plus grands soins ; car, dans le cas général, celui où ils franchissent une rivière, ils ont à la fois leur base et leur sommet exposés à l'action de l'eau courante. L'existence de la masse liquide, souvent considérable, qu'ils supportent, augmente dans une très-grande proportion, sur les voûtes et les pieds-droits, les efforts de pression, qui agissent dans les ponts ordinaires.

Il existe sur les canaux royaux et particuliers du nord de l'Italie un assez grand nombre de ponts-aqueducs et de ponts-canaux, dont plusieurs sont des ouvrages importants. Ceux qui sont représentés planches XIX et XX, peuvent donner une idée du genre de construction qui est généralement adopté dans ce pays.

Écluses. — Les écluses des canaux de navigation et d'arrosage sont caractérisées par le double passage qui y est indispensable, 1• pour le service des bateaux; 2° pour le service de l'irrigation. Le premier est un sas d'écluse ordinaire, dont on établit, dans le système le plus convenable, les dimensions en longueur et en largeur, la chute, etc. En un mot, il n'y a, pour cette partie de l'écluse, aucune sujétion qui soit relative à l'arrosage. Au contraire, le deuxième passage, ou le pertuis, n'a d'autre usage que de transmettre régulièrement, aux biefs inférieurs, les volumes d'eau nécessaire à la distribution qui se fait par les régulateurs. Ce service est confié exclusivement aux eygadiers, et s'opère au moyen des vannes placées en tête de ces pertuis.

Comme il existe toujours en ce point une chute considérable, et que, du moins dans les parties supérieures et moyennes du canal, le volume d'eau à transmettre constitue un courant continu, il est

d'usage d'y placer des usines. Quand même d'ailleurs le courant ne serait pas continu, ce ne serait
point pour celles-ci un motif d'exclusion, puisque
plusieurs de celles qui concernent les arts agricoles
supportent, sans inconvénient, des interruptions de
travail ; telles sont les machines à battre les graines,
les pilons à blanchir le riz, etc. Les moulins eux-
mêmes ne doivent pas éprouver, par cette raison,
d'autre inconvénient que celui qui est attaché à
l'interruption momentanée du travail. En un mot,
les usines étant toujours avantageuses dans cette
situation, où elles profitent de l'eau, sur une chute
existante, et sans en consommer aucune partie,
sont un accessoire important, que l'on ne doit
pas négliger de comprendre dans les projets de
canaux.

La figure 6 de la planche xxiv, et toutes les
figures de la planche xxv donnent, en plan, coupes
et élévation, les dispositions d'une écluse dans ce
système. Elle est prise sur le canal de Pavie, dont
les ouvrages d'art sont remarquables par leur bonne
exécution.

On voit par ces figures que l'on profite de l'existence du pertuis de transmission, dans lequel l'eau
n'est jamais qu'à peu près au niveau du bief inférieur,
pour faciliter l'écoulement de celle du sas rempli,
au moyen de buses ou aqueducs, qui sont en nombre
variable, depuis deux (pl. xxiv, fig. 6) jusqu'à cinq
(pl. xxv, fig. 2 et 3). Par leur moyen, le vidage

des sas de la plus grande dimension, dans les écluses
de ce système, s'opère dans un temps extrêmement
court, relativement aux écluses ordinaires, qui n'ont
que la ressource des vantelles. Dans les ouvrages
de ce genre que j'ai visités en Italie, je n'ai jamais
vu ce même système adapté également au remplissage du sas, au moyen de buses ou aqueducs com-
muniquant avec le bief supérieur. Quant à ceux
d'aval, qui débouchent dans le pertuis, qu'ils soient
biais ou d'équerre, on doit toujours avoir soin
d'établir, soit pour le radier, soit pour les bajoyers,
des maçonneries très-solides, pouvant résister au
choc et à l'agitation considérable de l'eau qui en sort.

Sur les canaux du Milanais, les vantelles ont une
construction qui rend leur manœuvre des plus
expéditives; mobiles, sur un axe vertical, partageant leur surface en deux portions un peu inégales,
un très-léger effort de traction suffit pour les ouvrir
instantanément, c'est-à-dire pour les placer d'é-
querre sur le plan de la porte, où les feuillures sont
pratiquées, moitié en amont, moitié en aval.
L'éclusier ou eygadier se sert pour ouvrir et fermer
ces vantelles d'une simple gaffe, semblable à celle
des bateliers; et il n'emploie pas d'autre instrument
pour la manœuvre des portes elles-mêmes. Ainsi
qu'on le voit (pl. xxiv, fig. 9), elles n'ont pas de
balancier; pour les ouvrir, l'éclusier les tire avec
une simple chaîne qui y est fixée; pour les fermer,
il les repousse avec la gaffe. Cela se fait ainsi d'une

manière extrêmement simple, que l'on doit regarder comme préférable au système des engrenages, auxquels on a recours ordinairement pour la manœuvre des portes d'écluse dans lesquelles on supprime les balanciers.

Les ferrements des portes busquées des canaux du nord de l'Italie .étaient anciennement établis d'après le système · imparfait qui est représenté pl. xxiv, fig. 8. Actuellement on établit toujours ces ferrements dans le système de la figure 7; et c'est celui qui est en usage sur la presque totalité des canaux de l'Europe.

On peut remarquer dans la coupe de l'écluse représentée pl. xxv, fig. 1, un système de poutrelles horizontales formant une espèce d'estacade, à quelque distance en avant du mur de chute. Cette disposition, qui a été fort en usage sur les canaux du Milanais, n'y est plus guère observée aujourd'hui. Elle a pour but d'empêcher les bateaux montants de s'approcher jusqu'au pied de la chute, car le remous les attire naturellement vers cette position, de sorte que, par défaut de surveillance, il est arrivé que plusieurs ont été remplis d'eau, et submergés, par celle que lancent les vantelles des portes d'amont. Il faut, quand on veut employer ce moyen, que la longueur du sas soit calculée d'après celle des bateaux, indépendamment de l'espace supplémentaire compris entre cette estacade et le mur de chute.

On voit, tome Ier, page 364, par le tableau des écluses du canal de Pavie, que sept ont une chute uniforme de 3 mètres, tandis que les cinq autres en ont de variables, depuis 1^m,70 jusqu'à 4^m,80. J'ai déjà fait remarquer que l'inconvénient des chutes inégales, qui est très-réel sur les canaux de seule navigation, est moins grand avec l'emploi des écluses des canaux qui ont aussi l'irrigation pour objet; car le pertuis, indépendamment de la manœuvre des portes, permet toujours de rétablir la répartition régulière des eaux, qui aurait été momentanément interrompue.

Ouvrages divers ; observations. — Il existe sur les canaux d'arrosage du nord de l'Italie quelques ouvrages spéciaux qui ne rentrent dans aucune des douze classes que je viens d'examiner. On voit, par exemple, dans la planche XVI, fig. 1 et 2, le plan et l'élévation d'une construction en maçonnerie, assez considérable, établie à l'endroit où le canal de Cigliano, dans la province d'Ivrée, en Piémont, tombe dans le torrent de l'Elvo, en formant une chute d'environ six mètres. Les murs en aile qui étaient autrefois établis dans une situation défectueuse, suivant les lignes *a c*, ont dû être récemment reconstruits suivant la direction *a b*.

On pourrait mentionner aussi, parmi les ouvrages divers qui sont un utile accessoire des canaux, les parapets en pierre dure, tels que ceux dont j'ai

donné la description en parlant des dérivations qui
aboutissent dans la ville de Milan. Ces parapets en
granit, qui sont d'un bel effet, sans être coûteux,
sont d'une incontestable utilité, dans les villes popu-
leuses, pour éviter les accidents. On pourrait se
demander à ce sujet, si à Paris nous ne pensons pas
au confortable avant d'avoir pourvu au nécessaire,
en employant journellement, en faveur de la circulation des piétons, de grandes et belles dalles, pour
former ou border de nouveaux trottoirs, tandis
qu'on laisse sans parapets les bords du canal Saint-
Martin, qui, par cette raison, occasionne à lui
seul presque autant d'accidents graves qu'il en
arrive sur toutes les voies publiques de la capitale.

Il est certaines observations communes aux
divers ouvrages d'art détaillés dans ce chapitre.
Quant à leur mode de construction, la pierre de
taille et surtout le moellon de bonne qualité étant
très-rares dans le nord de l'Italie, le corps des
ouvrages d'art est généralement en maçonnerie de
briques. Toutes les coupes qui, dans les dessins
ci-joints, ne sont désignées que par des hachures,
indiquent des maçonneries de cette espèce. Les
têtes des angles et les parements principaux sont
généralement revêtus en pierre de taille, que l'on
reconnaît à la hauteur des assises et à son appareil.
Souvent quand on a besoin d'avoir des parements
très-résistants, on continue d'employer la brique

pour le massif des ouvrages, et ces parements
sont revêtus de dalles en granit, cramponnées
ou gougeonnées. Cela se fait généralement dans
l'intérieur des modules, dans les siphons, etc.

L'emploi du bois pour les petites conduites
d'eau est encore adopté, même sur les canaux
modernes. On en voit des exemples dans les
planches XIII et XXI. Cependant, vu le peu de
durée de ces ouvrages, je crois qu'on finira par y
renoncer tout à fait, à mesure que l'usage des dalles
et des ciments hydrauliques se popularisera davantage.

Sur les différentes figures de l'atlas ci-joint on a
indiqué par des pointillés les portions d'ouvrages
dans lesquelles on emploie, convenablement débitées, des dalles de granit ou de schiste micacé, qui
s'exploitent sur une grande échelle dans les montagnes voisines de Milan. Indépendamment des
parapets le long des canaux, elles servent principalement encore à faire des jouées, chapeaux et
potilles pour les empèlements, des revêtements,
bouches régulatrices, etc.

Une dernière remarque me reste à faire sur
les ouvrages d'art des canaux d'Italie; c'est que,
soit par la rencontre naturelle de plusieurs lignes
sur un même point, soit par le désir d'obtenir une
certaine économie dans les épuisements et les fondations, ouvrages particulièrement coûteux dans
ce pays, on voit souvent groupés ensemble des

ouvrages de nature différente; tantôt c'est un module traversé par une conduite particulière, comme
cela a lieu planche xiii, figures 1 et 2, tantôt ce
sont des ponts et des aqueducs de différentes
formes, comme l'indiquent plusieurs figures des
planches xvii, xxi, xxiii et xxiv.

L'existence de beaucoup d'ouvrages multiples de
cette espèce est un indice infaillible de richesse et
d'industrie, dans la contrée où ils se rencontrent.
Car c'est la preuve que l'irrigation y a atteint un
très-grand développement; et on chercherait vainement un pays qui soit resté pauvre, quand cette
condition y a été remplie.

CHAPITRE VINGT-CINQUIÈME.

DE L'EMPLOI SPÉCIAL DES EAUX DE SOURCE POUR L'IRRIGATION.

§ 1. *Observations préliminaires.*

L'industrie artésienne, qui a déjà acquis une importance réelle, d'après les services qu'elle rend aux manufactures, prend un intérêt plus sérieux encore lorsque l'on considère que c'est l'agriculture qui doit un jour profiter le plus largement des ressources qu'elle présente. En effet, l'application des eaux souterraines aux usages de l'industrie se trouve circonscrite dans un rayon assez restreint autour des centres de population. Loin des lieux habités, la création d'une nouvelle usine n'offrirait pas généralement d'avantages, eût-elle même la force motrice pour rien. L'irrigation, au contraire, est toujours prête à utiliser partout les ressources nouvelles que l'on pourra se procurer.

Les manufactures réclament les eaux de cette espèce, principalement jaillissantes et pouvant donner immédiatement de fortes chutes, tandis que, pour l'amélioration agricole, on trouvera un emploi productif aux eaux de sources artificielles, amenées même à un niveau inférieur à celui du

terrain où l'on a creusé ; car, à la faveur des pentes
naturelles du sol, on conduira toujours ces eaux, par
une dérivation plus ou moins directe, sur les terrains
qui se trouvent à un niveau convenable pour en
pouvoir profiter. Le grand point est d'en obtenir
qui soient abondantes et dont le volume se main-
tienne pendant la saison d'été, la seule pendant
laquelle l'eau est véritablement précieuse pour
l'irrigation proprement dite.

Il est donc hors de doute que l'arrosage effectué
au moyen des eaux de sources, naturelles ou
artificielles, peut rendre de très-grands services à
l'agriculture. Leur utilité se manifeste soit dans les
positions élevées, où l'on ne pourrait aisément
conduire des dérivations, soit dans les positions
ordinaires, où cette ressource s'ajoute, comme un
supplément quelquefois très-important, à celles
qu'on s'est déjà procurées au moyen des eaux courantes ordinaires. Si l'on se demande quelles sont
les contrées assez favorisées pour jouir, à la fois, de
ce double avantage, c'est encore la Lombardie, et le
Milanais en particulier, que l'on trouve à citer en
première ligne ; tant ce pays semble avoir été pré-
destiné à tirer la plus grande partie de sa richesse
de l'immense développement qu'on y donne aux
emplois utiles de l'eau.

Il est vrai que, pour les conquêtes de ce genre,
la présence des avantages obtenus et réalisés, dans
les pays de grande irrigation, est un stimulant bien

plus puissant que le simple espoir des mêmes avantages, à obtenir dans les pays qui n'en jouissent
pas encore. C'est ce qui explique comment les travaux spéciaux ayant pour objet l'aménagement des
eaux de source sont venus se grouper autour du
principal centre des travaux de l'irrigation par les
rivières. Là on connaissait au plus juste la valeur
de l'eau, les ressources qu'elle offrait, et dès lors on
n'a pas regardé à faire des avances pour des recherches qui ont été presque toujours couronnées
d'un plein succès.

Ce n'est pas un petit avantage que de se
procurer, à peu de frais, de pareilles eaux, dans
les lieux où elles se présentent avec abondance,
et où leur emploi est aussi avantageux qu'il
l'est dans le Milanais. Comme il est admis dans
toutes les législations que le propriétaire du sol est
également propriétaire des sources qui y naissent,
soit naturellement, soit artificiellement, c'est le
prix des eaux concédées à perpétuité dans le pays,
qu'on doit prendre pour terme de comparaison de
la valeur des sources que l'on a pu se procurer, soit
par des recherches spéciales, soit par le creusement
d'un canal de dérivation.

Or le prix courant des eaux de cette espèce, établi
par la concurrence, sur les bases des minima fournis par les tarifs du gouvernement de la Lombardie, est 12.000 francs l'once, prix très-modéré,
ainsi que le démontrent les développements donnés

à ce sujet dans un des chapitres du livre suivant ; et
d'un autre côté, obtenir huit à dix onces d'eau, par
des travaux particuliers exécutés sur les terres d'un
seul propriétaire, est une chose qui se voit tous les
jours dans le Milanais. C'est donc, dès lors, un capital de cent à cent vingt mille francs que l'on peut
créer ainsi sur sa propriété, avec un sacrifice minime, consacré aux travaux de recherche ou de
conduite des eaux de source ; et souvent même sans
avoir besoin de recourir à des travaux spéciaux.

Je ne raisonne nullement sur une hypothèse ;
et les personnes qui ne connaissent pas le Milanais pourraient seules soupçonner ici de l'exagération ; car, sur cent canaux particuliers, pris au hasard dans le grand nombre de ceux qui sillonnent
cet heureux et riche pays , on en trouverait difficilement dix qui ne tirent pas de l'emploi gratuit
des eaux de cette nature une ressource supplémentaire équivalente au cinquième, au quart ou au
tiers de leur dotation principale, acquise à titre
onéreux , dans les canaux du gouvernement. Il y en
a pour lesquels cette proportion atteint et dépasse
la moitié. Ainsi, le canal de la famille Taverna, qui
a maintenant 24 kilomètres et demi de longueur,
et qui dérive du Naviglio Martesana sur le territoire de Milan , dans la commune de Gorla , avait,
dans son ancien état, 5 onces d'eau de source, et à
peu près autant d'eau dérivée. Depuis son rétablissement sur une plus grande échelle, il dérive 10 on-

ces, mais en même temps il utilise un volume à
peu près égal d'eau de sources obtenue dans l'exécution des nouveaux déblais : cela porte son débit
total à 20 onces, ou à près d'un mètre cube par
seconde. Le Cavo Calvi, petit canal de 12 kilomètres de longueur, qui dérive du Naviglio-Grande,
est dans le même cas ; sa portée totale de 8 onces se
compose de 4 onces d'eau de sources et de 4 onces
d'eau dérivée. Enfin, on pourrait citer les canaux
des familles Litta, Cattaneo, Barinetti, Visconti,
Borromeo, Melzi, Belgiojozo, Bolognini, et beaucoup d'autres qui tirent également un grand parti
des eaux de sources.

D'après cela je pense que personne ne trouvera
superflu que je sois entré ici dans d'assez grands détails sur les moyens que l'on emploie pour rendre
disponibles et pour utiliser les eaux de sources, au
point de vue des arrosages.

De la recherche des sources. — On avait
accrédité, dans le courant du XVIIᵉ siècle, de vraies
fables sur la manière de découvrir les sources.
Rien de ce qui touche à cet objet ne pouvait être
accueilli avec indifférence, dans l'Italie septentrionale ; aussi, ces moyens, tout chimériques qu'ils
étaient, ont eu longtemps beaucoup de faveur dans
cette contrée ; et l'on s'y occupa très-sérieusement
des propriétés de la baguette divinatoire, ainsi que
d'autres inventions non moins puériles, dont on
peut voir une description complète dans divers écrits

du temps et notamment dans l'*Électrométrie animale* du chevalier Amoretti.

Ceci était l'œuvre du charlatanisme, qui a toujours
su recourir aux déguisements profitables à ses
intérêts. Mais en dehors de ces préjugés, il est
cependant vrai qu'il existe, pour des observateurs
exercés, certains indices propres à faire reconnaître
l'existence d'une source, là où rien ne semblerait
pouvoir mettre sur sa trace. Voici quelques-unes de
ces indications :

1° Au printemps, des places où l'herbe se montre d'un vert plus vif, dans la nuance générale
d'une prairie; ou bien la couleur plus foncée
de la surface du sol, s'il s'agit d'un terrain la-
bouré.

2° Pendant l'été, des moucherons voltigeant en
colonne et se tenant dans un même endroit à peu
de distance au-dessus du sol.

3° En toute saison, des vapeurs sensibles s'éle-
vant le matin et le soir au-dessus des places dans
lesquelles la proximité de l'eau suffit pour augmenter
l'humidité naturelle de la surface du sol.

C'est pour cela que les fontainiers-experts (pro-
fession qui existe encore en Italie) se rendent, dès
la pointe du jour, sur les lieux où on leur demande
une recherche de sources; puis, en se couchant sur
la terre, ils regardent avec attention dans la direction du soleil levant, pour tâcher de découvrir s'il
est, dans le voisinage, des points d'où il s'élève des

vapeurs plus sensibles que cela n'a lieu sur le reste de l'horizon.

Comme les sources que l'on est dans le cas de rechercher n'existent jamais qu'à une certaine profondeur au - dessous de la surface du sol, les divers indices dont il vient d'être question sont bien souvent insuffisants, et le seul qui soit véritablement efficace est le sondage ; mais pour choisir convenablement les lieux où ces sondages peuvent être faits avec quelque chance de succès, il faut des connaissances géologiques, qui ne sont point à la portée de tout le monde et qui ne sont même pas assez répandues parmi les ingénieurs. Il existe néanmoins quelques indices particuliers, consacrés par l'expérience et pouvant servir à connaître, dès le commencement d'une opération de sondage, si l'on a des chances favorables pour rencontrer des eaux de source.

Ainsi, c'est une observation constante, dans la Lombardie, et je crois même dans tout le nord de l'Italie, que partout où l'on rencontre, en creusant au-dessous de la couche végétale, un banc naturel de gravier ou de sable quartzeux blanc, et fin, c'est un signe assuré qu'après avoir percé ce banc on trouvera, au-dessous, une nappe d'eau, qui s'élèvera, par le forage, de manière à couler à un niveau plus élevé que sa couche supérieure.

On a eu recours à des moyens plus ou moins détournés, pour expliquer le jaillissement de l'eau

dans les puits forés ; mais l'explication la plus satisfaisante est celle que l'on a donnée la première ;
car il est hors de doute qu'il s'agit d'obtenir un siphon renversé, dont la branche la plus courte est
l'ouvrage du sondeur, mais dont la branche la plus
longue est celui de la nature.

En Italie comme en France, il est des localités
dans lesquelles il suffit de percer le sol à une certaine profondeur pour obtenir des eaux jaillissantes.
Cela a lieu sur une partie du territoire situé au pied
du revers septentrional de l'Apennin (*voir* la Carte
générale, planche II.) ; par exemple, dans les environs de Modène et dans un rayon de dix ou douze
kilomètres de cette ville. Du moment qu'on y perce
un certain banc, qui n'a que 20 à 21 mètres de profondeur, au-dessous du niveau de la campagne, on
obtient constamment une eau jaillissante, qui, dans
le premier moment de son irruption, entraîne avec
elle du sable, des cailloux, des fragments de bois
calcinés et autres matières ; puis elle s'éclaircit et
coule ensuite assez régulièrement. On a remarqué,
1° que les eaux de la plaine de Modène jaillissent
toutes exactement à la même hauteur ; 2° que l'ouverture d'un nouveau forage dans une localité où il
en existe déjà amène d'abord un certain ralentisse-
ment dans la régularité du débit des fontaines voisines ; mais qu'au bout de quelque temps, celles-ci
reprennent leur cours accoutumé. Cela ne peut
guère s'expliquer que par l'existence d'une nappe

d'eau souterraine, alimentée par un ou plusieurs
bassins d'un niveau supérieur. Ces bassins pourraient
être ou des réservoirs situés dans les vallées de
l'Apennin, ou les eaux mêmes du cours supérieur
de la Secchia et du Panaro qui coulent dans le
voisinage.

Dans les cas semblables on sait toujours à quelle
profondeur on devra creuser pour trouver l'eau ; et
quant à son volume, il est à peu près proportionnel
au diamètre des orifices. Mais ces considérations
s'appliquent entièrement à l'industrie des puits forés proprement dits ; et ainsi que je l'ai déjà remarqué, les eaux jaillissantes qu'ils procurent, généralement à grands frais, sont beaucoup plus intéressantes pour l'industrie manufacturière que pour
l'industrie agricole, qui utilise l'eau au moyen de
simples dérivations et non au moyen de chutes.

*Procédés employés pour canaliser les eaux de
sources.* — Je me bornerai donc à indiquer ici le
détail des moyens qu'on emploie pour utiliser, non
pas des eaux jaillissantes, mais des eaux de sources,
capables seulement de couler, soit à la surface du
sol naturel, soit même à un niveau un peu inférieur. Il importe surtout de connaître ce qui se pratique à cet égard, depuis une époque très-ancienne,
dans le Milanais ; car ce territoire, formé de ceux
des trois provinces de Milan, Pavie et Lodi, se
trouve peut-être, sous le rapport des eaux souterraines, dans des conditions plus remarquables encore

que sous le rapport des eaux courantes ordinaires, dont tout le monde sait qu'il est si admirablement doté.

Les grands déblais exécutés dès les XII⁰ et XIII⁰ siècles, pour l'ouverture des plus anciens canaux du pays et pour celle de leurs nombreuses ramifications, firent bientôt constater ce fait. Dès lors la possibilité de recueillir ces sources abondantes et nombreuses, et de les employer à la fertilisation du sol devint un nouveau stimulant pour l'agriculture, en créant un supplément très-important aux ressources, déjà si grandes, que les canaux du pays offraient à l'irrigation.

C'est un résultat fort important que de pouvoir ainsi recueillir, et employer en arrosages, des eaux de sources, qui se présentent souvent dans les lieux où l'on n'aurait pas pu conduire, par simple dérivation, celles des rivières et canaux. Or le sol du Milanais, et, à un degré moins marqué, celui des autres provinces de la Haute-Italie, présentent constamment, entre la terre végétale et les bancs imperméables de roche ou d'argile, des couches, plus ou moins épaisses, de graviers, cailloux et galets. Il résulte de là qu'en creusant, en un point quelconque de la plaine, dans ces bancs de grève, sans même les percer entièrement, on obtient presque toujours de l'eau. Elle s'élève, il est vrai, dans les fouilles à des hauteurs variables, suivant la position plus ou moins déprimée du point où l'on opère, relativement aux

II.   23

grands réservoirs qui alimentent les nappes d'eau ou conduites souterraines, auxquelles on fait, par le forage, de véritables saignées. Mais à la faveur de la pente régulière et constante que présente le territoire compris entre le pied des Alpes et le cours du Pô, on peut toujours, au moyen de simples rigoles, en déblai, conduire, sur des terrains d'un niveau convenable, ces eaux, qui sont assez précieuses pour dédommager des frais de l'opération, lors même que la distance est grande et les tranchées profondes.

Voici de quelle manière on procède, dans le Milanais, pour mettre à découvert et pour utiliser les sources dont on a reconnu l'existence sur un point déterminé. On commence par creuser un simple puits, jusqu'à la profondeur nécessaire pour mettre distinctement en évidence les jets des différentes sources, qui se manifestent généralement à un même niveau.

Dans les plaines milanaises, sur les territoires éminemment irrigables de Milan, Pavie et Lodi, cette profondeur ne dépasse guère 1^m,50 à 2^m; de sorte que l'eau s'y obtient à très-peu de frais. On élargit l'excavation à mesure que l'on découvre de nouvelles sources, et l'on se procure ainsi un bassin, que l'on nomme dans le pays Tête de fontaine. Sa forme n'est soumise à aucune règle, et peut varier à l'infini, attendu qu'elle doit se prêter à recevoir un nombre illimité de sources distinctes, qui peuvent être distribuées d'une manière très-irrégulière (*Voyez* figures 3 et 8, planche xxvi).

Il pourrait arriver que, malgré les indices favorables qui l'auraient déterminée, une recherche de ce genre ne dût pas aboutir à un résultat satisfaisant; alors cela doit se reconnaître, d'après la constitution du sol, à un certain degré d'avancement de la fouille, au delà duquel il serait inutile de creuser. La science et l'expérience donnent pour cela des règles applicables à telle ou telle localité.

On doit remarquer aussi qu'à mesure que l'on est obligé de s'enfoncer davantage, pour rencontrer les sources cherchées, on perd de plus en plus la chance de pouvoir les utiliser pour l'arrosage des terrains situés à proximité; car il faut toujours ménager encore une certaine pente pour faire arriver les eaux sur le lieu où elles peuvent se répandre à la surface du sol. Il y a donc dans cette recherche un point auquel il est nécessaire de s'arrêter, si l'on ne veut pas faire une opération dispendieuse et sans profit.

Quand, par la découverte de plusieurs sources, on a formé une tête de fontaine, d'une capacité plus ou moins grande, ces sources que, dans ce cas, on nomme, en Lombardie, Yeux de fontaines, étant ainsi mises à nu, par des déblais, sont exposées à s'obstruer promptement, soit par l'éboulement des terres de la fouille, soit par la chute de divers corps étrangers, dans le bassin, soit enfin par les matières

que l'eau jaillissante charrie assez fréquemment.
Il importe dès lors à la conservation des ouvrages
que l'on pourvoie à cet inconvénient.

Le moyen que l'on emploie consiste à placer,
sur chaque source, une tinelle (*tina* ou *tinella*),
espèce de tonneau de forme cylindrique, ou légèrement conique, en bois d'aune ou de chêne, représenté fig. 5. On enfonce ces tinelles dans la terre,
de manière à bien encaisser les sources, et de
sorte que leur bord supérieur dépasse un peu
la surface de l'eau, dans le bassin (fig. 4). Leur
hauteur est variable, suivant celle du niveau que
l'on juge devoir maintenir dans ce bassin; leur
épaisseur varie de 0^m,03 à 0^m,05 ; elles sont reliées
par trois cercles de fer, et mieux par quatre. Leur
prix, en bois d'aune de première qualité, varie de
12 à 15 francs. Quand elles sont exposées à l'action
de l'air, leur durée n'est que de 10 à 12 ans. Cette
durée est au contraire presque illimitée si elles
restent toujours plongées sous l'eau.

On pratique dans le bord supérieur des tinelles
(fig. 4 et 6) une échancrure, proportionnée au débit
de chaque source; et enfin, si on le juge nécessaire,
on les recouvre entièrement, comme cela est représenté fig. 4. Néanmoins je ne pense pas que cet
usage soit généralement suivi ; car dans la plupart
des têtes de fontaine, que l'on rencontre en si grand
nombre dans les provinces de Milan, Pavie et Lodi,
les tinelles sont découvertes.

La fouille qui doit former une tête de fontaine est poussée ordinairement jusqu'à o^m,3o au moins en contrebas du niveau où les sources jaillissent distinctement. Quant aux talus, leur inclinaison dépend de la nature des terres ; mais en général il vaut mieux les faire inclinés que rapides ; afin de se mettre à l'abri des éboulements qui peuvent obstruer des sources, et qui, dans tous les cas, donnent lieu à une augmentation de dépense dans les curages fréquents auxquels ces sortes de bassins sont toujours soumis. Si les terres sont trop mouvantes, comme cela a lieu quand les fouilles sont faites dans des bancs de sable ou de gravier, alors on a recours à un clayonnage ou à un revêtement en pieux et palplanches moisés, comme cela est indiqué fig. 3 et 4, sur la rive droite de la principale tête de fontaine, représentée dans la planche xxvi. Le nombre, la grosseur, et le plus ou moins de fiche, de ces pieux, sont déterminés en raison de la poussée des terres qu'ils ont à supporter, et d'après la nature du fond.

Il arrive souvent dans les recherches de ce genre qu'une fouille se remplit d'eau, au fur et à mesure qu'on l'approfondit, sans que l'on puisse indiquer l'endroit particulier où naissent les sources qui alimentent ce bassin. Il est alors très-difficile de savoir où placer les tinelles, et l'on a éprouvé que, sans cette précaution, le produit ne peut être regardé comme assuré, attendu qu'il arrive tôt ou tard des intermittences, ou même des interruptions complètes dans le débit des sources non encaissées, qui se trouvent ainsi placées au fond d'un bassin plus ou moins profond. Dans ce cas, l'expérience seule a indiqué, pour les découvrir, un moyen des plus simples et pourtant infaillible. Il consiste à laisser entièrement en repos, pendant quelques mois d'été, le bassin nouvellement découvert; et les endroits où existent les sources s'y trouvent alors naturellement indiqués par la présence du cresson de fontaine qui ne manque jamais d'y croître, de préférence à toute autre place.

L'action de la source sur les parois plus ou moins molles du conduit souterrain par lequel elle coule, entraîne toujours avec elle des particules terreuses qui se déposent naturellement dans le premier récipient qu'elles rencontrent; et ce récipient est la tinelle elle-même. L'expérience prouve en effet qu'il faut assez souvent recourir à un véritable curage dans l'intérieur de ces tinelles, où l'on rencontre de la vase en plus grande quantité que dans le reste du bassin environnant. Quelquefois aussi il arrive que cette vase liquide, retombant d'elle-même dans les parties les plus basses, finit par engorger les veines de la source, qui devient tout à fait improductive. Le seul parti à prendre, dans ce cas, consiste à tâcher de la faire reparaître, au moyen d'une sonde, introduite dans son ancien emplacement, et si l'on ne réussit pas on n'a plus qu'à enlever la tinelle, devenue inutile, pour la réemployer dans un autre endroit.

Quand on a terminé les déblais d'une tête de fontaine, et que l'on est fixé, au moins par approximation, sur le produit des sources qui doivent définitivement en faire partie, on procède à l'ouverture de la rigole de dérivation. Elle est désignée spécialement, en Lombardie, sous le nom de *Asta di fontana* ; ce qui est à peu près équivalent de Queue de fontaine. Mais il n'y a pas de nécessité à adopter ici une dénomination particulière, puisque cette dérivation, petite ou grande, n'est qu'une rigole ordinaire, ou plutôt, elle est le canal d'amenée qui doit généralement traverser, en déblai, une certaine étendue de terrain, avant d'arriver à celui sur lequel les eaux de source peuvent être répandues, pour l'arrosage.

Par conséquent, en ce qui touche la détermination des pentes et de la section de cette rigole, on doit se reporter au chapitre qui traite exclusivement de cet objet.

On n'a quelquefois qu'une seule source, d'un produit minime, mais néanmoins d'une utilité très-grande, si elle peut être conduite à une certaine distance. Quand en même temps le terrain, où serait ouvert la rigole d'amenée, est assez perméable pour faire craindre une trop grande déperdition du volume d'eau, on emploie de petites conduites en bois, en terre, ou en métal, ayant la forme d'un demi-tuyau, ainsi que le représente la figure 2 de la planche xxvi. Les eaux souterraines ont, en matière d'irrigation, des avantages particuliers, dont j'aurai occasion de parler dans un autre endroit de cet ouvrage. Ils sont presque toujours assez notables pour couvrir avec profit de petites dépenses accessoires du genre de celle dont il vient d'être question.

En résumé les eaux de source, naturelles ou artificielles, ont un très-grand intérêt pour l'art des arrosages; d'abord, comme fournissant souvent, aux dérivations ordinaires, ainsi qu'on vient de le voir, une ressource supplémentaire, qui pourra devenir de plus en plus importante; mais surtout en mettant cette industrie vitale à la portée des plus petits propriétaires, qui peuvent l'exercer d'une manière profitable, pour eux et pour le pays, sans avoir à passer par les lenteurs et les formalités auxquelles il faut s'attendre lorsqu'on veut faire fonctionner des associations.

Quant aux fontaines artésiennes proprement dites, encore bien, comme je le démontre dans un des chapitres suivants, que l'eau qu'elles fournissent soit généralement obtenue à un prix plus élevé qu'il ne convient pour l'employer en irrigations, il est néanmoins certain que ces eaux ont aussi leur intérêt au point de vue agricole, surtout à notre époque, puisqu'il est hors de doute que la sonde est destinée à devenir, d'ici à peu de temps, un instrument d'une grande puissance.

LIVRE SIXIÈME.

PRINCIPES GÉNÉRAUX

DE LA PRATIQUE

DES IRRIGATIONS.

CHAPITRE VINGT-SIXIÈME.

PRINCIPES GÉNÉRAUX. — INFLUENCE DE L'EAU SUR LA VÉGÉTATION.

§ I. *Considérations préliminaires* (1).

Penser, souffrir et se mouvoir, paraissent être les seules conditions négatives qui établissent une infériorité essentielle dans l'organisation des plantes, relativement à celle des animaux. Mais, à cela près, il existe encore de grandes analogies entre la végétation et les fonctions vitales proprement dites. Dans la plante, a dit Chaptal, les forces d'affinité qui appartiennent à la matière sont toutes modifiées par le concours de lois spéciales. En effet, choix des aliments, absorption, digestion, assimilation, système de vaisseaux, circulation propre, organes reproducteurs, etc., tout concourt à établir qu'il y a chez elle organisation et vie.

(1) C'est avec regret que je me suis vu dans la nécessité de restreindre à des principes généraux, et aux considérations les plus indispensables, la matière de ce livre VI. J'avais toujours pensé lui donner plus d'étendue. Je me plaisais même à l'idée que je pourrais le présenter avec les développements désirables. Élevé à la campagne, initié dès l'enfance à tous les détails de l'économie rurale, propriétaire de terrains arrosés, les pratiques agricoles se rattachant

Dans le régime animal , la vitalité est plus parfaite, les fonctions plus nombreuses, et plus indépendantes des causes purement physiques. Dans les végétaux les fonctions analogues dérivent aussi d'une organisation particulière. Sans doute elle est passive des agents externes , mais elle-même les modifie.

Après la vie, la végétation est donc sans contredit ce qu'il y a de plus important à étudier dans le monde matériel ; tout remonte à elle, et tout vient s'y rattacher ; car sans les plantes , nul être vivant ne pourrait exister. La viande n'est un aliment aussi éminemment substantiel que parce qu'elle est le produit d'une première assimilation de la matière végétale , consommée par les espèces herbivores,

au sujet que je traite, ne me sont pas moins familières que les opérations relatives à l'art de l'ingénieur.

Mais les matériaux que j'ai recueillis sur la pratique de l'irrigation , ainsi que sur les résultats qu'on doit en attendre, étant considérables, il eût fallu , pour les employer ici, accroître encore l'étendue de cet ouvrage, dont le plan primitif a déjà subi une assez grande extension.

J'ai donc dû me borner à ne présenter dans les deux premiers chapitres du livre VI que des considérations générales. Mais, indépendamment de ce que la connaissance des principes est toujours la meilleure base à donner à une étude quelconque, on remarquera facilement que ces considérations aboutissent toutes à des conséquences pratiques, et conduisent de la manière la plus directe aux meilleurs préceptes à observer pour le succès des arrosages. Il est d'ailleurs suppléé utilement à une grande partie des détails spéciaux que je ne puis donner dans ce volume, par les notes du livre VI, placées à la fin de l'ouvrage, et concernant principalement : 1º les assolements les plus remarquables obtenus par l'irrigation ; 2º la culture du riz. dans le nord de l'Italie ; 3º celle des *Marcite* du Milanais.

qui sont devenues la base de la nourriture des
nations civilisées.

L'homme consomme simultanément de la viande
et des végétaux. Dans les classes riches le rapport de
ces deux régimes n'est réglé que par le choix, le
caprice, ou la sensualité. Dans les classes pauvres, il
n'en est plus de même, car le prix généralement
élevé de la bonne viande fait que la majeure partie
des habitants des campagnes s'en passent à peu près
toute l'année.

Ainsi donc, augmenter la production des plantes
utiles, formant la base des fourrages, c'est travailler
à la fois à l'amélioration du sort des classes labo-
rieuses et à l'accroissement de la richesse publique.

L'eau, l'air, la chaleur et la lumière sont les
causes nécessaires de toute végétation. L'eau surtout paraît en être la condition la plus essentielle;
car, pour peu qu'elle soit imprégnée d'oxygène, les
plantes, mises en communication avec elle, peuvent
se passer du contact de l'air. Quant à la chaleur,
on conçoit que son degré doit varier, à cet égard,
entre des limites fort éloignées; vu l'immense quantité de végétaux différents, que la munificence du
Créateur a répartis sur notre planète, depuis les
glaces polaires jusqu'à la zone torride. On pourrait
objecter à cela que les plantes paraissent être, dans
ce sens, à peu près dans le même cas, pour l'eau ou
pour la chaleur; car il en est qui ne peuvent vivre
que dans un état complet d'immersion, tandis que

d'autres se plaisent dans des sables arides et brûlants, où la présence de l'eau ne paraît pas leur être utile. Mais il ne faudrait pas se fier aux apparences, car telle plante qui paraîtrait pouvoir se passer d'eau en renferme souvent elle-même une grande quantité; pour d'autres, c'est le cas inverse. De sorte que, en y regardant de près, on reconnaît bientôt que, sous une forme ou sous une autre, le concours de l'humidité est toujours indispensable à la végétation.

On doit bien remarquer que les plantes ont la faculté de s'assimiler l'eau, non-seulement à l'état liquide, mais surtout à l'état de vapeur, et comme cette vapeur, surtout dans les climats chauds, existe dans l'atmosphère, en très-grande abondance, à certaines heures du jour et de la nuit, il suffit, pour remplir le vœu de la nature, que les plantes aient une organisation propre à l'absorber.

Comment cela pourrait-il être autrement quand on voit que si l'on coupe, par exemple, une tige d'agavé, d'aloès, et autres de ce genre, ne se plaisant que dans les lieux secs et chauds, non-seulement il en découle un liquide visqueux, mais que si l'on presse fortement une de ces tiges charnues, l'eau en coule comme d'une éponge? Il y a d'autres anomalies non moins bizarres, qui confirment toutes ce rôle capital de l'eau dans la végétation. Ainsi en examinant certains produits éminemment secs et solides, on pourrait penser que, dans leur formation, l'influence de l'eau ou de l'humidité a dû être, sinon nulle, du moins très-insignifiante. On ne peut pas choisir, de ce cas, un exemple plus marquant que celui du riz, puisque les graines en sont d'une excessive dureté; et cependant c'est là un végétal qui ne peut croître et fructifier qu'autant qu'il aura eu, littéralement parlant, le pied dans l'eau, pendant presque toute la durée de sa croissance.

Cette nécessité indispensable de l'eau pour la formation et l'accroissement des plantes se conçoit et s'explique d'autant mieux, qu'elle leur est nécessaire de deux manières différentes; c'est-à-dire non-seulement à son état naturel, ou comme humidité; mais surtout comme renfermant, par l'hydrogène et l'oxygène, dont elle se compose, dans des proportions connues, deux des principaux éléments constitutifs de la matière végétale. Il y a longtemps qu'on n'a plus de doutes sur la propriété qu'ont les plantes de décomposer l'eau et de s'assimiler ces mêmes éléments, ainsi que les substances qui s'y trouvent accessoirement dissoutes, ou même mélangées. Les transpirations distinctes des feuilles, et autres parties vertes, qui dégagent de l'oxygène pur. sous l'influence de la lumière, et de l'acide carbonique, pendant la nuit, suffiraient seules pour prouver qu'il s'opère dans ces organes, ou pour mieux dire, dans toute la plante, sous l'influence de la force végétative, des combinaisons analogues à celles qui ont lieu par les actions chimiques. L'hydrogène que contiennent en abondance toutes les matières végétales doit lui-même provenir principalement de l'eau qu'elles ont décomposée.

Mais indépendamment de l'importance de ce liquide, envisagé comme étant en quelque sorte un réservoir des éléments de la matière végétale, et comme devant subvenir, par voie de décomposition, à l'accroissement de celle-ci, l'eau n'est pas moins indispensable comme entrant, à son état naturel, dans le tissu des plantes auxquelles elle donne la souplesse, la fixibilité nécessaires; et surtout comme étant le principal véhicule de tous les principes nutritifs, gazeux, solubles, et autres, qui concourent à l'accroissement des végétaux. Voilà pourquoi, pour peu qu'il y ait de chaleur, une terre, et autant que possible une atmosphère, humides, sont ce qu'il y a de plus favorable à la plupart des cultures.

Que faut-il pour que le sable aride, la roche nue, la pierre la plus dure, se couvrent d'une certaine végétation? Seulement un peu d'humidité. Existe-t-elle, aussitôt les mousses et les lichens s'emparent spontanément de toute surface minérale et la corrodent peu à peu, en insinuant dans ses pores des milliers de petites racines imperceptibles, mais qui sont, avec le temps, des agents de destruction. Ce n'est d'abord qu'une espèce de poussière qui s'at-

tache sur la pierre et le rocher ; mais elle ne tarde
pas à augmenter de volume, et manifeste les carac-
tères d'une véritable végétation ; bientôt quelqu'un
des milliers de germes qui sont transportés dans
l'atmosphère par le vent, les insectes, ou les oiseaux,
vient s'attacher à ce premier revêtement, et y développe des plantes d'une organisation plus complète.
Sous l'influence des changements de saison et des
intempéries, il résulte de là une suite de décompo-
sitions dans lesquelles les sables et les poussières,
fournis par les roches, se mêlent avec les débris des
plantes, produisant de l'humus, qui est la substance
éminemment propre à l'entretien de toute végétation.

Voilà par quels moyens la matière organique
tend sans cesse à s'emparer de la matière minérale ;
mais, on ne saurait trop le remarquer, tout cela ne
s'opère que sous l'influence de l'humidité, puisque
là où elle existe la végétation est souvent surabondante, tandis que là où elle manque celle-ci est
nulle et impossible. Cela tient à ce fait, bien constaté, que ni le développement des germes, ni
l'accroissement des plantes ne peuvent s'opérer sans
le secours de l'eau. Telle semence qui restera indéfiniment à l'état de graine, tout en conservant, généralement pendant un grand nombre d'années, sa
faculté germinative, si elle est tenue dans un lieu
sec, se développera, au contraire, soit immédiatement, soit dans un court délai proportionné à sa

nature , dès qu'elle sera en contact avec l'humidité (1).

Nul doute que dans l'effet, si puissant, de l'irrigation sur les prairies des climats méridionaux on ne doive compter, pour beaucoup, le développement d'une multitude de graines, qui fussent restées stériles , d'après l'absence des pluies d'été.

Au delà de la période de la germination , l'eau, indépendamment de sa décomposition continuelle, n'est pas moins indispensable aux plantes faites, comme entrant toujours, en quantité notable, dans leurs principaux organes, qu'elle entretient dans l'état de flexibilité et de consistance convenables.

Son absorption dans le sol , par le chevelu des racines , pourrait s'expliquer par un simple fait de

(1) On vient de publier dans les journaux anglais un fait curieux, donné comme bien authentique , mais sur lequel le doute, et même l'incrédulité, me semblent bien permis. En développant les bandelettes d'une momie égyptienne, on y a trouvé quelques grains de blé, d'une conservation parfaite ; mais remontant comme elle à une date constatée de 3ooo ans. Ces graines semées et cultivées auraient donné des épis dont on a , dit-on , observé soigneusement le nombre, la grandeur, le produit, etc. — Il est bien vrai qu'il existe des semences qui conservent, pendant un temps très-long, leur faculté germinative. Le blé est du nombre; et celui qu'on a plusieurs fois découvert par hasard dans des silos , où il paraissait avoir été placé à des époques très-anciennes , a toujours germé et fructifié dans la terre , quand il n'était point altéré par l'humidité. On connaît d'autres graines qui , après avoir été conservées dans des cabinets d'histoire naturelle , ont germé au bout de quatre-vingt-dix et cent ans. Mais trente siècles ! ce serait prodigieux.

capillarité ; mais si cela a lieu ainsi pour des branches d'arbres coupées, pour des plantes arrachées, il se passe assurément, dans l'acte naturel de la végétation, un phénomène plus compliqué, dans lequel l'action physique de l'eau se combine avec l'action vitale de la plante. Sans cela, comment s'expliquerait-on que, dans certains cas, l'on trouve abondamment, dans le tissu de plusieurs d'entre elles, des particules minérales, ou métalliques, n'ayant pas passé à l'état de sels, étant complétement insolubles dans l'eau seule, et que la plante elle-même, sans le secours de celle-ci, n'aurait aucun moyen de s'assimiler? On peut donc dire que les plantes sont un véritable laboratoire, mais où la nature ne procède que par la voie humide.

Il y aurait, comme l'on voit, une recherche intéressante à faire sur le rôle de l'eau dans la physiologie végétale, et il serait curieux d'étudier, au point de vue de la science, comment on peut, par cette seule influence, solliciter les affinités chimiques au sein de la terre et dans les fibres les plus délicates. Mais nos connaissances sur ce point sont restées, depuis longtemps, à peu près stationnaires. Il est des choses qui échappent aux plus soigneuses investigations ; peut-être même ne sera-t-il jamais donné à l'homme de soulever le voile impénétrable qui dérobe à ses yeux les mystères de la génération, de la vitalité, et de la mort, dans le règne végétal, aussi bien que dans le règne animal.

Au surplus, étant ici essentiellement dans le domaine de la pratique, je dois me borner à constater cette puissante influence de l'eau, comme un
fait acquis à l'agriculture; plutôt que de chercher
à remonter à ses causes, à l'aide de considérations
scientifiques. Je terminerai donc l'exposé des principes auxquels est consacré ce chapitre, en examinant rapidement comment l'eau agit sur chacun
des principaux organes des plantes.

§ II. *Influence de l'eau sur les divers organes des végétaux.*

Influence sur l'ensemble des organes.—Si l'eau
et les autres substances, qui entrent dans la composi-
tion des plantes, se présentent à l'état gazeux, elles
peuvent être absorbées, directement, par leurs parties molles extérieures, sans avoir besoin de passer
par le sol et par les racines. C'est dans ce sens qu'on
dit communément que certaines espèces se nourrissent plutôt dans l'air que dans la terre. Mais encore est-il indispensable que l'air environnant
jouisse d'un état convenable d'humidité, surtout
pendant la nuit; car, sans cela, l'absorption par
cette voie serait toujours à peu près nulle.

En un mot, étant posé ce principe, que les végétaux se nourrissent concurremment par leurs racines et par leurs parties vertes ou charnues, situées
hors de terre, on conçoit qu'il est de la plus grande

importance que, par ces diverses fonctions, ils puissent toujours tirer, soit du sol soit de l'atmosphère, des matériaux proportionnés à l'assimilation qu'ils peuvent en faire ; ou, en d'autres termes, à l'accroissement qu'ils peuvent prendre ; et c'est de l'équilibre entre ces deux facultés corrélatives que dépendent le plus ou moins de développement des plantes, le plus ou moins d'avantages à attendre de leur culture.

Or tout l'art de l'irrigation consiste à rétablir cet équilibre qui, dans l'ordre naturel des choses, n'est accordé qu'à un très-petit nombre de localités.

Si, pour l'air comme pour le sol, la sécheresse est très-prolongée, les plantes souffrent nécessairement ; attendu qu'un degré convenable d'humidité est une des conditions nécessaires de leur existence ; et que c'est seulement sous l'influence de l'eau que peut s'accomplir l'action vitale qui leur fait absorber les éléments divers qu'elles s'assimilent peu à peu. Dans cette circonstance les germes, non encore développés, restent à l'état de graines ; les plantes déjà hors de terre, surtout les plus jeunes ou les plus tendres, celles enfin dont la contexture est principalement herbacée, deviennent languissantes, se fanent, jaunissent, et bientôt se dessèchent tout à fait ; parce que la forte transpiration qu'elles éprouvent, sous l'action de la lumière et de la chaleur, dépouille leur tige de plus d'humidité que ne peut lui en rendre la racine; et que, dès lors, le mécanisme de la végétation est entièrement détruit.

On conçoit donc aisément comment la sécheresse, quand on ne peut pas y suppléer, oppose un invincible obstacle à l'établissement d'une culture perfectionnée, et varié, dans les climats méridionaux, où, pendant toute la durée de l'été il ne pleut que par de rares exceptions. Là il est des cultures, et au premier rang sont les prairies, auxquelles il faut renoncer totalement, si l'on n'a pas d'eau à leur consacrer; autrement elles manquent toujours; et ce serait même une folle entreprise que de vouloir lutter, sur ce point, avec le climat.

Il est d'autres cultures qui, sans se trouver aussi rigoureusement proscrites, réussissent cependant fort mal dans ces contrées, et n'y donnent que des produits incertains. De ce nombre sont les céréales, et c'est pour cela que le midi de la France est obligé de se procurer, principalement par la voie du commerce, le pain, cet aliment de première nécessité.

Si la plante, ayant sa tige dans un milieu lumineux et sec, peut, au moyen de l'irrigation, avoir, au moins de temps en temps, le pied dans un sol humide; alors, sauf quelques distinctions secondaires qui seront indiquées plus loin, elle se trouve dans des conditions très-favorables, pour une

prompte et rapide végétation. Constater ce fait c'est
signaler le grand avantage des contrées méridionales, où l'on peut introduire l'arrosage. Chaleur
assurée et eau à volonté, avec cela le cultivateur peut tirer un immense parti de la terre.
Mais ceci tient aux avantages généraux des irrigations et je les résume dans un autre endroit de cet
ouvrage.

Influence de l'eau sur les racines.—Les racines
ont deux buts différents : 1° fixer les végétaux dans
le sol, où ils doivent prendre un point d'appui d'autant plus fort que leur tige est plus élevée et qu'ils
sont dès lors plus exposés à l'action des vents;
2° concourir avec les feuilles, et autres organes externes, à leur nutrition et à leur accroissement. C'est
bien à tort que l'on a prétendu, à différentes époques, d'après des expériences incomplètes et para-
doxales, que le sol n'étant pour les plantes qu'un
appui, plus ou moins nécessaire, on finirait par s'en
passer; et que l'on pourrait, avec quelques précautions, faciles à prendre, récolter, sur des surfaces
quelconques, du blé, de l'herbe, etc. Ce sont là des
erreurs grossières qui ne méritent pas même une
réfutation sérieuse, et quiconque n'est pas totalement étranger à l'agriculture comprend sans peine
que rien ne peut remplacer le sol, où les racines
des végétaux, de tous les genres, se trouvent dans les
meilleures conditions possibles, pour remplir les
différentes fonctions qui leur sont propres.

Considérée comme principal organe de la nutrition des plantes, l'endroit le plus important de la racine est ce que l'on nomme vulgairement le chevelu, qui se compose des fibrilles, plus ou moins nombreuses, servant à puiser les sucs nourriciers du sol. Le chevelu est la partie la plus délicate comme la plus essentielle de la racine et même de toute la plante; parce que cet organe étant très-impressionnable aux effets de la sécheresse et à ceux de l'humidité est facilement altéré par l'excès de l'une ou de l'autre; ce qui exerce toujours une influence immédiate sur l'état du végétal. Si, par l'aridité et la chaleur du sol, la racine est exposée à souffrir du manque d'eau, les barbes, ou extrémités les plus déliées, du chevelu perdent leur faculté absorbante; ce qui se manifeste nécessairement par une désorganisation analogue, d'abord dans les sommités les plus tendres de la tige, puis bientôt dans toute la plante, quand le manque de pluie est assez longtemps prolongé.

Lors même qu'après une grande sécheresse le sol redevient humide, le mal qui est fait ainsi ne se répare jamais complétement; car il faut que la racine ait le temps de produire un nouveau chevelu pour remplacer celui qui a été détruit, et pendant ce temps-là la tige profite très-peu.

Le moindre inconvénient qui résulte de l'effet prolongé de la sécheresse est donc un retard considérable dans la végétation, entraînant toujours un amoindrissement de la récolte.

Influence de l'eau sur les tiges et sur les feuilles. — On remarque que les plantes des terrains très-arrosés développent une grande quantité de boutons, et ont, par conséquent, beaucoup plus de feuilles que les mêmes plantes, dans les terrains non arrosés. Cet effet est également sensible sur les plantes herbacées, comme sur les arbres et arbustes, soumis à l'arrosage. Mais, pour toutes ces espèces différentes cette influence se manifeste bien plutôt sur les boutons à feuille que sur les boutons à fruit; de sorte qu'on regarde comme un fait bien constaté que l'irrigation développe seulement les parties vertes des plantes.

Indépendamment du plus grand nombre des feuilles et des tiges herbacées, leur qualité est également modifiée. Si on les compare à celles des mêmes végétaux non arrosés on reconnaît de suite qu'elles sont plus grandes, plus charnues, plus poreuses, et d'un vert plus foncé. La forte transpiration qu'elles éprouvent fait qu'elles sont même ordinairement velues à leur face inférieure. Dans les cultures où l'on peut n'avoir en vue que la quantité de la production, cela offre des avantages; mais dans tous les cas où l'on doit tenir compte aussi de la qualité, il y a des compensations, et j'en dirai quelque chose à la fin de ce chapitre.

Influence de l'eau sur la fécondation et sur la formation des graines. — L'eau de pluie, et même celle d'irrigation, sont généralement défavorables à la formation des graines ou semences végétales; d'abord par la cause, signalée plus haut, d'une prépondérance marquée dans le développement des boutons à feuille, ce qui diminue nécessairement le nombre des boutons à fruit, ou à graine; mais encore parce que la vapeur humide, ordinairement si favorable à l'accroissement des plantes, leur est souvent nuisible, au moment de la floraison, surtout lorsqu'elle existe avec les abaissements de température, qui se remarquent dans les matinées et les soirées de la fin de l'été. Dans tous les cas l'humidité, qui s'élève des terrains arrosés, nuit considérablement à la fécondation, en ce qu'elle s'attache à la poussière fécondante, dont elle rend le transport bien plus difficile. Ce n'est donc réellement que dans le cas où, par l'effet d'une sécheresse trop prolongée, des plantes seraient tout à fait souffrantes, que l'humidité, due à l'arrosage, pourrait être regardée comme utile à leur fécondation, ou à la production de leurs semences.

Ce n'est pas seulement quant à la quantité, mais aussi quant à la qualité, que les graines ont à souffrir de l'influence d'une forte irrigation.

Dans certaines contrées on est dans l'habitude de beaucoup arroser les céréales; mais aussi les grains qui en proviennent sont peu recherchés dans le commerce, comme étant d'une qualité inférieure; et surtout d'une conservation difficile. Ainsi donc, quand on a la ressource de l'arrosage pour les cultures de ce genre, on ne saurait en user avec trop de sobriété, à partir du moment de leur floraison. Cette précaution s'observe assez bien, dans plusieurs provinces du nord de l'Italie, sur le maïs, qui y est un des produits très-importants des terres irriguées.

Résumé du chapitre. — Il résulte des considérations développées ci-dessus, que l'eau est douée d'une puissante influence pour développer la végétation, notamment celle de plusieurs genres et espèces de plantes, très-utiles, dont, sans elle, la culture ne pourrait pas même être tentée, dans les régions méridionales, où il ne pleut pas en été. Mais il résulte aussi des mêmes détails, que l'eau n'agit pas d'une manière également favorable sur toutes les parties des végétaux soumis à son influence. En général, elle ne provoque que le développement des parties vertes, telles que boutons, feuilles, ramilles, etc.; et nuit, plutôt qu'elle ne sert, à la fructification. Dans tous les cas, les produits quelconques des terrains très-arrosés se reconnaissent toujours à un tissu plus mou, plus spongieux, à des tiges plus tendres, à des feuilles plus épaisses et plus poreuses; et cet accroissement des parties vertes a lieu souvent aux dépens du volume ou de la

qualité des parties solides, huileuses ou aroma-
tiques. A des degrés plus ou moins grands, les
plantes, et végétaux usuels, se ressentent toujours
de ces divers effets; et on ne doit pas manquer d'en
tenir compte, avant de les soumettre à l'irrigation.

Ainsi, à part les arbres de la nature des saules,
peupliers, aunes, etc., qui recherchent le voisinage
de l'eau, une irrigation abondante agira généralement d'une manière défavorable sur tous les autres;
en ce sens que, s'ils prennent en apparence un développement très-satisfaisant, leurs fibres trop dilatées
par la surabondance des fluides aqueux, les consti-
tuent, relativement aux mêmes espèces, des terrains non arrosés, dans un état d'infériorité provenant, soit de la moins bonne qualité du bois, des
fruits, ou autres produits, soit parce qu'ils sont
beaucoup plus exposés aux influences atmosphériques, telles que les vents du nord, les brumes
d'automne, et les premières gelées, là où ces inconvénients se font redouter. Bien des propriétaires
de mûriers ont fait de fausses spéculations, en
croyant voir un profit réel dans une grande augmentation sur la quantité de la feuille, sans s'occuper de la qualité. Dans plusieurs pays l'usage de
donner beaucoup d'eau aux oliviers a été funeste
à ces arbres utiles, qu'on a rendus plus sensibles à
la gelée, et dont on a perdu successivement un bien
plus grand nombre par cette cause.

Quant aux céréales, l'eau ne peut être appliquée utilement à leur culture, qu'en tenant compte des faits et observations déjà consignés ci-dessus.

Enfin, pour les fourrages eux-mêmes, qui sont en quelque sorte le produit caractéristique des irrigations, il y a aussi des limites essentielles à apporter dans l'usage de l'eau; mais ces détails trouveront leur place dans les chapitres suivants.

CHAPITRE VINGT-SEPTIÈME.

DISPOSITION PRÉALABLE DES TERRAINS A ARROSER. — TRACÉ DES RIGOLES. — QUALITÉ ET MODE DE DISTRIBUTION DES EAUX. — NÉCESSITÉ DES ENGRAIS. — COLMATAGE, ETC.

§ I. *Disposition du terrain , rigoles , emploi des eaux , etc.*

Observations préliminaires.— Lorsque les eaux destinées à l'irrigation ont été introduites dans des canaux, tracés et établis d'après les règles indiquées dans le livre V, il s'agit, pour le cultivateur, d'employer ces eaux de la manière la plus profitable et la plus économique. Ce résultat n'est pas toujours facile à obtenir ; et cependant une irrigation mal dirigée peut détériorer complétement les meilleures propriétés. L'eau est donc, en agriculture, un agent des plus puissants, qui peut faire beaucoup de bien ou beaucoup de mal, et que l'on ne doit manier qu'avec toutes les précautions nécessaires. Pour concevoir aisément qu'il en est ainsi, il suffit de remarquer qu'elle n'agit jamais d'une manière indifférente ; car du moment qu'elle cesse d'être utile, elle devient immédiatement nuisible, soit au sol, qu'elle délaye et appauvrit, soit aux plantes, dont elle modifie la constitution et la nature.

Pour éviter un si grave inconvénient, il faut que

le cultivateur ait l'eau d'irrigation tout à fait à ses ordres ; c'est-à-dire qu'il puisse non-seulement la distribuer, et la faire circuler dans ses cultures, avec la même régularité que le sang des artères et des veines circule dans l'économie animale, mais encore qu'il soit le maître d'arrêter, totalement ou partiellement, cette circulation établie, de manière à en modifier utilement les effets. On pourrait presque se borner à l'énoncé de cette condition fondamentale ; car toute disposition quelconque du terrain qui sera de nature à y satisfaire, pourra être regardée comme convenable pour l'arrosage. Il est néanmoins quelques observations fondamentales qu'il est bon d'indiquer ici.

Pour traiter *in extenso* les matières que j'ai réunies dans ce seul chapitre, il eût fallu plus d'un volume ; et pour les traiter en abrégé, la difficulté est très-grande, tant il y a de distinctions et de restrictions qui s'opposent à ce que l'on puisse donner des règles tout à fait générales ; tant les préceptes, entièrement justes, applicables à une localité, placée dans certaines circonstances, peuvent devenir entièrement inexacts, pour une localité, placée dans des circonstances différentes.

L'irrigation proprement dite est celle qui s'exécute dans les climats méridionaux, jouissant régulièrement d'une température élevée, mais généralement privés de pluies estivales. Alors elle est toute-puissante, et l'on conçoit bien que dans ces conditions, elle doit se manifester avec tous ses avantages. C'est à cette irrigation que se rapportent principalement mes recherches ; et les préceptes, qui sont donnés sans restriction, lui sont toujours applicables.

Mais indépendamment de la culture des rizières et de celle des prés milanais, donnant lieu à des distinctions spéciales, il faut remarquer que l'arrosage n'est point restreint aux localités dont je viens de parler ; car on l'applique tous les jours, et avec profit, dans des pays, ne jouissant que d'une température médiocre, et où l'on doit compter sur des pluies plus ou moins abondantes, dans la saison de la végétation. On remarquera surtout que l'on donne aussi le nom d'irrigation à l'emploi des eaux consistant à les faire couler, ou séjourner, pendant l'hiver, sur les terres dépouillées de leurs récoltes ; non pas pour effectuer un arrosage proprement dit, puisque la végétation est alors arrêtée, mais pour opérer, d'une manière très-économique, le transport et le dépôt des amendements que l'eau renferme ordinairement, en cette saison, dans les pays où une telle pratique est en usage.

Outre ces distinctions fondamentales, qui intéressent la pratique même de l'irrigation, il en est de nombreuses à faire aussi sur les moyens accessoires qu'elle emploie ; c'est-à-dire, sur la disposition préalable des terrains, le tracé des rigoles, la nature et la succession des cultures à préférer, le

choix et la quantité des engrais, etc. Et celles-ci se
subdivisent encore de manière à faire tenir compte
de ce qui concerne : la nature plus ou moins perméable du terrain à arroser, compris le sol et le
sous-sol ; son exposition astronomique ; l'irrigation
des prairies, laissées constamment en cet état, ou
celle des cultures soumises à l'assolement ; l'arrosage
fait sur des terrains inclinés, avec ou sans colatures ;
ou sur des terrains plats ; la qualité des eaux, suivant qu'elles sont plus ou moins claires ou troubles,
plus ou moins chargées de matières, utiles ou nuisibles à la végétation ; suivant qu'elles exigent plus
ou moins d'engrais, etc., etc.

D'après cela il faut donc regarder le présent
chapitre plutôt comme un simple programme que
comme un développement complet et approfondi
d'un sujet si étendu.

Disposition préalable du terrain. — La condition fondamentale de toute bonne irrigation,
opérée sans le secours des machines, c'est que le
terrain à arroser ait toute sa surface à un niveau
suffisamment abaissé, en contre-bas de celle des
eaux dont on dispose. Cette condition se trouve
toujours remplie si, en faisant le tracé du canal
d'arrosage, on l'a destiné à desservir les terrains
dont il s'agit. C'est le cas le plus simple pour le cultivateur, qui n'a plus qu'à établir, pour son usage,
une simple dérivation secondaire, après avoir toutefois dressé la superficie de son héritage, suivant

des pentes convenables, qui vont être indiquées à
l'instant. Mais il arrive souvent que le propriétaire
d'un terrain plus élevé que ceux qui ont été pris
pour base du tracé susdit désire, néanmoins, faire
jouir ce terrain des avantages de l'irrigation. Alors,
comme il est impossible d'exhausser le niveau des
eaux, il faut nécessairement abaisser celui du sol,
et c'est la dépense à faire pour cette opération qui
montre si elle est bonne ou mauvaise; car c'est une
charge supplémentaire, qui n'est pas, généralement, mise en ligne de compte dans les évaluations
préalables que l'on fait, en établissant les redevances à payer pour l'arrosage; ou, ce qui revient
au même, en réglant le partage des bénéfices, entre
les usagers et le fondateur d'un canal.

On ne pourrait pas procéder ainsi à l'abaissement
d'une très-grande étendue de terrain; car l'opération deviendrait bientôt impraticable, d'après les
frais trop élevés qu'entraînerait le transport des
déblais, ou d'après la difficulté de pouvoir les employer; mais, sur une petite échelle, la chose est
très-faisable, et se pratique tous les jours. Ainsi,
dans les provinces milanaises, dont l'irrigation fait la
principale richesse, on ne regarde pas comme une
chose trop onéreuse d'effectuer cet abaissement du
sol, depuis $0^m,50$ jusqu'à 1^m ou $1^m,50$, sur des étendues de plusieurs hectares. Mais cependant, d'après
les frais que cela exige, il faut être, sous d'autres
rapports, dans des conditions très-favorables.

On ne doit pas s'étonner qu'il reste presque toujours ainsi à proximité d'un canal d'arrosage, des terrains privés de la faculté de recevoir naturellement les eaux dérivées, car l'obligation d'établir ces canaux dans une situation élevée, relativement à l'ensemble des terrains qu'ils doivent desservir, est la principale cause des dépenses considérables qu'ils exigent; de sorte que modifier tout un tracé, en faveur d'une petite étendue de terrains, trop élevés pour avoir part naturellement à l'arrosage, serait une très-mauvaise opération; par la raison que, la plupart du temps, on n'épargnerait quelques milles francs de terrassements aux propriétaires de ces terrains, qu'en mettant quelques millions de plus à la charge du créateur du canal.

Ce cas particulier étant mentionné, il importe d'arriver de suite à l'examen du cas général, c'est-à-dire aux règles qu'il convient de suivre pour donner aux terrains irrigables la meilleure forme possible. Le plus grave de tous les inconvénients est celui d'avoir des eaux stagnantes, qui ne restent jamais à la superficie du sol sans causer le plus notable dommage aux cultures, quelles qu'elles soient; et cela est bien difficile à éviter, si ce sol offre des parties inclinées et des parties plates, s'il présente des creux et des bosses, si enfin sa surface est inégale et mal disposée. On a donc, de tout temps, reconnu la nécessité indispensable de dresser préalablement les terrains à arroser suivant une forme convenable

pour que l'eau répandue à leur surface y agisse
utilement, au lieu d'être nuisible ; et, pour cela, le
seul parti que l'on puisse prendre consiste à les disposer par faîtes et vallées, ainsi que cela a lieu à la
surface du globe. Cette disposition fondamentale
offre, en petit, sur quelques hectares de terrain, les
mêmes garanties d'ordre qu'elle réalise en grand
dans la nature. Supposons un instant la superficie de notre planète dépourvue des grandes lignes
de pente qui y existent ; soit qu'elle présente des
aspérités quelconques, ou bien une surface parfaitement unie, comme une sphère géométrique ;
les eaux pluviales, là surtout où elles tombent en
abondance, n'y produiraient qu'un affreux désordre ;
car, n'ayant plus à suivre aucun trajet déterminé,
elles divagueraient partout, dégradant les terrains
peu résistants, envahissant les lieux habités, etc.

Or, sur une plus petite échelle, des dommages
analogues auraient lieu, par le fait de l'introduction
des eaux d'arrosage sur un terrain qui, avant de les
recevoir, n'aurait pas été, ainsi, exactement disposé
par faîtes et thalwegs, c'est-à-dire de manière :
1° que les eaux arrivent par les lignes culminantes ;
2° qu'elles produisent leur effet utile en se répandant
sur les versants, ou plans inclinés, partant des lignes
susdites ; 3° que le surplus, ou la portion non absorbée, soit complétement recueillie par les colateurs,
ou canaux spéciaux d'écoulement, existant à la jonction inférieure de ces plans inclinés. Tel est le mé-

canisme de l'irrigation proprement dite ; telle est la disposition fondamentale qui, toutes les fois qu'elle est remplie, doit assurer le succès d'un arrosage.

Après celle-là, les autres précautions à prendre ne sont plus généralement que des objets de détail. Ainsi, que les lignes de faîte et de thalweg, de même que les surfaces inclinées qui les réunissent, aient des contours droits ou courbes, cela est tout à fait indifférent ; la seule chose essentielle, c'est qu'ils aient les uns et les autres des inclinaisons convenables et modérées, dont il va être parlé plus loin. Je me garderai donc bien d'indiquer une forme plutôt qu'une autre, puisqu'elles peuvent varier avec les mille situations particulières des terrains à arroser, attendu qu'une condition non moins indispensable encore à observer, c'est d'atteindre toujours, aux moindres frais possibles, le but dont il s'agit. On doit ajouter cependant que des directions rectilignes, quand on peut en avoir, ou tout au moins que des contours larges et bien développés, sont nécessaires aux canaux secondaires et aux rigoles de distribution, tout autant qu'aux canaux principaux. De sorte que, dans les localités où l'irrigation est très-profitable, ce n'est pas un luxe mal entendu que celui qui porte sur ce point.

Tout en présentant comme une chose indispensable l'existence des pentes dans un système d'arrosage, je dois remarquer qu'il est des cas dans lesquels elles sont nulles ou insensibles, par exemple, dans les rizières, comme on le voit dans la note spéciale placée à la fin de l'ouvrage. Je sais qu'il est aussi des localités dans lesquelles, au lieu de distribuer l'eau d'arrosage, aux cultures ordinaires, sur des plans plus ou moins inclinés, on le fait sur des surfaces horizontales préalablement limitées, et que l'on a soin d'encaisser complétement entre de petites digues. Cela se fait notamment dans plusieurs de nos départements des Pyrénées. Cet usage, qui ne se pratique jamais dans le nord de l'Italie, ne me paraît pas bon; il ne pourrait s'expliquer, en tous cas, que par l'extrême rareté des eaux, et par la crainte d'en perdre la plus petite quantité, en colatures. Mais aucune des garanties que l'on trouve dans l'irrigation opérée sur des surfaces inclinées, n'existe dans ce cas; de sorte que l'on ne peut considérer cette pratique que comme défectueuse, ou exceptionnelle, sans qu'on puisse dire précisément dans quel cas il doit être avantageux d'y recourir.

Dans le système d'arrosage des prairies ordinaires, la disposition indiquée ci-dessus, dont cependant on se rapproche toujours autant qu'on le peut, n'est plus aussi indispensable. Les versants admettent des formes courbes et une étendue variable, selon les mouvements naturels du sol. Quant aux inclinaisons proprement dites, elles vont depuis $0^m,001$, jusqu'à $0^m,08$, ou $0^m,10$ par mètre, selon la nature plus ou moins consistante du terrain; mais

on peut toujours, par une disposition convenable,
du système des rigoles, faire circuler l'eau, d'une
manière également réglée, sur des terrains diverse-
ment inclinés.

Dans le nord de l'Italie, les mouvements de terre
les plus considérables, destinés à l'application des
arrosages sont confiés à la classe intelligente des
campari, ou eygadiers. Sans calculs, sans nivellement, et, la plupart du temps, à l'aide de simples
piquets ou nivelettes, et de témoins en terre, ils
opèrent avec une habileté surprenante le dressement du sol le plus ingrat.

Tracé des rigoles. — Les rigoles dont il s'agit
ici sont celles que doivent ouvrir les cultivateurs,
pour faire arriver, et pour répandre, sur leur terrain,
les eaux d'un canal d'arrosage. Il n'y a pas plus de
règles invariables pour leur tracé que pour les dispositions préliminaires de la superficie du sol. Pour
l'une et l'autre de ces opérations, on est entièrement
gouverné par la nécessité d'agir avec la plus grande
économie, et, conséquemment, de se baser toujours
sur les inclinaisons ou mouvements naturels du terrain à arroser, de manière à diminuer le plus possible les terrassements, tout en observant néanmoins les considérations fondamentales qui viennent d'être indiquées.

Soit dans la disposition préalable du sol, soit
dans le tracé des rigoles d'arrosage, l'art consiste à
faire que les eaux arrivent le plus promptement

et le plus également possible sur la superficie où elles
doivent se répandre. Or, tout le monde conçoit que
pour remplir ce double but il y a plusieurs disposi-
sitions équivalentes, suivant la forme et les pentes
naturelles du terrain. Il serait donc tout à fait inutile d'indiquer, comme pouvant servir de règle, le
système de rigoles existant sur tel ou tel domaine;
puisque cela peut varier à l'infini.

Il résulte de ces considérations que le tracé des
rigoles est subordonné aux pentes, qui ont été données ou conservées à la superficie du sol, à la nature du terrain, et à la vitesse de l'eau qu'elles
doivent recevoir. C'est pour cela que les rigoles
secondaires font généralement, sur la direction des
rigoles principales, un angle d'autant plus aigu que
la pente du terrain est plus rapide.

Quelles que soient les modifications qui résultent,
pour le tracé des rigoles, de l'obligation où l'on est de
les subordonner aux formes naturelles du terrain, et
quoique le répandage de l'eau s'opère quelquefois directement par de simples saignées, ou pattes d'oies,
pratiquées sur la rigole d'amenée, et établies suivant des pentes convenables; il est cependant d'usage
que l'on se rapproche toujours, autant qu'on le peut,
des règles fixes, usitées pour les prés milanais, dont
les versants, ou *ailes*, sont partagés, parallèlement à
leur longueur, par des rigoles spéciales d'épanche-
ment, n'ayant que des pentes à peu près nulles et
dont l'eau, en couches aussi minces que l'on veut,

franchit, comme un déversoir, le bord situé du côté de la pente.

La division du terrain à arroser en un nombre plus ou moins grand de compartiments, par le système des rigoles de différents ordres, est une opération importante. Elle dépend de l'abondance des eaux à répandre et de la nature du sol. Les terres peuvent, sous ce rapport, être divisées en trois classes principales : 1° terres légères et sablonneuses absorbant l'eau avec beaucoup de facilité; 2° terres franches ou fortes qui l'absorbent modérément et sont, par ce motif même, très-favorables à la végétation; 3° terres argileuses, marneuses, ou froides, absorbant l'eau difficilement. C'est pour celles de cette dernière classe que les versants peuvent avoir le plus de largeur.

Dans l'usage de la Lombardie, les limites extrêmes de ces largeurs, correspondant aux deux natures opposées des terrains susmentionnés, sont : d'une part, au minimum, 7^m ou 8^m, pour les terres légères; de l'autre, au maximum, 40^m à 45^m pour les terres fortes. En adaptant une largeur plus grande, on s'exposerait nécessairement à rendre l'irrigation inégale et à perdre de l'eau.

Dans le système d'arrosage ordinaire, les rigoles principales sont celles qui existent, soit sur les lignes culminantes, quand il y a plusieurs versants, soit dans la région la plus élevée, quand il n'y en a qu'un seul; les rigoles secondaires existent inférieurement et dans des directions à peu près parallèles aux premières. Par ces mots largeur de l'aile ou du versant, on entend l'intervalle qui sépare deux rigoles parallèles, de quelque ordre qu'elles soient; c'est-à-dire qu'ils s'appliquent aussi bien à l'intervalle compris entre la rigole principale et la première rigole secondaire qu'entre la dernière de celle-ci et le colateur.

Quoiqu'il n'y ait pas de règle bien fixe à cet égard, on doit, autant que possible, pour la régularité de l'irrigation, établir ces intervalles égaux, ou les rigoles équidistantes. Mais tout dépend des inclinaisons, plus ou moins grandes, du terrain et de la direction suivant laquelle l'eau arrive.

Quant aux pentes, on doit observer, pour les rigoles, et même pour leurs ramifications du dernier ordre, les mêmes règles qui ont été indiquées dans le chapitre spécial, traitant de cet objet.

La dépense de leur ouverture, surtout lorsqu'elle est confiée à des hommes expérimentés dans ce genre de travaux, est toujours peu considérable, parce que l'on fait en sorte qu'il n'y ait à payer que la fouille, sans transports.

Dans les terres fortes ordinaires, qui forment presque partout le sol des prairies, on ne doit pas compter les déblais de cette nature à plus de $0^{fr.},24$ ou $0^{fr.},25$ le mètre cube, et cela pour les plus fortes rigoles ou même pour les petits canaux de 1^{m} à $1^{m},50$ de largeur moyenne; ce qui excède les dimensions des fossés des routes royales.

La section de ces dérivation ou leur cube par mètre courant étant de o^m,5o à 1^m,oo, le prix qu'elles coûtent, varie de o^{fr}, 13 à o^{fr},25 par mètre ou de 13o fr. à 25o fr. par kilomètre. Les rigoles moins considérables coûtent moins cher; et, quant aux plus petites, qui ne sont guère qu'un sillon, pouvant être fait, ou du moins ébauché, soit à la charrue, soit avec des coupe-gazons, qui sont très-expéditifs, elles doivent revenir à moins de o^{fr},o1 le mètre ou de 10 francs les mille mètres.

Voici un détail récent, fourni sur cet objet par M. le président de la Société d'agriculture de Saône-et-Loire, sur le détail des frais, occasionnés dans le courant de l'année 1842, pour la mise en irrigation d'un pré de 5 hectares, dépendant de la Ferme-École de Tavernay, dans ce département.

DÉSIGNATION DES RIGOLES.	LONGUEURS.	DÉPENSES.	PRIX par mètre courant.	PRIX par kilomètre.
	m.	fr.	fr.	fr.
Dérivation, ou petit canal, d'environ o^m,8o de largeur.	235	17,80	0,072	72,00
Rigoles principales, d'environ o^m,5o. . .	249	10,00	0,040	40,00
Rigoles secondaires et colateurs.	741	9,25	0,012	12,00
Idem plus petites. . .	4.788	29,92	0,006	6,00
		66,97		

Dépense totale pour rigoles. . .   66 fr. 99

Si, à cette dépense, on ajoute
celle de. 3o6   95

Comprenant les fournitures de dix
empellements à 6 fr. 4o c. l'un, et les
frais de nivellements , porte-mire ,
dressement du terrain, etc.,on trouve

un total de. . . . .   373 fr. 92

Ces frais sont extrêmement minimes; car ils
donnent moins de 75 francs par hectare; ce qui
représente à peine une année de la plus-value créée
par l'introduction de l'arrosage sur les terres qui
n'en jouissent pas. Mais il est vrai de dire que ce
cas peut être cité comme très-avantageux ; car,
dans les situations ordinaires, les mêmes dépenses
sont rarement au-dessous de 15o à 2oo francs par
hectare.

On peut résumer en peu de mots ce qui concerne le tracé des rigoles, en disant que toute disposition quelconque leur convient, pourvu qu'elle
remplisse bien ce double but: 1° faire arriver l'eau
à volonté à la partie la plus élevée d'un terrain,
dressé en pente douce, de manière qu'elle s'y ré-
pande le plus également possible; 2° donner un
moyen d'écoulement aux eaux surabondantes ou
au superflu de l'arrosage. Dans beaucoup de cas
cela est possible à obtenir, avec des eaux fonctionnant seules; mais presque partout, ces eaux sont

assez précieuses pour qu'on surveille de très-près leur bon emploi. C'est donc à l'aide de petites retenues d'eau, changeant de place à volonté, que les eygadiers obtiennent, avec facilité, de faire fonctionner les rigoles de la manière la plus convenable. Ces retenues sont tout ce qu'il y a de plus simple et de plus rustique ; pour les petits canaux et grandes rigoles, ayant 1 mètre, ou plus, de largeur, il faut de véritables empellements ; mais au-dessous de cette dimension, une lave, une ardoise, une simple planche, quelques mottes de gazon fixées par des piquets, sont les seuls ouvrages d'art que réclame l'industrie du cultivateur arrosant.

Les prescriptions ci-dessus, concernant les rigoles, conviennent principalement pour les prairies. Dans les terrains labourés et sarclés, comme cela a lieu pour le maïs, les céréales, etc., on dispose ordinairement la superficie par billons, formant naturellement, dans leurs intervalles, des sillons, ou rigoles, dans lesquels on introduit la quantité d'eau que l'on veut faire absorber, mais sans qu'il y ait déversement sur toute la surface.

Qualité et emploi des eaux. — Tous les cultivateurs savent qu'il y a des eaux plus ou moins bonnes pour l'irrigation. Cela vient de ce que, parmi les substances qu'elles tiennent en dissolution, ou en suspension, les unes sont avantageuses, les autres nuisibles à la végétation, eu égard à la nature du sol, avec lequel ces mêmes substances

tendent toujours à se combiner. Mais il est bien
rare, qu'en sachant les employer convenablement, on ne puisse tirer un parti utile des eaux
quelconques, lorsqu'elles se trouvent mises, en
quantité suffisante, à la disposition de l'agriculteur.
Par exemple, il existe dans le nord de l'Italie
certaines eaux fortement chargées de sulfate de fer,
sel qui, dans les terrains ordinaires, est un véritable poison pour les plantes; mais on n'a pas tardé à
découvrir que cette eau, employée exclusivement
sur les terrains calcaires, où ce sel ferrugineux se
décompose, était, au contraire, non-seulement un
moyen d'arrosage, mais, en même temps, un
puissant stimulant pour la végétation. Quant aux
eaux, qui sont fortement chargées de substances
animales ou végétales, en décomposition, on conçoit aisément que, sur tous les terrains possibles,
leur emploi doit être éminemment profitable; mais
j'en parlerai plus spécialement dans le paragraphe
suivant, qui traite des engrais dans leurs rapports
avec l'irrigation.

En principe, quand les eaux d'arrosage contiennent des matières étrangères, et c'est le cas
général, ces matières ne sont jamais indifférentes;
elles sont très-utiles quand les végétaux que l'on
cultive peuvent les digérer et se les assimiler, avec
ou sans décomposition préalable; elles sont au contraire nuisibles, du moment que cet effet n'ayant
pas lieu, elles tendent à former un sédiment infer-

tile, qui va toujours en s'accumulant par l'effet prolongé de l'irrigation. Quand des eaux, destinées à
l'arrosage, sont reconnues nuisibles pour un terrain déterminé, il peut arriver que l'on ait, sous
la main, des matières pouvant être employées
comme engrais ou amendements, et propres à les
corriger; mais, comme cela est assez rare, il vaut
mieux chercher à les conduire sur un terrain de
nature différente. Car ce n'est pas avec des réactifs
que l'on peut penser à obvier à cet inconvénient,
comme on le ferait dans un cabinet de chimie.

Les eaux de source qui sont, en hiver, d'une température plus élevée que celle de l'atmosphère, sont
très-avantageuses pour les prairies dont on veut
entretenir la végétation pendant cette saison; elles
sont dans le cas contraire, pour les irrigations d'été;
à cause de leur température, alors trop basse, qui
ne permet pas de les employer sans précautions.

En général, les irrigations effectuées au grand
soleil, ou pendant les heures les plus chaudes du jour,
sont les moins avantageuses; les meilleures sont
celles qui peuvent se faire la nuit, le matin, ou le soir.

En été, l'arrosage a toujours pour résultat de refroidir la superficie sur laquelle il s'opère, d'abord
par la moindre chaleur spécifique de l'eau, mais surtout par la forte évaporation qu'elle laisse inévitablement à sa suite, et dont l'effet est bien connu. Pour
remédier autant que possible à l'influence fâcheuse
que peuvent avoir des eaux plus ou moins froides

employées sur un terrain très-échauffé par l'action
du soleil, les eygadiers soigneux ont l'attention de
ne les donner que peu à peu, dans le commencement, de manière à établir une transition graduée,
qui est toujours très-utile à la santé des plantes.

C'est surtout sur les prés nouvellement fauchés
que l'on doit observer cette précaution; car les
jeunes brins de l'herbe, que l'on a pour but de faire
repousser promptement, étant privés de l'abri pro-
tecteur de la récolte qu'on vient d'enlever, sont
excessivement sensibles à l'action de l'air. Dans ces
circonstances, l'arrosage, par le soleil, est ordinairement dangereux. J'ai examiné précédemment le
genre de préjudice que l'irrigation exerce sur les
plantes en général, au moment de leur floraison;
on doit en tenir compte ici; car, encore bien que,
la plupart du temps, la semence soit la partie dont
on s'occupe le moins, dans les cultures arrosées,
ayant surtout pour objet les fourrages, il est certain
que les graines qui tombent, au moment de la fau-
chaison ne sont pas perdues et contribuent à entretenir les prairies en bon état de production; de
sorte que c'est une pratique observée chez les cultivateurs intelligents, que de restreindre, ou même
de suspendre entièrement l'arrosage, au moment
de la floraison des récoltes, quelles qu'elles soient,
du reste.

On cherche toujours à obtenir que l'irrigation de
chaque portion de terrain, d'après sa nature et sa

situation, s'opère dans le moins de temps possible , soit pour moins le refroidir, soit pour épargner la surveillance des eygadiers.

Ces observations ne sont qu'une faible partie de celles que l'on peut faire utilement sur la pratique des arrosages. Mais , comme les préceptes varient nécessairement d'une localité à une autre, on ne doit pas trop les étendre dans leur généralité ; ceux qui viennent d'être développés suffiront pour mettre sur la voie les agriculteurs éclairés , qui sauront bien faire, d'eux-mêmes, les observations applicables à leur localité (1).

§ II. *Des engrais et des amendements dans leurs rapports avec l'irrigation.*

Celui qui aurait découvert le moyen de doubler, ou de tripler, la puissance productive du sol, seulement avec de l'eau, aurait trouvé la poule aux œufs d'or ; car l'eau des rivières et des ruisseaux est si abondante , ou , pour mieux dire, on la laisse se perdre, partout, en quantités si notables, qu'en présence d'un tel avantage , l'émulation des cultiva-

(1) Les observations précédentes sont faites dans l'hypothèse que l'on dispose, pour l'irrigation, d'eaux dérivées d'une rivière. Mais elles s'appliqueraient également dans les localités où l'on n'aurait d'autre moyen de s'en procurer que de recueillir à l'aide de réservoirs, établis à des hauteurs suffisantes, les eaux pluviales qui tombent en abondance pendant l'hiver. Sans doute les arrosages effectués de cette manière se trouvent grevés d'une charge nouvelle, d'après la construction généralement coûteuse de ces réservoirs; mais néan-

teurs, aidée du levier puissant de l'association, eût été assez vivement stimulée pour ne laisser aujourd'hui que peu de chose à faire en matière d'arrosage

Mais il n'en est pas tout à fait ainsi, et l'on ne doit pas laisser ignorer aux personnes encore inexpérimentées dans cette voie, que, sauf les exceptions examinées plus loin, l'irrigation consomme beaucoup d'engrais. Cette obligation est, ainsi que celle des curages, une des charges de cette industrie, une cause de réduction dans les produits nets qu'elle peut donner, enfin une limite à son extension parmi les petits cultivateurs; car, indépendamment des redevances à payer annuellement, pour l'achat ou la location de l'eau, il faut encore avoir, par devers soi, un premier capital, pour subvenir, en quantité suffisante, à la fourniture préalable des engrais, qui sont à la fois, je le répète, la matière première la plus coûteuse et la condition *sine quâ non* du succès des arrosages. C'est pour cela que, même avec de l'eau disponible, n'arrose pas qui veut. S'il est des localités dans lesquelles les populations agricoles manquent à la fois d'aisance et de crédit,

moins ils sont susceptibles de donner des bénéfices réels. On en voit un exemple remarquable dans les travaux exécutés par M le comte d'Angeville, auteur de la proposition législative examinée dans le volume suivant. Ce propriétaire éclairé, qui a su tirer un parti remarquable d'une localité assez peu avantageuse, n'a jamais pratiqué l'irrigation que dans ce système, et cependant il a eu lieu de s'en applaudir.

alors l'arrosage est difficilement à leur portée; pour qu'il se réalise, il faut nécessairement que des étrangers viennent exploiter pour elles.

Rien n'est plus facile que de concevoir comment l'irrigation proprement dite consomme beaucoup d'engrais, comment elle est nécessairement épuisante pour le sol; en effet, elle agit ainsi, pour cela, de deux manières différentes : d'abord parce qu'elle provoque une production de matière végétale infiniment plus considérable que celle qui aurait lieu sans son influence ; en second lieu, parce que, à l'aide des pentes qui sont ordinairement nécessaires pour une bonne pratique des arrosages, l'eau délaye le sol, qu'elle dépouillerait de son humus lors même que la végétation ne produirait pas aussi le même effet.

Sans se rendre compte théoriquement de ce qui se passe, sous ce rapport, tout le monde concevra sans peine que ce n'est pas avec de l'eau claire que l'on peut procurer à la terre ce qu'il lui faut pour subvenir à l'énorme production qui se constate dans les cas les plus remarquables de l'arrosage; par exemple, sur les *marcite* des environs de Lodi, où l'on est parvenu à nourrir 50 vaches avec le seul produit de 15 à 16 hectares.

C'est donc véritablement par la faculté qu'elle a d'agir surtout sur les engrais, de dissoudre, et de transmettre aux racines des plantes, les parties solubles disséminées dans le sol, que l'irrigation, naturelle ou artificielle, agit sur la végétation d'une manière si puissante.

Ainsi ce n'est véritablement qu'avec le concours simultané de l'eau et des engrais que l'on peut prétendre aux bons et grands résultats obtenus par ce moyen. Partout où, avec des dépenses modérées, l'on pourra disposer de ces deux choses, il n'y aura plus de mauvais sols. Le gravier le plus aride, l'argile la plus infertile, ou tout autre terrain réputé rebelle à la culture, y sera soumis immédiatement, avec profit, par l'emploi de ces deux agents, si précieux pour l'art agricole.

A la vérité, il y a un petit nombre de cas d'exception dans lesquels l'eau, employée en arrosages, ne réclame pas d'engrais. Il y a même plus, puisqu'on connaît des localités où les eaux en sont tellement riches qu'après avoir bonifié, surabondamment, le terrain sur lequel on les emploie, elles y laissent un dépôt considérable qu'on peut utiliser ailleurs.

Telles sont les eaux du très-ancien canal de la Vettabia, qui prend naissance à la partie sud de la ville de Milan, où plusieurs fois chaque année, il reçoit, au moyen des chasses d'eau, dont j'ai parlé précédemment, toutes les immondices de la ville qui se rassemblent dans le canal intérieur.

Ces eaux étant chargées des matières animales et putréfiables, qui proviennent des boucheries, des hôpitaux, etc., les terrains sur lesquels on les em-

ploie s'exhaussent, en un ou deux ans, d'une couche
de plusieurs centimètres que l'on est obligé d'enlever pour conserver les anciens niveaux adoptés dans
le système primitif de leur distribution. D'après
cela, non-seulement les terrains jouissant de cette situation privilégiée ne reçoivent jamais d'autre engrais que celui qui leur est transmis par le fait
même de l'arrosage, mais encore on se procure par
l'enlèvement et le transport de ce sédiment une
précieuse ressource pour le fumage et l'amendement
d'autres terrains sur lesquels il est d'un excellent
usage.

Encore bien que la surabondance de cet engrais
liquide et la nature souvent putride des eaux qui
le transportent aient quelquefois une influence
fâcheuse sur la qualité des récoltes qui les reçoivent
de première main, on conçoit que les terrains situés
naturellement de manière à profiter d'un si grand
avantage doivent avoir une haute valeur. Effectivement le prix de ceux dont je parle est à peu près
triple de celui des autres terres de première qualité
des environs de Milan.

Mais il ne faut pas perdre de vue qu'il s'agit ici
d'une situation unique; que dans tous les pays du
monde les eaux, situées de manière à se répandre
naturellement sur les campagnes, ne portent avec
elles que dans les cas excessivement rares de véritables engrais, et surtout des matières animales, qui
sont le plus riche de tous. Or un cas qui ne se pré-

sente peut-être pas une fois sur mille ne peut être
regardé que comme une rare exception.

Les engrais comprennent toutes les matières animales ou végétales capables d'exercer une action
utile sur la végétation, comme subvenant directement à la nourriture des plantes. Ils forment une
catégorie distincte, mais extrêmement voisine, de
celle des amendements, principalement formés de
matières minérales pouvant agir sur le sol, de manière à y stimuler, ou même à y développer, des
principes nouveaux de fertilité. L'action la plus
simple des amendements est celle qui s'opère sur la
consistance même du sol. C'est ainsi que l'on emploie les marnes sur les terres meubles ayant trop
peu de corps et ne conservant pas assez d'humidité.
Par la même raison, on se sert de sable pur ou de
terre sablonneuse pour corriger les terres froides et
argileuses, qui se laissent difficilement pénétrer
par les influences atmosphériques. Mais beaucoup
d'amendements, tels que la chaux, le gypse, le
plâtre, etc., ont une véritable action chimique.

Quoiqu'il semble résulter de cette définition,
qu'il y a entre ces deux choses une distinction assez
facile à faire, elle est, au contraire, fort incertaine;
de sorte que la nomenclature des engrais et celle
des amendements se fondent l'une dans l'autre, par
une transition insensible. Plusieurs articles peuvent,
en effet, être classés indifféremment dans l'une ou
l'autre catégorie; tels sont : les terres neuves, les

produits de curages, la suie, la tourbe, et plusieurs autres encore. On peut ajouter aussi que beaucoup de substances, ayant le caractère principal des amendements, contiennent aussi des engrais; et réciproquement.

Les principaux engrais qui sont employés, avec avantage, dans l'irrigation, peuvent être classés à peu près ainsi qu'il suit, par ordre de leur plus grande richesse :

1° Matières animales provenant des abattoirs, ateliers d'écarrissage, etc. ; 2° poudrette ou excréments humains; 3° colombine et matières analogues; 4° os, poil, débris de laine et de corne; 5° fumiers d'étable; 6° tourteaux ou résidus de plantes oléagineuses; marcs de raisins et autres; 7° boues et balayures des rues; 8° récoltes enterrées en vert, plantes marines ou aquatiques, etc., etc.

Parmi les amendements, en commençant par ceux qui se rapprochent le plus des engrais, on do t citer principalement les suivants : 1° terres neuves, répandues mécaniquement, ou charriées par les eaux; 2° marne (pour les terres trop légères ou manquant de corps); 3° sable, siliceux ou calcaire, (pour les terres trop fortes); 4° suie; 5° tourbe; 6° cendres; 7° chaux vive; 8° plâtre, etc., etc.

Ces diverses substances qui ne sont pas, à beaucoup près, la totalité de celles dont on peut tirer parti avec avantage, sur les cultures arrosées, exigent toutes des précautions particulières. Ainsi les

engrais les plus riches tels que ceux que fournissent
la chair, le sang, les intestins des animaux et toutes
les matières analogues, ne peuvent jamais être employés qu'après certaines préparations, ayant toujours pour but d'en atténuer la force, de mitiger
leur action ; car, autrement, la fermentation putride
qu'ils subissent, avec un très-fort développement de
produits gazeux, serait susceptible d'altérer et même
de détruire promptement la plupart des plantes
qui se trouveraient en contact avec eux. Les engrais
de cette première classe ne peuvent donc presque
jamais s'employer purs, et c'est par des mélanges
convenables qu'on parvient à les amener au degré de
force voulue, pour le succès des cultures auxquelles
on les destine. La poudrette, la colombine et autres
engrais très-puissants sont aussi dans le même cas.

Au contraire, les engrais de la deuxième classe,
tels que les os pilés, les rognures de corne, débris
de laine, poils, etc., ont cela de remarquable que
leur décomposition étant très-lente, ils ne cèdent
que successivement, à la terre, leurs principes fertilisants, et ont une action utile sur plusieurs
récoltes. Sous ce rapport, ils sont pour le plus
grand nombre de cas, d'un usage excellent ; mais,
comme ils n'existent pas en abondance, leur prix est
au moins dans la même proportion que leur valeur
intrinsèque.

Les fumiers d'étable ne représentent pas, il s'en faut
beaucoup, des engrais aussi puissants que ceux dont

il vient d'être parlé. Mais comme ils sont presque les seuls dont l'agriculture puisse disposer en quantités considérables, partout leur usage est le plus répandu, sur les cultures irrigables comme sur les autres ; seulement il y a beaucoup de distinctions à faire dans la manière de les employer, suivant leur nature, leur degré de fermentation et la qualité des terres où on doit les répandre.

Le fumier des chevaux, soumis à un fort travail et nourris principalement d'avoine, est très-chaud, fermente de suite, et convient aux terres qui ont besoin de stimulant. Le fumier des bêtes bovines, et surtout des vaches que l'on tient continuellement à l'étable, comme cela se fait beaucoup aujourd'hui, est, au contraire, froid, aqueux, et convenable pour les terres légères. C'est en sachant bien mélanger ces divers fumiers que l'on parvient à en composer qui soient les plus avantageux pour tel ou tel sol, pour telle ou telle plante.

Dans les contrées arrosées du nord de l'Italie, on met un soin extrême à tirer parti de tous les engrais ; on ne manque jamais, par exemple, de recueillir, dans des citernes, la grande quantité d'urine qui se produit dans les vacheries, et cette urine, quand elle a subi une fermentation ammoniacale qui la dénature tout à fait, devient non-seulement un engrais des plus puissants, mais elle a la propriété d'augmenter beaucoup la valeur d'autres engrais, qui, sans cette addition, seraient restés mé-

diocres. De ce nombre est le fumier des porcs, qui
sont très-abondants sur tous les domaines arrosés
du Piémont et de la Lombardie, où on les nourrit
de son, d'eaux ménagères, de gros légumes, et
surtout des bas produits des laiteries.

Un des procédés caractéristiques de l'agriculture
qui s'appuie sur l'irrigation, dans ces contrées où
l'on a su rendre la terre si productive, consiste donc
à bonifier les engrais par leur mélange. Cette opération, très-judicieuse, ne se pratique pas seulement sur les engrais entre eux, mais encore sur les
engrais et les amendements, notamment avec des
terres neuves, et, par-dessus tout, avec les terres
provenant du curage des canaux, lesquelles sont toujours réservées soigneusement pour cet objet. Cette
manipulation, qu'on effectuait constamment dans
les belles fermes que j'ai visitées, principalement
en Lombardie, est la meilleure manière de tirer un
excellent parti des engrais. Elle donne lieu à une
certaine main-d'œuvre, mais on en est bien dé-
dommagé, soit par l'économie des fumiers, soit par
la plus grande quantité des produits récoltés.

Une autre classe d'engrais extrêmement intéressante, pour les cultures arrosées, est celle que com-
posent les tourteaux, ou marcs des plantes oléagineuses; ils sont du nombre de ceux dont l'action
sur le sol est durable, quoique très-prononcée; encore bien qu'ils ne soient qu'une matière purement
végétale. On a, en Italie, des moulins destinés à

réduire ces tourteaux en poudre assez fine ; car ce
n'est qu'à cet état qu'ils produisent tout leur effet.
Dans le midi de la France, en raison du développement de la fabrication des huiles d'olives et de l'im-
portation des huiles communes, servant à la confection des savons, il se produit une très-grande quantité de cette matière très-utile, qui est un des sou-
tiens de l'irrigation. Sans les tourteaux (qu'on
nomme vulgairement, en Provence, les trouilles),
il serait impossible de se procurer, seulement au
moyen du bétail, des moyens de réparer suffisamment les terres soumises à l'irrigation ; sous ce rapport, il est d'un haut intérêt pour le progrès agricole de nos départements du Midi qu'on y main-
tienne la facile introduction d'un produit nouveau,
le sésame, dont, tout récemment, en faveur du commerce du Nord, on parlait à la tribune nationale,
sur un ton moitié plaisant, moitié fâché (1). Une
mesure des plus salutaires consisterait à interdire
l'exportation, de plus en plus grande, que viennent faire, de cette matière utile, les Anglais, au
préjudice de l'agriculture française.

Les engrais composés et pulvérulents, qui se trouvent en grande quantité dans le commerce, seraient
excellents pour les terres arrosées, notamment pour
le jardinage, qui en consomme beaucoup, s'ils n'é-
taient pas si souvent altérés par le mélange de ma-

(1) On a dit que son introduction en France, par suite de l'abaissement des droits, avait produit un 93 oléagineux.

tières inertes, qui en augmentent le poids et le volume, aux dépens de leur qualité.

Enfin les engrais purement végétaux, consistant principalement dans les récoltes enterrées en vert, sont d'une faible ressource pour les cultures arrosées, qui réclament un aliment plus substantiel. Cependant on verra, par les notes placées à la fin du tome III, que cette méthode est également en usage sur les territoires irrigués de la haute Italie.

Pour compléter cet article, il resterait à parler des amendements dans leur rapport avec l'irrigation ; mais ce qu'il y a de plus intéressant à en dire rentre tout à fait dans la matière de l'article suivant.

Emploi des eaux troubles ; colmatage. — Les considérations qui précèdent s'appliquent spécialement aux eaux claires, ou à celles qui sont assez peu chargées de matières étrangères pour pouvoir être répandues, dans le temps même de la végétation, et pour réclamer le secours des engrais. Quand il s'agit d'eaux fortement troubles, on les emploie d'une autre manière ; mais cela ne donne plus des arrosages. Ces eaux, dont on ne peut faire usage qu'en hiver, n'ont plus pour but de stimuler immédiatement la végétation, arrêtée par l'abaissement de la température, ni d'améliorer une récolte qui est enlevée ; mais elles ont l'immense utilité de transporter et de répandre, très-économiquement, sur le sol, des principes fertilisants, qui profitent à la récolte suivante. C'est sous ce rapport que l'emploi des eaux troubles, de bonne nature, représente un des plus puissants moyens d'amendement que l'on connaisse, et c'est sous ce seul point de vue qu'on doit l'envisager ici.

L'irrigation proprement dite, pour produire tous ses avantages, réclame un climat et des circonstances locales, qui ne se rencontrent que sur une superficie limitée; l'usage de l'eau trouble est de tous les pays, et les améliorations qu'il procure sont praticables, indistinctement, dans le Midi et dans le Nord; c'est même dans cette dernière région qu'il a produit jusqu'ici les plus grands avantages.

Les magnifiques prairies du nord de la France et de l'Allemagne, du Danemarck, du Holstein, etc., et, parmi elles, celles qui sont renommées par l'abondance et la qualité de leurs fourrages, doivent leur grande fertilité aux inondations, naturelles ou artificielles, des rivières voisines.

Quand le dépôt des terres ou sédiments terreux, en suspension dans l'eau courante, s'opère sur une grande échelle, alors ce n'est plus seulement un simple moyen d'amendement, c'est le *colmatage* proprement dit; opération d'une grande puissance, dont j'ai déjà dit précédemment quelques mots, mais qui ne pourrait être traitée avec détail dans cet ouvrage, parce qu'elle réclame des considérations spéciales, et surtout un système d'ouvrages tout différents de ceux qui appartiennent à l'industrie des arrosages.

CHAPITRE VINGT-HUITIÈME.

DES QUANTITÉS D'EAU NÉCESSAIRES AUX ARROSAGES.

§ 1. *Difficulté de cette recherche ; utilité d'une évaluation moyenne.*

Quelle est la quantité d'eau nécessaire à l'irrigation d'une étendue déterminée de terrain ? Peu de questions ont été aussi agitées que celle-là ; et cependant l'on n'est tombé d'accord sur aucun résultat. Il ne faut pas s'en étonner. On a raisonné comme lorsqu'il s'agit de dégager l'inconnue dans un problème ordinaire; en partant du principe que cette quantité devant exister d'une manière fixe et précise , il ne s'agit que de parvenir à la connaître.

Cette marche ne pouvait conduire à rien de juste, car on est à peu près dans le même cas que pour cette autre question que voici : Quelle est la température qui convient à la végétation ? Or, tout le monde le sait, cette température varie entre des limites très-éloignées, selon le climat et la nature des plantes. Les houblons et les colzas du nord de l'Europe réclament-ils les mêmes conditions atmosphériques que l'olivier et le citronnier dont les fruits ne mûrissent bien que sous la réverbération du soleil méridional qui visite les côtes de la Provence, de l'Espagne, de la Grèce ou de l'Italie, etc.? Le cèdre du Liban, jouissant de l'étonnante propriété de fournir une végétation gigantesque, au delà même de la région des neiges perpétuelles, se plairait-il dans les mêmes lieux que le caféyer et le géroflier, auxquels il faut la température brûlante des régions équatoriales?

Cependant les plantes ne diffèrent pas moins entre elles dans leurs capacités pour l'eau que dans leurs capacités pour la chaleur. Et cela se remarque surtout pour les cultures, qu'à l'aide des arrosages, on parvient à naturaliser artificiellement dans les contrées dont le sol fût resté en grande partie inoccupé, sans l'emploi de ce puissant moyen de fertilisation.

Ce serait donc faire une recherche imaginaire que de vouloir trouver une seule et même quantité d'eau, pouvant convenir à l'arrosage d'une étendue déterminée de terrain, tandis que mille circonstances différentes tendent à rendre cette quantité excessivement variable.

C'est par leurs suçoirs, c'est-à-dire par la pointe ou l'extrémité des fibres les plus délicates de leurs racines que les plantes pompent l'humidité du sol. Or, il n'est personne qui n'ait pu remarquer qu'il est des racines principalement chevelues et traînantes, qui, comme celles des herbes, formant la base des prairies ordinaires, occupent à peine quelques centimètres de profondeur dans la terre, tandis

que d'autres plantes, comme les sainfoins, les lu-
zernes, et la plupart des arbres, lancent des pi-
vots, qui atteignent souvent une grande profondeur. Ainsi, par la seule raison que l'eau d'irrigation, pour produire son effet utile, doit pénétrer
dans des couches aussi inégalement situées, on doit
concevoir qu'il faut, pour arriver à un même résultat, la dépenser en quantités très-variables, sur
une étendue de terrain déterminée, suivant la culture à laquelle ce terrain est consacré. Mais ce
n'est pas tout; car il faut remarquer qu'outre l'influence du climat, et de la nature, plus ou moins
perméable, du sol, le degré de perfection ap-
portée dans le dressement de sa surface, suivant
des inclinaisons convenables, exerce aussi une
grande influence sur la consommation de l'eau ;
car on en perd d'autant moins que cette surface est
mieux disposée. Enfin les quantités exigées pour
l'arrosage d'une certaine superficie de terrain, pendant des étés entièrement secs, comme cela est
habituel, dans beaucoup de contrées méridionales,
se modifient nécessairement, si les régions où l'on
opère sont sujettes à des pluies estivales.

On voit donc que d'après ces nombreuses causes
de variation, l'on ne peut jamais apprécier exactement à l'avance, et d'une manière générale, la
quantité d'eau d'arrosage qu'il sera convenable
d'employer sur une étendue donnée de terrain,
sans s'être préalablement rendu compte expérimen-

talement de l'effet de ces diverses circonstances.

Cependant il y a quelque chose d'utile à dire sur cet objet. Seulement, cette utilité n'est pas au point de vue des intérêts privés. Le particulier qui acquiert la jouissance d'un certain volume d'eau, est tout à fait maître de l'employer sur telle étendue de terrain qui lui semble convenable. C'est le cas de dire qu'il peut faire, de son eau, des choux ou des raves, sans qu'on ait à s'en occuper. Il peut, si tel est son avantage, la faire servir à un usage industriel, ou d'agrément.

Mais le but que l'on a, en cherchant la quantité d'eau moyenne que doit consommer l'irrigation, est d'asseoir, sur une base convenable, les premières relations qui s'établissent, soit entre l'administration publique et les créateurs de canaux, soit entre ceux-ci et les usagers ; car cette quantité entre nécessairement en ligne de compte dans l'évaluation des produits, à attendre d'une entreprise de ce genre ; ainsi que dans la fixation des redevances, ou du prix de l'arrosage.

Voilà pourquoi, tout en sachant bien qu'une foule de circonstances doivent rendre variable le volume d'eau nécessaire à l'arrosage d'une certaine étendue de terrain, on doit néanmoins désirer de connaître une évaluation moyenne du rapport qui existe entre un certain écoulement, ou débit continu, pris pour unité, et la superficie de terrain à laquelle il peut fournir une irrigation convenable.

A défaut de pouvoir s'appuyer sur des données entièrement précises, qui manquent dans l'état actuel des choses, rien ne s'oppose à ce que l'on fasse directement cette recherche, en se demandant quel est le degré d'arrosage qui convient à une terre, d'une situation donnée, pour la placer, sous ce rapport, dans l'état normal de la plus grande production. Et pour cela, la meilleure marche à suivre est assurément d'observer ce qui se passe dans la nature; car si, connaissant la quantité d'eau naturelle, tombée dans le pays, pendant le cours d'une année pluvieuse, on procure, artificiellement, à la terre une quantité d'eau équivalente, en la faisant jouir ainsi du double et rare avantage d'une forte humidité, agissant sous l'influence d'une chaleur soutenue, on aura constitué, aussi complétement qu'il est donné à l'industrie humaine de le faire, les meilleures conditions de l'hygiène végétale, et de la production agricole qui en dépend.

Rien n'est plus connu que le chiffre total des quantités d'eau qui tombent annuellement dans les principales contrées du globe. On a, pour cela, des expériences en nombre suffisant. Il résulte de ces observations qu'une couche d'eau de $0^m,80$, $0^m,90$, 1 mètre ou plus, peut être regardée, presque partout, comme un produit plus élevé que la quantité de pluie qui tombe dans toute une année.

Alors, on doit nécessairement en conclure qu'en fournissant à la terre, par voie d'arrosage, et pendant la saison convenable, une quantité d'eau équivalente à celle-là, on pourvoira amplement aux besoins d'une végétation aussi complète que possible.

Mais il y a lieu d'observer de suite qu'en matière d'arrosage, il est extrêmement rare que l'on puisse donner l'eau directement, à la terre sur laquelle elle doit être absorbée. Cette eau est conduite dans des rigoles, qui sont souvent d'une grande longueur, et où elle éprouve des filtrations d'autant plus grandes qu'elles sont plus perméables et plus desséchées au moment où l'on en fait usage. La même eau, surtout si on l'emploie pendant la chaleur du jour, subit encore un notable déchet, par le fait de l'évaporation, qui, dans ces circonstances, est extraordinaire, moins encore sur la surface de l'eau courante, que sur celle du sol échauffé, où elle se répand ; enfin, d'après la méthode, généralement suivie, de n'arroser que sur des terrains en pente, la proportion des colatures, qui ne sont pas toujours employées en irrigations subséquentes, est assez considérable.

La moyenne des évaluations que j'ai vu adopter, dans le nord de l'Italie, porte ces colatures à environ un quart de la quantité d'eau livrée aux appareils régulateurs. A moins de circonstances exceptionnelles, c'est faire une large part à l'influence réunie des filtrations dans les rigoles et de l'évaporation, que de la porter au même chiffre, également en moyenne. Donc, en prenant moitié en sus du maximum de l'eau pluviale qui tombe pendant l'année, et en dépensant, dans la saison d'arrosage, qui est ordinairement de cinq mois et demi ou de six mois au plus, un volume d'eau dérivée, équivalent à une couche totale de $1^m,50$ de hauteur, on aura amplement pourvu aux besoins de la végétation, même dans un climat très-méridional.

Le débit continu correspondant à ce volume total, à employer dans les six mois de la saison d'arrosage, est très-approchant de 1 litre par seconde; car celui-ci donne :

Par jour, 86.400 litres, ou. .	$86^{mc},400$
Pendant trente jours. . . .	$2.592^{mc},00$
Pendant six mois.	$15.552^{mc},00$

Et ce dernier volume, répandu sur la superficie d'un hectare, qui est de 10.000 mètres carrés, y représente une couche de $1^m,555$; plus forte même de $0^m,055$ que celle qui vient d'être indiquée comme un maximum.

Cette quantité d'eau d'irrigation, que l'on peut regarder comme élevée, pour les prairies, serait superflue s'il ne s'agissait d'arroser que le lin, le maïs, les céréales, et autres plantes analogues ; mais elle serait généralement insuffisante, pour les jardins maraîchers, ou cultures potagères, qui, dans un climat aussi chaud que celui des Pyrénées et de la

Provence, où l'on ne voit pas une goutte de pluie pendant tout l'été, peuvent réclamer une quantité d'eau presque double.

Je ne parle pas ici des rizières et des prés milanais, qui sont, sous le rapport de l'arrosage, dans des conditions à part, et dont il est question dans les notes finales.

Le but de ce paragraphe est donc d'établir qu'on est conduit, par l'observation des faits naturels, à conclure qu'un débit continu d'un litre par seconde est suffisant à l'arrosage d'un hectare de terrain, ou, ce qui revient au même, que 1 mètre cube par seconde, suffit, et au delà, pour 1000 hectares, soit tout en prairies, soit en cultures variées; en les supposant toutefois, dans ce dernier cas, en proportions convenables pour que celles qui consomment moins d'eau que les prairies fassent compensation à celles qui en consomment davantage. Les détails donnés dans les deux paragraphes suivants vont confirmer ce principe.

Il est à remarquer que les cultures dont il s'agit ne demandant pas à être constamment irriguées, on répartira toujours, sans difficulté, les écoulements continus, sur lesquels se calculent les volumes d'eau d'arrosage, en périodes alternatives, attribuées soit à des usagers différents, soit aux diverses parties du domaine d'un même propriétaire.

§ II. *Expériences et évaluations.*

Si l'on connaissait, avec toute l'exactitude désirable, les quantités d'eau distribuées, la meilleure méthode d'évaluer celle qui convient, moyennement, à l'irrigation d'un hectare, ou de telle autre superficie de terrain, prise pour unité, serait, en opérant sur plusieurs localités en possession des bonnes pratiques, de diviser les volumes d'eau dépensés par les superficies qu'ils desservent, et de prendre la moyenne de ces résultats. Mais dans l'état actuel des choses, on ne peut avoir, à cet égard, que des approximations, puisque, même dans le nord de l'Italie, il existe, comme je l'ai démontré en traitant des modules, d'assez notables différences dans le débit que donnent, dans différentes circonstances, ces régulateurs, encore imparfaits. Or, tant que l'on n'aura pas obtenu un débit normal, pouvant servir de règle, dans tous les cas de la pratique, on manquera de la première des deux conditions essentielles qui peuvent faire connaître exactement la quantité cherchée.

Quant à la seconde condition, exigeant qu'il soit fait un bon usage de l'eau, dans la localité que l'on observe, elle est moins difficile à remplir. Je pourrais même citer des pays où l'on arrose très-bien, quoique avec des eaux d'un mauvais régime. Mais il en est d'autres où cette cause, et surtout le manque d'ordre dans la distribution, ont rendu l'arrosage véritablement précaire et ses produits éventuels. Est - ce là qu'on pourrait aller établir des moyennes, pour connaître la quantité d'eau nécessaire à l'irrigation d'une certaine étendue de terrain ?

C'est la réflexion que l'on doit faire en voyant ce qui a lieu en Provence ; quand on voit, par exemple, le canal de Crapone passer pour fournir l'arrosage à 12 ou 14 mille hectares, tandis qu'il n'en irrigue effectivement, comme il faut, que 7 ou 8 mille ; et encore avec de fréquentes interruptions, avec des chômages de quatre ou cinq mois, causés soit par la pénurie réelle, soit par la mauvaise répartition des eaux, soit enfin par les contestations incessantes qui ont lieu entre les usagers.

Rien de semblable n'a lieu en Italie, et les chances d'erreur n'y seraient jamais aussi fortes. Toujours est-il cependant, que nulle part, on n'y fait usage d'un appareil de distribution qui soit entièrement à l'abri de la critique. On est donc en droit de dire que, jusqu'à présent, l'on ne peut prétendre, sur cet objet, qu'à des approximations. Mais comme elles sont encore fort importantes à connaître, j'indique ici les diverses évaluations qui sont de nature à mériter le plus de confiance.

1° *Dans les Pyrénées.*—M. Mescur de Lasplanes, qui s'est beaucoup occupé des irrigations que peuvent fournir les cours d'eau des Pyrénées, notamment dans le département de la Haute-Garonne, qu'il habite, évalue, pour ces contrées, la consommation moyenne d'un hectare à 8.000 mètres cubes. Cette estimation, qui se rapporte à la fois aux prairies et aux autres cultures, usant moins d'eau, doit être voisine de la vérité, car elle suppose seize arrosages, à 500 mètres cubes chacun, ou vingt arrosages de 400 mètres cubes ; et l'on peut voir par le tableau récapitulatif placé à la fin de ce chapitre, que cela rentre bien dans les cas usuels.

Dans leurs rapports sur les canaux d'arrosage, exécutés ou projetés dans ces contrées, notamment à l'occasion des dérivations du Tech, de la Thet, etc., MM. les ingénieurs ont généralement été d'avis que le débit de 1 litre par seconde était plus que suffisant pour les besoins d'un hectare. Quelques-uns avaient porté ce débit à une évaluation plus élevée, mais ils ont reconnu depuis qu'elle était exagérée, et, dans d'autres circonstances, ils ne l'ont pas maintenue (1).

(1) D'après une évaluation récente, basée sur une note fournie par M. Jaubert de Passa, la meule de 56 lit., 81 d'eau continue arroserait, dans le département des Pyrénées-Orientales, sur les territoires de Rivesaltes, Vinca, Elne, Perpignan, etc., des superficies variables, depuis 236 jusqu'à 400 hectares ; ou, en moyenne, 336 hectares.

Ce ne serait donc que 0 lit., 169 d'eau continue par hectare ; et, en supposant la rotation à 10 jours, on aurait effectivement, pour cette superficie, l'écoulement de 1 lit., 69 pendant 24 heures ; ce qui ne représente qu'un cube de 146 mètres, c'est-à-dire moins de 1 centimètre 1/2 de hauteur. Cette quantité d'eau est beaucoup trop

2° *En Provence.* — Dans le département des Bouches-du-Rhône, notamment dans la Crau d'Arles, qui peut retirer un si grand avantage de l'irrigation, les agriculteurs pensent que, pour ces localités, il faut, par hectare de prairies, dans le courant d'un été sans pluie, quinze à seize arrosages d'environ 800 mètres cubes chacun; c'est donc de 12.000 à 12.800 mètres cubes par saison.

Cette évaluation paraîtra très-modérée si l'on a égard à la chaleur du climat, ainsi qu'à la nature maigre et caillouteuse de ces plaines arides, qui, avant l'arrosage, sont un véritable désert.

MM. les ingénieurs des départements des Bouches-du-Rhône et de Vaucluse, appelés fréquemment à donner des avis sur des questions d'irrigation, admettent presque constamment la base de 1 litre par hectare, adoptée en principe par le conseil général des ponts et chaussées.

Cependant, dans un mémoire qu'il a publié en 1834, M. l'ingénieur en chef Montluisant a émis l'opinion qu'un débit continu de 500 litres par seconde ne devait compter que comme convenable pour l'arrosage de 300 hectares au lieu de 500; mais, c'est sans doute en ayant égard à la culture

---

faible, et ne pourrait évidemment suffire aux besoins de l'arrosage, dans un climat aussi chaud que celui des Pyrénées-Orientales, le point le plus méridional de la France, et dont le sol, sur une grande partie de son étendue, est naturellement très-sec. Dans tous les cas ce chiffre, équivalent à un total de 2.626 mètres cubes par saison, sort tout à fait des évaluations habituelles

des jardins, qui prédominent dans certaines localités de la Provence.

M. Alphonse Peyret-Lallier, propriétaire possédant, dans la même contrée, de vastes terrains arrosables, s'est livré à beaucoup de recherches sur ce sujet; il estime, d'après l'opinion de la majorité des ingénieurs, que le moulan de 265 litres par seconde peut irriguer, en Provence, à rotation de dix jours, 265 hectares, ce qui correspond exactement à la proportion, indiquée ci-dessus, de 1 mètre cube par seconde, pour chaque hectare arrosable.

M. le comte de Gasparin, dont le nom fait autorité en cette matière, comme en beaucoup d'autres, estime, à 10.000 mètres, le cube total nécessaire à l'arrosage, pendant une campagne de cinq mois. Ce volume d'eau correspond à vingt arrosages, de chacun 500 mètres cubes, et cela se rapproche du débit normal de 1 litre par seconde, donnant, par semaine, 604^{mc},800; ou, par hectare et par arrosage, un peu plus de 600 mètres cubes.

Dans le projet, qui avait été rédigé il y a quelques années, pour un canal de Mérindol, qui ne devait dériver rien moins que 34 mètres cubes d'eau de la rive gauche de la Durance, on avait évalué l'arrosage nécessaire aux prairies à une hauteur totale de 1^m,50 par saison, et celui des jardins à une hauteur de 2^m,50. Cela correspond à des cubes totaux de 15.000 mètres, et de 25.000 mètres par

saison ; lesquels concordent bien avec ceux du tableau ci-après.

3° *Dans les Hautes-Alpes, l'Isère, les Vosges
et autres départements.* — M. Farnaud, qui a
publié, en 1821, un mémoire sur les arrosages du département des Hautes-Alpes, part de cette hypothèse,
qu'une hauteur d'eau de 0^m,48, qui serait répartie
sur les mois de juin, juillet et août, serait plus que
suffisante pour les besoins des campagnes; et d'après
cela, il établit en principe que 0^m,16 de hauteur
d'eau pour chaque mois de chaleur, sans pluie,
donnent le moyen de bien arroser un terrain quelconque. Cela représente un cube de 1,600 mètres
par hectare et par mois; et l'on voit, par le tableau
susdit, que c'est là effectivement une des consommations d'eau très-modérées qui se font pour l'arrosage des prairies ordinaires.

Pendant six mois, cela correspond à un cube
total de 9,600 mètres par hectare; mais cela serait
trop faible pour les localités où il ne pleut pas du
tout pendant l'été.

Le même auteur, en indiquant la manière de
vérifier à quelle superficie peut s'étendre, pour l'irrigation, le débit continu d'une eau courante, évalue à un sixième de l'eau dérivée la réduction que
l'on doit prévoir, d'après celle qui se perd en évaporation et filtrations. C'est à peu près 0,17 ; et
cette estimation, applicable à de très-petits canaux,
s'éloigne peu de celle de 0,15 à laquelle, dans un

des chapitres précédents, je suis arrivé, par une moyenne, pour le chiffre analogue, applicable au Milanais, où sont les plus grands canaux d'arrosage, qui aient jamais été ouverts.

Dans le département de l'Isère, où il existe déjà des canaux de ce genre et où l'on peut en établir de nouveaux, qui seraient très-avantageux, on se rend peu de compte des quantités d'eau nécessaires; les particuliers qui ont droit de s'en servir, en usent, presque tous, bien au delà de leurs besoins réels; ce qui fait que beaucoup d'autres sont obligés de s'en passer. Mais cet inconvénient ou plutôt cet abus, n'est nulle part aussi sensible que dans le département des Vosges, où les eaux de la Moselle et celles de plusieurs autres rivières à fortes pentes, permettent de tirer parti de l'irrigation, sur une assez grande échelle. Les arrondissements de Remiremont, Plombières, Bains, etc., se trouvent, à cet égard, dans une situation très-avantageuse, mais dont on a usé jusqu'à présent sans règle ni mesure.

Quoique je n'aie pas visité toutes les irrigations de cette contrée, la partie que j'ai vue m'a bien prouvé qu'on y dépensait l'eau en quantités exorbitantes. C'est à tel point que des propriétaires, ou fermiers, ont détérioré totalement, par ce moyen, qui, du reste, est infaillible, la qualité de l'herbe de leurs prairies (1).

(1) Quelque grande et quelque connue que soit la consommation

4° *Dans le Piémont*. — Dans ce pays, il serait plus difficile qu'ailleurs d'avoir une moyenne générale pour la quantité d'eau que réclame l'irrigation d'un hectare ; car les rizières, qui en exigent plus du double de ce qu'il faut aux prairies, y sont extrêmement répandues, et, qui plus est, existent en quantités toujours variables, d'après l'usage

surabondante de l'eau d'irrigation, dans les plaines et les vallées des Vosges, on ne peut regarder que comme le résultat d'une erreur inexplicable, l'exagération d'un fait relaté dans un mémoire imprimé, que j'ai eu sous les yeux, et qui a été publié, vers 1828, par M. Perrin, arpenteur forestier et architecte de l'arrondissement de Remiremont. L'auteur, voulant s'appuyer de la pratique, cite, comme règle à suivre, l'exemple d'une des plus belles prairies arrosées de cet arrondissement, dite le Pré Broquin, de 22 hectares. Elle est desservie par un canal de dérivation, fournissant, selon lui, $1^m,440$ par seconde, ou $5^{m\,c},055$ en 24 heures et par hectare. Puis il estime qu'à raison d'une couche d'environ $0^m,003$, l'évaporation enlève, moyennement, 30 mètres ; que l'absorption dans le sol, ou l'arrosage proprement dit, profite de $970,^{m\,c}$, et que conséquemment il reste, toujours par chaque hectare, 4.655 mèt., qui, selon M. Perrin, s'écoulent dans les égouttoirs ou colateurs.

D'après les conclusions de ce chapitre, que j'ai cherché à asseoir aussi solidement que l'état actuel de la science et de la pratique permet de le faire, un débit continu de $1^m,440$ par seconde, sera partout considéré comme suffisant pour l'irrigation de 1,440 hectares ; même dans les contrées du midi où il ne pleut pas pendant tout un été ; même lorsqu'une partie des terres sont cultivées en jardins ou en rizières, qui consomment beaucoup plus d'eau que les prairies. Et cependant l'on donne ici ce débit comme entièrement absorbé sur un domaine de 22 hectares !

L'auteur du mémoire ne semble même pas s'apercevoir de ce qu'il y a d'inadmissible à citer comme irrigation modèle, celle dans laquelle, pour utiliser 1,000 mètres sur le sol, il faudrait perdre 4.655 mètres en colatures ; surtout dans un pays où les eaux de cette dernière espèce sont, le plus souvent, jetées d'une manière tout à fait arbitraire, dans des fossés, ravins, et bas-fonds, où elles ne peuvent plus servir à des irrigations nouvelles.

que l'on a, dans plusieurs provinces, de n'adopter cette culture que temporairement, en l'introduisant dans des assolements à long terme, qui sont très-avantageux. Il faut donc, pour procéder avec exactitude, avoir deux évaluations distinctes.

En ce qui touche les prairies, le chiffre qui est généralement admis dans les provinces d'Ivrée et de Verceil, où se trouvent concentrés les principaux canaux du royaume, est tout à fait confirmatif de celui qui résulte déjà des développements donnés depuis le commencement de ce chapitre. En effet, on regarde que la petite once du pays, fournissant à peu près 22 litres par seconde, suffit moyennement pour l'irrigation abondante de 50 à 60 journées de prés bien disposés ; la journée, mesure du pays, valant 38 ares, c'est entre 19 et 23 hectares que se trouve la superficie arrosée par 22 litres : c'est donc bien 1 litre par hectare, ou 1^{mc} pour 1000 hectares.

J'ignore si cette évaluation est également adoptée, comme règle, dans les provinces de Novare et de Mortara, où sont surtout situés les grands canaux particuliers, dont j'ai précédemment donné la description.

5° *Dans la Lombardie.* — Les provinces arrosées du nord de l'Italie sont dans le même cas que le Piémont, sous le rapport de la consommation d'eau qui se fait, soit sur les prairies, soit sur les rizières. Dans le Milanais proprement dit, où ces rizières ne sont pas prédominantes, et où elles ne représentent qu'au plus le tiers de la totalité des surfaces arrosées, à peu près comme cela a lieu pour le jardinage, dans certaines parties de la Provence, on a des évaluations moyennes, qui concordent bien avec celle que j'ai déjà donnée. Dans les provinces de Mantoue, Vérone, et autres, où les rizières sont, sur certains territoires, la culture principale, ces moyennes ne seraient plus applicables.

Les évaluations données par les experts sont extrêmement variables ; ceux-ci portent la superficie, en cultures ordinaires, arrosée à rotation, par le débit continu d'une once de Milan, à 333 perches ; ceux-là à 450 perches, mesure du pays ; et l'on pourrait citer encore une foule d'estimations plus ou moins dissemblables entre elles.

Mais il en est une qui doit paraître beaucoup plus sérieuse et beaucoup plus plausible que toutes les autres, c'est celle de l'administration centrale des travaux publics, à Milan, laquelle est chargée, de concert avec l'administration des finances, de présider, par le ministère des ingénieurs, à toutes les mesures qui concernent la vente et la distribution des eaux des canaux du gouvernement, en même temps qu'elle a exclusivement, sous sa main, la surveillance et l'entretien de ces canaux.

Cette évaluation, telle qu'elle se trouve consignée dans la dernière statistique, dressée par les soins de

l'administration centrale, est de 1 once milanaise pour 700 perches de terrain. Or, en prenant
l'once d'eau de ce pays au chiffre de 44 litres par
seconde, que j'ai dû adopter comme l'évaluation
moyenne la plus convenable entre le débit différent
des grandes et des petites bouches, et la *perche* à sa
valeur exacte, de 6 ares 55, qui résulte du tableau
comparatif placé à la fin du tome III, on trouve
que cela équivaut à 44 litres pour un peu plus de
45 hectares; ce qui est encore, à bien peu de chose
près, 1 litre par hectare.

Je n'étendrai pas plus loin cette recherche, dont
le but a été suffisamment justifié, et dont les éléments se trouvent groupés, sous la seule forme
convenable, dans le tableau ci-après, qui donne
le résultat de toutes les consommations d'eau
usuelles que j'ai pu relever sur des domaines
arrosés, principalement dans le nord de l'Italie.

Ce tableau, et les observations finales placées
à la suite, montrent, pour ainsi dire, le fort
et le faible de la question à laquelle a été consacré ce chapitre. Ils montrent, en effet, qu'il
n'est pas impossible d'admettre une évaluation
moyenne, au milieu des chiffres si nombreux et si
variables qui répondent à l'emploi des eaux par
hectare.

Du reste, on ne saurait trop le dire, de quelle
manière que l'on s'y prenne, ce sujet est excessivement difficile à traiter. Malgré tout le soin que

j'ai mis dans son étude, mon travail ne sera sans
doute pas exempt d'imperfections. Seulement,
que les personnes qui seraient disposées à le
critiquer, veuillent bien se rendre compte de ce
qui existait jusqu'alors, en fait de documents de
ce genre.

Volume livré aux bouches de prise-d'eau.	Volume perdu en filtrations préalables et par évaporation.	Volume abandonné en colatures.	Période ou rotation adoptée.	NOMBRE D'ARROSAGES	
				par mois.	par saison.
m. c. lit.	m. c. lit.	m. c. lit.	jours.	»	»

1re

JARDINS

Volume livré aux bouches de prise-d'eau.	Volume perdu en filtrations préalables et par évaporation.	Volume abandonné en colatures.	Période ou rotation adoptée.	par mois.	par saison.
»	»	»	5	6	36
»	»	»	5	6	36
»	»	»	3	10	60
»	»	»	$3\frac{1}{1}$	9	54
»	»	»	$2\frac{1}{2}$	12	72
»	»	»	3	10	60

2e

PRAIRIES

Volume livré	Volume perdu	Volume abandonné	Période	par mois.	par saison.
»	»	»	7 à 8	4	24
»	»	»	10	3	18
»	»	»	7 à 8	4	24
»	»	»	10	3	18
»	»	»	7 à 8	4	24
»	»	»	10	3	18
»	»	»	10	3	15

3e

LIN ; — MAÏS ; — CÉRÉALES ; —

Volume livré	Volume perdu	Volume abandonné	Période	par mois.	par saison.
»	»	»	60	»	3
»	»	»	45	»	4
»	»	»	30	1	6
»	»	»	20	1 et 2	9

HAUTEURS D'EAU			VOLUME PRODUIT		
par arrosage.	par mois.	par saison de 5 à 6 mois.	par arrosage.	par mois.	par saison.
m.	m.	m.	m. c	m. c.	m. c

classe.

MARAICHERS.

0,04	0,24	1,44	400	2.400	14 000
0,05	0,30	1,80	500	3.000	18.000
0,04	0,40	2,40	400	4.000	24.000
0,05	0,45	2,70	500	4.500	27 000
0,04	0,48	2,88	400	4.800	28.800
0,05	0,50	3,00	500	5.000	30.000

classe.

ORDINAIRES.

0,04	0,16	0,96	400	1.600	9.600
0,06	0,18	1,08	600	1.800	10.800
0,05	0,20	1,20	500	2.000	12.000
0,07	0,21	1,26	700	2.100	12 600
0,06	0,24	1,44	600	2.400	14.400
0,08	0,24	1,44	800		
0,10	0,30	1.50	1.000	3.000	15.000

classe.

PÉPINIÈRES; — PRAIRIES ARTIFICIELLES, ETC.

0,15	»	0,45	1.500	»	4.500
0,12	»	0,48	1.200	»	4.800
0,10	»	0,60	1.000	»	6.000
0,80	»	1,72	800	»	7.800

Les quantités restées en blanc dans les deuxième
et troisième colonnes, ne peuvent être remplies
que dans chaque cas particulier, d'après des expériences spéciales. Je les ai mentionnées, pour mémoire, afin de montrer que, quand on s'occupe de
calculs de ce genre, on doit toujours savoir s'il s'agit
de volumes d'eau à utiliser en totalité, ou passibles
d'un certain déchet.

Il ne faut regarder le tableau ci-dessus que
comme un simple spécimen des quantités d'eau que
réclame l'irrigation périodique, ou ordinaire. On
conçoit qu'un très-grand nombre d'autres cas, également
ment usuels, pourraient s'intercaler dans ses colonnes ; mais, les limites resteraient les mêmes, et il
ne résulterait de cette adjonction aucun enseigne-
ment utile, puisque rien ne limitant la faculté de
faire varier, à la fois, les volumes d'eau partiels et
les périodes, ou la rotation, il y a une infinité de
manières différentes d'arriver à des cubes définitifs,
à peu près équivalents.

C'est donc principalement sur la dernière colonne du tableau susdit qu'il faut se régler, pour les
applications dont il s'agit. On y voit que les cultures
irrigables peuvent être divisées en trois classes,
dont la première réclame de 14.000 à 30.000$^{m.c.}$;
la deuxième classe, de 9.000 à 15.000$^{m.c.}$; et, enfin, la troisième, de 4.000 à 8.000$^{m.c.}$ d'eau par
hectare et par saison.

On se rappellera en même temps qu'un débit

continu d'un litre par seconde donne 2.592$^{\text{lit.}}$ par mois; c'est-à-dire, environ 13$^{\text{m. c.}}$,000$^{\text{lit.}}$ pendant cinq mois ou 15$^{\text{m. c.}}$,500$^{\text{lit.}}$ pendant six mois. Et, d'après le rang que ces chiffres occupent dans le tableau, on en conclura que ce débit représente une évaluation élevée, pour les prairies; ce qui n'empêche pas qu'elle pourrait se trouver insuffisante, s'il s'agissait principalement de cultures potagères, à établir sous un climat très-méridional.

Six mois sont le terme le plus étendu de la saison d'arrosage qui, dans le climat de la Lombardie, va du milieu de mars au milieu de septembre. Elle doit commencer plutôt dans la Provence, et surtout dans le Roussillon, où la température moyenne est beaucoup plus élevée. Dans la plupart des contrées, cinq mois ou cinq mois et demi d'irrigation sont bien suffisants. Mais les cubes à dépenser doivent rester à peu près les mêmes : c'est pour cela que l'on peut compter indifféremment sur cinq mois ou sur six mois.

Indépendamment de cela, il y a, on ne saurait trop le redire, une multitude de circonstances qui font tellement varier le chiffre dont il s'agit, que jamais l'on ne devra chercher, en fait d'indications générales, autre chose qu'une simple approximation.

Les données précédentes, ainsi que toutes les règles de la matière, sont généralement basées sur l'hypothèse qu'il n'y a pas de pluies d'été, dans les

localités où l'arrosage a, ainsi, toute son importance. Telle est la situation de celles que je viens de
nommer. Mais faudrait-il renoncer à une si précieuse ressource dans les pays où des pluies ont
lieu habituellement dans cette saison ? non, sans
doute ; car l'expérience prouve que l'irrigation est
toujours bienfaisante ; seulement la différence porte
entièrement sur les quantités d'eau à dépenser.

Dans les pays même où il ne pleut pas, les variations progressives, et constantes, de la température
moyenne, exigeraient des variations correspondantes dans les quantités d'eau ; c'est-à-dire qu'il faudrait que les eaux dérivées pussent se répartir,
dans la saison d'arrosage, comme les eaux courantes
en général le sont toujours dans leur lit, où elles
ont un produit maximum, qui correspond au milieu, tandis qu'elles coulent en quantités minimes
vers les deux bords. Partout on aurait besoin d'une
irrigation beaucoup plus copieuse dans les mois de
juin, juillet et août, qui sont ceux des plus fortes
chaleurs, que dans ceux de mars, avril et septembre
où la température moins élevée et où les pluies, ordinairement habituelles, du printemps et de l'automne, en rendent le besoin moins grand.

Il serait donc extrêmement avantageux de pouvoir, sans perte ni déchet quelconque, proportionner les volumes d'eau disponibles à l'état normal
de la culture ; mais, malheureusement, cela ne se
rencontre nulle part ; et lors même qu'on se trouve

dans des localités aussi privilégiées, que le Milanais, dont les principales rivières jouissent du rare avantage d'être toujours à pleins bords, dans les mois des plus fortes chaleurs, les eaux, vu l'élévation de leur prix, sont toujours allouées, aux usagers, en quantités fixes, qu'ils ne peuvent modifier que par voie de réduction, ou suppression ; autrement dit, en en laissant perdre.

Or, attendu que l'eau se paye indistinctement au même taux, dans toute la durée d'une saison, les cultivateurs, même instruits, ont de la peine à se persuader que cette eau peut devenir plus nuisible qu'utile ; et, de là, beaucoup d'irrigations surabondantes qui n'ont jamais lieu sans faire le plus grand mal ; souvent même un mal irréparable, consistant dans l'altération et dans la pourriture des racines. Les eaux de la meilleure qualité, celles-là mêmes avec lesquelles on emploie beaucoup d'engrais, ne sont pas exemptes de cet inconvénient. On le concevra aisément, en remarquant, premièrement que, même sans le concours de l'eau, tout abaissement de température exerce déjà une influence fâcheuse sur la végétation ; en second lieu que, gorger de nourriture un individu malade, et ne digérant pas, est, dans le règne végétal, comme dans le règne animal, un moyen assuré de destruction.

Indépendamment des influences diverses du climat, de la qualité, de l'exposition, ou de l'humidité naturelle du sol, l'emploi de l'irrigation doit être modifié encore selon d'autres circonstances ; notamment par la nécessité où l'on est de proportionner toujours son effet au degré de force des plantes qui la reçoivent. Les herbes frêles et tendres d'une prairie nouvellement semée ne sont certainement pas en état de recevoir, utilement, un aussi fort arrosage, que lorsqu'elles seront au moment d'être fauchées ; les autres cultures sont relativement dans le même cas.

On voit, d'après tous ces détails, comment peuvent se concilier les deux points principaux démontrés dans ce chapitre ; savoir : qu'il n'existe pas de volume d'eau qui puisse représenter exactement, et d'une manière générale, l'irrigation nécessaire à une étendue donnée de terrain ; que, cependant, s'il ne s'agit que d'une moyenne, un peu large, considérée comme simple approximation, celle d'un litre d'eau continue, par chaque hectare, est une des plus satisfaisantes que l'on puisse adopter.

CHAPITRE VINGT-NEUVIÈME.

PROBLÈMES USUELS DANS LA PRATIQUE DES ARROSAGES.

§ I. *Observations préliminaires. — Formules.*

Dans les localités où l'irrigation est de peu de valeur et ne se pratique que sur une petite échelle, on ne s'occupe guère que de deux choses : avoir de l'eau et l'employer soi-même; ou bien en transmettre purement et simplement la jouissance à des tiers. Du reste, il ne se fait que peu ou point de transactions en dehors du cas le plus simple de la vente, ou de la location, de l'eau.

Il n'en est plus de même dans les pays où cette industrie est devenue d'un usage général et où les améliorations qu'elle opère portent sur la masse des propriétés. Alors le grand nombre d'intérêts qui s'y rattachent donne lieu à une multitude de questions nouvelles dont, auparavant, on n'aurait pas même soupçonné l'existence On est amené ainsi à faire la distinction entre des éléments divers, dont les principaux sont : 1 la durée de la jouissance (*orario*), c'est-à-dire le nombre de jours ou d'heures pendant lesquels un même usager peut jouir de l'eau; 2" la période ou rotation (*ruota*), c'est-à-dire l'intervalle régulier après lequel recommence cette jouissance; 3° le prix de vente ou de location de l'eau, qui est variable, suivant qu'il s'agit d'eau perpétuelle ou temporaire, d'eau d'été ou d'eau d'hiver. Ces éléments, que l'on pourrait mentionner en plus grand nombre, donnent déjà lieu à des questions diverses, qui se présentent très-fréquemment dans la pratique.

Il est constant, dans tout pays, que les propriétés d'une grande valeur, celles qui sont réputées être le meilleur placement de fonds, donnent lieu au plus grand nombre d'échanges. Or, dans cette classe, les terres arrosées, ou arrosables, occupent, sans contredit, le premier rang. Ensuite le partage égal des héritages entre les enfants, système qui tend à se propager, peu à peu, dans les pays méridionaux, où il avait longtemps rencontré peu de sympathies, donne lieu, surtout, à beaucoup de questions sur la jouissance des eaux. C'est ce qui fait qu'il n'est pas rare de voir, dans la Lombardie, par exemple, la mort d'un grand propriétaire réclamer le temps de dix ingénieurs, pendant plusieurs années consécutives.

Indépendamment, d'ailleurs, de la division de l'échange ou, en général, des mutations dans les propriétés arrosées, bien d'autres circonstances font naître des problèmes spéciaux sur le mode de jouissance des eaux. Ainsi, l'introduction, de plus en plus adoptée, de la culture temporaire du riz, dans les assolements, c'est-à-dire d'une culture à irrigation continue, qui vient s'intercaler dans des cultures à irrigation périodique, suffirait seule pour donner naissance à beaucoup de ces problèmes. Mais ils résultent encore de plusieurs autres causes basées sur les convenances ou l'intérêt des divers usagers. C'est un particulier qui, voyant ses cultures en souffrance, parce qu'il est obligé d'arroser aux heures les plus chaudes du jour, sous une expoposition défavorable, propose, moyennant quelques avantages, à un autre particulier, de permuter avec lui ; c'est un voisin qui, réussissant parfaitement dans les combinaisons qu'il a adoptées, nous donne le désir de l'imiter, et d'abord celui de nous rendre compte, à l'aide de l'observation et du calcul, de sa situation réelle, etc., etc.

Tels sont les principaux motifs qui tendent à faire modifier journellement les conditions de la jouissance des eaux, dans les pays où l'irrigation a beaucoup d'importance. Pour la solution des questions qui en résultent, on peut employer quelques formules tout à fait élémentaires et dont l'usage est très-facile, puisqu'elles se réduisent à de simples règles de proportions. Elles sont donc à la portée de tout le monde ; ce qui est fort essentiel, dans une matière dont l'intérêt est entièrement pratique. Cependant ces mêmes formules résolvent, en matière d'usage des eaux, tous les cas possibles dont, sans elles, plusieurs seraient très-compliqués.

En voici l'indication :

En appelant R, la période, ou rotation, suivant laquelle un volume d'eau est distribué ; T, le temps de la jouissance ; N, le nombre d'onces, ou de modules quelconques, représentant le débit de ce volume d'eau ; Q, la quantité d'eau continue équivalente à la quantité interpolée, eu égard aux périodes, on aura :

$$(\text{N}^{\circ}\ 1)\ldots\ldots\ Q = \frac{NT}{R}.$$

Si, dans cette première expression, on veut introduire le prix de l'eau, ou avoir égard à la valeur réelle de l'attribution faite à tel ou tel usager, on aura, en appelant P ce prix :

$$PQ = \frac{P.N.T}{R}.$$

Le premier terme de l'équation exprime la valeur de cette attribution, réduite en eau continue; et le second terme, sa valeur équivalente, en eau périodique; de sorte qu'en désignant par U, cette première valeur, on aura :

$$(\text{N}^{\circ}\ 2)\ldots\ldots\ U = \frac{P.N.T}{R}.$$

Et, comme il arrive souvent que, dans les subdivisions et partages, on trouve de l'avantage à compter par heures, ces attributions diverses, sur la jouissance des eaux, il suffira, pour adapter la formule précédente à cet usage, de la présenter de cette manière :

$$\frac{U}{24T} = \frac{NP}{24R},$$

En désignat par V, la valeur de l'heure, ou en faisant $V = \dfrac{U}{24\,T}$, on aura :

$$(N^o\ 3)\ldots\ldots\ V = \frac{NP}{24\,R}.$$

Au moyen de ces différentes valeurs des quantités Q, U, V, on peut, par de simples substitutions, d'une équation dans l'autre, les obtenir sous telles autres formes, qui seraient avantageuses, d'après la nature mixte des questions qui se présenteraient à résoudre.

C'est ainsi que l'on peut avoir, à volonté :

$$Q = \frac{24\,TV}{P}\ ; \quad U = 24\,TV; \quad V = \frac{U}{24\,T}.$$

Il resterait une dernière distinction à signaler entre l'eau d'été et l'eau d'hiver ; car ni son prix ni ses usages ne sont les mêmes, dans ces deux saisons. Mais, comme les combinaisons que cela amènerait, dans les formules, ne sont plus aussi simples que les précédentes, et que l'irrigation proprement dite, pratiquée en hiver, n'est, jusqu'à présent, qu'à l'usage d'un petit nombre de contrées, je n'ai pas étendu à cette hypothèse les applications desdites formules, qui sont faites seulement aux cas les plus usuels. Le nombre de ces applications aurait pu être très-étendu, mais sans que cela fût utile, vu qu'elles se résolvent toutes de la même manière.

§ II. *Questions sur la transformation des jouissances d'eau continue en jouissances d'eau périodique; et réciproquement.*

PROBLÈME I. — *Un usager qui a droit, pendant six jours, à un volume de six onces d'eau périodique, livrée à rotation de 15 jours, voudrait transformer cette eau périodique en eau continue. On demande à combien d'onces il aurait droit ?* — SOLUTION : Il suffit de substituer dans la formule n° 1, les quantités numériques suivantes :

$$N = 6; \quad T = 6; \quad \text{et } R = 15;$$

Et l'on trouve de suite

$$Q = \frac{6.6}{15} = 2\frac{2}{5}.$$

Ainsi l'usager dont il s'agit pourra prétendre à 2 onces $\frac{2}{5}$ d'eau continue, comme équivalant à la quantité d'eau périodique désignée ci-dessus.

PROBLÈME II. — *Un usager a droit à un volume d'eau continue équivalant à 3 onces $\frac{3}{5}$, pendant 4 heures 12 minutes. On lui concède le débit d'une bouche de la portée de 12 onces. Quelle sera la période ou rotation convenable pour qu'il ait exactement la quantité d'eau qui doit lui revenir.* — SOLUTION : On mettra ces valeurs numériques dans la formule $R = \dfrac{N.T}{Q}$, ce qui donne

$$R = \frac{12.4\frac{1}{5}}{3\frac{3}{5}} = \frac{252}{18} = 14.$$

Ainsi, c'est à des intervalles égaux de 14 jours que le débit d'une bouche de 12 onces devra être concédé pendant 4 heures 12 minutes, pour équivaloir exactement au débit de 3 onces $\frac{3}{5}$ d'eau continue.

PROBLÈME III. — *Un usager qui jouit de 4 onces d'eau continue, voudrait permuter avec un autre qui reçoit, pendant un certain temps, 20 onces d'eau, à rotation de 15 jours. Quel sera le temps de la jouissance nouvelle du premier usager?* — SOLUTION : Les valeurs ci-dessus mises dans la même formule, donnent :

$$T = \frac{4.15}{20} = 3.$$

Ainsi, c'est pendant 3 jours, sur 15, que l'écoulement périodique de 20 onces d'eau est équivalent à un écoulement continu de 4 onces.

PROBLÈME IV. *Un usager jouit, pendant 6 jours, de 6 onces d'eau, à rotation de 15 jours ; un second usager aurait besoin d'une quantité d'eau quadruple. Mais il est astreint à la recevoir pendant 5 jours et à rotation de 12 jours. Quel est le volume d'eau qui lui convient ?* — SOLUTION : Il faut que les deux rapports $\frac{nt}{r}$ et $\frac{NT}{R}$ soient :: 1 : 4; on posera donc :

$$1 : 4 :: \frac{6.6}{15} : \frac{5n}{12}, \quad \text{ou } 1 \cdot 4 :: 144 : 25n;$$

D'où $n = 23 \frac{1}{25}.$

Ainsi le volume d'eau cherché serait de 25 onces $\frac{1}{24}$.

PROBLÈME V. — *Un usager auquel il revient 7 onces d'eau pendant 6 jours 1/2, à rotation de 15 jours, voudrait changer ce volume d'eau contre un autre de 10 onces, avec périodes de 14 jours. Quelle serait la durée de la jouissance ?* — SOLUTION : On doit avoir: $Q = q$, et dès lors :

$$\frac{NT}{R} = \frac{nt}{r}.$$

En substituant, dans cette équation, les valeurs données, on obtient

$$T = \frac{7 \times 6\frac{1}{2} \times 14}{15 \times 10} = 4,247.$$

C'est-à-dire environ 4 jours, 5 heures, 6 minutes.

PROBLÈME VI. — *Un volume d'eau de 20 onces est disponible tous les 12 jours; il appartient à trois usagers : le premier en jouit pendant six jours; le second pendant quatre; le troisième pendant deux. Ces deux derniers introduisent dans le canal commun un nouveau volume de 8 onces d'eau, sur lequel ils ont chacun un droit égal. Ils voudraient 1° que la période fût désormais de 14 jours au lieu de 12; 2° que le premier usager soumis à cette nouvelle période, fût exclu du bénéfice du volume d'eau supplémentaire, sans préjudice de ses droits antérieurs. On demande quelle sera, respectivement la, du-*

rée de la jouissance de ces trois usagers ? —
SOLUTION : On aura

$$\frac{20 \times 6}{12} = \frac{28\,T}{14},$$

d'où

$$T = \frac{20 \times 6 \times 14}{12 \times 28} = 5.$$

C'est-à-dire que la jouissance du premier usager,
sur les 28 onces, et avec la nouvelle période des 14
jours, sera de cinq jours.

Pour avoir la jouissance du second, eu égard à
ce qu'il a droit à moitié des 8 onces nouvelles, il
convient d'assimiler sa première attribution, augmentée de ces 4 onces, à celle qui doit résulter des
modifications convenues, et l'on aura dès lors

$$\frac{4 \times 20}{12} + 4 = \frac{28\,T}{14},$$

d'où

$$T = 5\tfrac{1}{3}.$$

Là jouissance de ce second usager sera donc de
cinq jours $\tfrac{1}{3}$.

Pour avoir celle du troisième, on opérera de
même en posant :

$$\frac{2 \times 20}{12} + 4 = \frac{28\,T}{14},$$

d'où

$$T = 3\,\text{j.}\ \tfrac{2}{3}.$$

II.   **29**

Comme vérification de la justesse de ce calcul on peut voir que la réunion de ces jouissances de cinq jours, cinq jours $\frac{1}{7}$, trois jours $\frac{2}{3}$, forme bien le total de 14 jours, qui est la nouvelle période demandée.

§ III. *Questions analogues, dans lesquelles il est tenu compte de la valeur de l'eau.*

PROBLÈME. VII. — *Un propriétaire afferme l'usage d'un canal de 9 onces, à un usager qui doit en jouir pendant 4 jours avec période de 12 jours, au prix de 1.200 francs l'once. Quel sera le montant du bail?* — SOLUTION : En substituant les valeurs numériques dans la formule indiquée ci-dessus, on aura :

$$U = \frac{9 \times 4 \times 1.200}{12} = 3.600 \text{ fr.}$$

PROBLÈME VIII. — *Un usager a dépensé 3.000 francs pour avoir pendant 3 jours consécutifs la jouissance d'un volume d'eau, qui se donne à rotation de 12 jours et est évalué 1.200 francs l'once. Combien d'onces doit-il avoir louées?* — SOLUTION : De la formule indiquée

$$U = \frac{N.T.P}{R},$$

on tire

$$N = \frac{UR}{TP}.$$

et faisant les substitutions convenables, on trouve

$$N = \frac{3.000 \times 12}{3 \times 1.200} = 10.$$

PROBLÈME IX. — *On paye 3.000 frans pour l'amodiation d'un canal de 10 onces, dont la jouissance est de 4 jours consécutifs, avec période de 15 jours. A combien doit revenir la location d'une once d'eau continue?* — SOLUTION : En introduisant ces données dans la formule

$$P = \frac{RU}{NT},$$

on trouve

$$P = 1.125 \text{ fr.}$$

PROBLÈME X. — *A raison de 1.200 francs l'once, on paye la somme annuelle de 4.800 francs pour l'usage de 8 onces d'eau, pendant six jours. Quelle doit être la période?* — SOLUTION : De la formule

$$U = \frac{NTP}{R},$$

on tire :

$$R = \frac{NTP}{U},$$

qui devient dans le cas actuel

$$R = \frac{8 \times 6 \times 1200}{4800} = 12.$$

Ainsi la période cherchée serait de 12 jours.

PROBLÈME XI. — *Il est payé annuellement 6.000 francs pour la jouissance de l'usager A qui est les ⁴⁄₇ de celle de B. L'usager A jouit de son eau pendant quatre jours de suite, avec période de 12 jours. La jouissance de l'usager B se compose d'un pareil volume d'eau, dont le débit continu est de six jours, avec période de 14 jours; il a droit en outre à deux onces d'eau perpétuelle. On demande quel doit être le volume d'eau afférent à chacun de ces deux usagers et le prix de l'once pour le second?* — SOLUTION. En donnant les valeurs qui résultent de cet énoncé aux lettres de la formule connue :

$$U = \frac{NTP}{R},$$

on a

$$6.000 = \frac{4NP}{12},$$

et

$$PN = 18.000.$$

Attendu que la jouissance de A doit être équivalente aux ⁴⁄₇ de celle de B, on aura

$$\frac{4N}{12} : \frac{6N}{14} + 2 :: 3 : 5 ;$$

ou plutôt,

$$7N : 9N + 42 :: 3 : 5 ;$$

d'où

$$N = \frac{126}{8} = 15 \tfrac{3}{4} \text{ onc.}$$

Cette valeur substituée dans l'équation P N=18.000 donnera P = 1.142^{fr},86.

PROBLÈME XII. — *On demande quelle valeur a la jouissance d'une heure dans l'usage d'un canal, de la portée de 13 onces, dont l'eau se distribue avec une période de 14 jours; le prix de l'once étant de 1.200 francs.* — SOLUTION : En faisant

$$N = 13 ; \quad R = 14 ; \quad P = 1200,$$

on aura, d'après la formule ,

$$V = \frac{17 \times 1200}{24 \times 14} = 46^{fr},43.$$

PROBLÈME XIII. — *On désire savoir quel doit être le prix de l'once dans un volume d'eau de 6 onces, distribué à rotation de 14 jours et dont 1 heure se paye 28 francs?* —SOLUTION : On aura comme ci-dessus,

$$P = \frac{24 RV}{N} = \frac{24 \times 14 \times 28}{6} = 1.568 \, fr.$$

PROBLÈME XIV. — *Quelle doit être la période afférente à un arrosant qui, pour l'usage d'un canal de 10 onces, au prix de 1.200 francs l'une, paye 30 francs l'heure?* — SOLUTION :

$$R = \frac{PN}{24V} = 16 \, j. \, \tfrac{2}{3}.$$

PROBLÈME XV. — *Un usager jouit pendant quatre jours consécutifs, et avec période de*

12 jours, d'un certain volume d'eau qu'il paye à raison de 30 francs l'heure, ce qui équivaut à 864 francs de location annuelle d'une once. Quel doit être ce volume d'eau. — SOLUTION : **D'après** l'équation

$$V = \frac{24}{P} \cdot \frac{N}{R},$$

on a

$$\frac{N}{R} = \frac{24V}{P}.$$

En mettant cette valeur dans la formule fondamentale :

$$Q = T\frac{N}{R},$$

on aura

$$Q = \frac{24\,TV}{P},$$

et, en y substituant les valeurs données, cette expression deviendra

$$Q = \frac{24 \times 4 \times 30}{864} = 3\tfrac{1}{3};$$

alors d'après la formule précitée on aura :

$$N = \frac{3\tfrac{1}{3} + 12}{4} = 10.$$

Ainsi le volume d'eau cherché sera de 10 onces.

FIN DU TOME DEUXIÈME.

TABLE

DES CHAPITRES DU TOME DEUXIÈME.

INTRODUCTION.

LIVRE IV.

MESURE ET DISTRIBUTION DES EAUX.

PREMIÈRE PARTIE.

JAUGEAGES, OU MESURES APPROXIMATIVES DU VOLUME DES EAUX COURANTES.

SECONDE PARTIE.

MODULES, OU MESURES EXACTES DU VOLUME DES EAUX COURANTES.

LIVRE V.

TRACÉ, ÉTABLISSEMENT ET ENTRETIEN DES CANAUX.

LIVRE VI.

PRINCIPES GÉNÉRAUX DE LA PRATIQUE DES IRRIGATIONS.

Paris — Imprimerie de FAIN et THUNOT, rue Racine. 28, près de l'Odéon.